情報セキュリティ管理士認定試験 公式テキスト

INFORMATION SECURITY

五十嵐 聡 著

技術評論社

●本書をお読みになる前に

●本書は、2012年発売の『らくらく突破 情報セキュリティ管理士認定試験 公式テキスト』(技術評論社) をもとに、新試験の内容に合わせて加筆・修正を行った書籍です。

●本書は、情報セキュリティ管理士 認定試験の学習用教材です。著者および技術評論社が、本書の使用による試験への合格を保証するものではありません。

●本書の記載内容については、正確な記述に努めましたが、著者および技術評論社は、本書の内容に基づくいかなる試験の結果にも一切の責任を負いません。

●本書の内容は、2021年3月末現在のものを掲載しております。インターネットのURL、ソフトウェア／サービスの画面等は、バージョンアップなどの要因によって、本書での説明と異なってしまうことがあります。ご了承ください。

●本書の内容に関するご質問は、最終ページに記載された宛先まで、FAXまたは書面にてお送りください。電話によるご質問は受け付けておりません。

以上の注意事項をご承諾いただいた上で、本書をご利用ください。注意事項を読まずにお問い合わせいただいた場合、技術評論社および著者は対応いたしかねます。あらかじめご承知おきください。

はじめに

最近では、世界中のさまざまな場所からでもネットワークを接続することができるようになり、それを使って大量のデータベースの中から、いつでも必要なときに必要な情報を引き出せるようになりました。しかし、このように便利になった反面、情報の漏えいなどの事故も起き“セキュリティ”に関わる報道も、新聞やテレビなどでもよく見かけるようになりました。社会的な信用低下などを恐れて、今やセキュリティ対策を考えない企業や団体はほとんどなくなりました。

このように報道される“セキュリティ”の多くが「情報セキュリティ」のことを指しています。現在ではそれだけ、企業や団体、また個人でも、情報セキュリティの脅威を感じ、その対策に時間とお金をかけるようになっています。ただ、情報セキュリティの対策には「完全」というものがありません。また、そのセキュリティレベルがどの程度なのかといった指針も明確なものがなく、あいまいな知識でセキュリティ対策や管理を行うことにより、セキュリティの脅威にさらされてしまうことすらあります。

情報セキュリティに従事している（もしくは興味のある）方は、これらの知識を体系的に知っておく必要があります。しかし、そのような知識をじっくりと学ぶことも難しいのではないでしょうか。

資格試験や検定試験はそのような方の学習の機会を広げてくれる場であると考えてください。

本書は、「情報セキュリティ管理士認定試験」対策用の書籍とはなっていますが、情報セキュリティの基礎～中級程度を体系的に学びたい方に対して、管理と技術の両面から脅威と対策に分けて情報セキュリティに必要な内容を掲載しています。そのため、検定試験を受験する、しないに関わらず本書を利用することでセキュリティの知識が身に付くような構成となっています。

本書を利用して、みなさまの情報セキュリティ知識と意識が向上することを心から願います。

2021年4月

五十嵐　聡

◉目次

CHAPTER Ⅱ

脅威と情報セキュリティ対策①

CHAPTER Ⅲ

脅威と情報セキュリティ対策②

CHAPTER Ⅳ

コンピュータの一般知識

CHAPTER V
総合演習問題

情報セキュリティ管理士認定試験について

情報セキュリティ管理士認定試験は、一般財団法人 全日本情報学習振興協会によって実施される検定試験です。ここでは、情報セキュリティ管理士認定試験の概要について説明します。

情報セキュリティ管理士認定試験とは

情報セキュリティに関する知識として要求される範囲は、年々広がっています。また、従事する業務により、求められるスキルも多種多様となっています。しかも、こうした傾向はこれからも一層強まることは確実です。

ITが必須となっている現代では、業種・業務を問わず企業におけるすべての社員が、情報セキュリティについて断片的な知識にとどまらずに理解を深める必要があります。

情報セキュリティ管理士認定試験は、一般財団法人 全日本情報学習振興協会によって実施される検定試験です。

情報セキュリティ管理士認定試験では、企業ニーズに即し、個人レベルで身につけるべき情報セキュリティの概要と、近年の情報セキュリティインシデントおよび情報に内包されるさまざまな脅威と求められる対策、ソフトウェア／ハードウェアの知識を問います。これにより、セキュリティ対策の管理職・リーダーとして必要な知識を有することを認定します。

試験の日程

情報セキュリティ管理士認定試験は、年に4回実施されます。詳しい試験日程については、一般財団法人 全日本情報学習振興協会のWebサイトを参照してください。

URL：https://www.joho-gakushu.or.jp/

試験の概要

情報セキュリティ管理士認定試験の出題数、制限時間、合格ライン、合格発表、検定料金は次のとおりです。

制限時間	120分
合格ライン	出題区分Ⅰ～Ⅳのそれぞれの正解が70％以上
合格発表	試験より約1ヵ月後にWebサイト上で発表
検定料金	11,000円（10,000円＋税10％）

出題内容

情報セキュリティ管理士認定試験の出題内容は次のとおりです。

出題区分	内容
Ⅰ．情報セキュリティ総論	● 近年の情報セキュリティ事件・事故の例と企業責任 ● 情報セキュリティの目的 ● 情報セキュリティの3要素 ● 情報に関する企業と個人の権利を守るには ● 情報の保護に関する法規制 ● その他の法規制 ● 各種規格と認証・評価制度 ● 情報セキュリティに関連する各種基準 ● 情報セキュリティマネジメント ● 情報セキュリティ諸規定と組織 ● リスクマネジメント ● プロジェクトマネジメント ● ストラテジ
Ⅱ．脅威と情報セキュリティ対策①	● 紙媒体の利用に関する脅威 ● 紙媒体不正利用対策 ● 社員・社内にいる部外者・協力会社などによる脅威 ● 人的セキュリティ対策 ● 設備機器の管理 ● モバイル機器利用に関する脅威 ● モバイル機器の管理 ● SNSの利用に関する脅威 ● SNS利用の管理 ● 建物・部屋への侵入の脅威 ● 不特定者の侵入対策 ● 天災に関する脅威 ● 大規模障害に関する脅威 ● 天災と大規模障害対策

出題区分	内容
Ⅲ．脅威と情報セキュリティ対策②	● コンピュータ利用上の脅威 ● コンピュータ不正利用等の対策 ● インターネットの利用に関する脅威 ● インターネット不正利用対策 ● 電子媒体の利用に関する脅威 ● 電子媒体不正利用対策 ● 外部からの攻撃の脅威 ● ネットワーク攻撃対策 ● 不正プログラム ● その他サイバー攻撃手法 ● 暗号化技術 ● 公開鍵基盤 ● 認証技術 ● 利用者認証 ● その他の技術的セキュリティ対策
Ⅳ．コンピュータの一般知識	● OSに関する知識 ● アプリケーションに関する知識 ● ハードウェアに関する知識 ● スマートデバイスに関する知識 ● その他コンピュータに関する知識 ● 通信・ネットワークに関する知識 ● データベースに関する知識 ● ビッグデータに関する知識

申し込み方法

受験に際し、国籍や年齢などの制限はありません。受験会場と時間は、申し込み後に全日本情報学習振興協会から通知されます。

申し込み方法は次のとおりです。

- 全日本情報学習振興協会が発行する検定試験申込書に所定の事項を記入して郵送するか、同協会のWeb サイト（https://www.joho-gakushu.or.jp/）上の所定のフォームで申し込みます。検定試験申込書は、同Webサイトよりダウンロードできます。
- 受験票には、上半身、正面脱帽の写真（1 年以内に撮影、縦4センチ×横3センチ、裏面に氏名を記入）を貼付し、受験当日に持参します。
- 申し込みは先着順に受け付けられます。定員に達した場合には、申し込み期間内でも受け付けられない場合があります。
- 申し込みの受け付け後は、試験施行中止などの事情がない限りキャンセルはできません。

- 受験票は試験実施日の10日前までに届くよう郵送されます。10日前になっても届かない場合は、全日本情報学習振興協会まで電話で連絡してください。

全日本情報学習振興協会では、団体受験の申し込みや試験対策セミナーの申し込みも受け付けています。詳細については、後述の問い合わせ先を参照して、全日本情報学習振興協会に問い合わせてください。

合格発表

合否については、試験より約1ヵ月後に全日本情報学習振興協会のWebサイトで発表されます。試験の合否や成績などについて、電話での問い合わせは受け付けられません。また、答案や解答の公開または返却は行われません。

認定証書と認定カードの交付

合格発表後約1ヵ月後に、全日本情報学習振興協会から合格証書と認定カードが交付されます。認定カードの有効期限は、2年です。有効期限後に更新を希望する場合は、毎年1回の定期講習を受講する必要があります（有料）。

情報セキュリティ管理士認定試験の合格者は、ロゴマークを全日本情報学習振興協会のWebサイトよりダウンロードして利用することができます。利用の有効期限は、認定カードと同じく2年で、ダウンロードの際に認定カードの認定番号が必要です。

問い合わせ先

一般財団法人 全日本情報学習振興協会

Webサイト：https://www.joho-gakushu.or.jp/

電話番号：03-5276-0030

本書について

本書は、一般財団法人 全日本情報学習振興協会によって実施される情報セキュリティ管理士認定試験の公式テキストです。ここでは、本書の構成や本書を利用した学習方法について説明します。

本書の対象読者

本書は次の読者を対象としています。

- 情報セキュリティ管理士認定試験の受験者
- 情報セキュリティについて基礎から中級程度の知識を体系的に学びたい人

本書の構成

本書は次の5つのChapterから構成されています。

Chapter Ⅰ　情報セキュリティ総論

情報セキュリティの定義、必要性、関連法規について説明します。

Chapter Ⅱ　脅威と情報セキュリティ対策①

紙媒体の利用の脅威とその対策、物理的・人的脅威とその対策、災害・大規模障害に関する脅威とその対策について説明します。

Chapter Ⅲ　脅威と情報セキュリティ対策②

コンピュータ利用上の脅威とその対策、インターネット利用上の脅威とその対策、外部からの攻撃とその対策、電子媒体の利用の脅威とその対策について説明します。

Chapter Ⅳ　コンピュータの一般知識

情報セキュリティの維持に必要なコンピュータの基本知識を学びます。

Chapter Ⅴ　総合演習問題

Chapter Ⅰ～Ⅳで学んだ知識をもとに、演習問題に取り組みます。

各Chapterは、複数の節から構成されています。

各節では、情報セキュリティについて図や表を用いてわかりやすく説明しています。また、本文の解説を補足するため、次のものを用意しています。

KEYWORD

□機密性　□完全性　□可用性
□真正性　□責任追跡性　□否認防止　□信頼性

KEYWORD 各節の冒頭で、押さえておくべき重要なキーワードを挙げています。重要なキーワードは、本文中でも太字で記載されています。

need to knowの原則

さまざまなセキュリティの脅威に対し、セキュリティ管理者はセキュリティに関する設定を適切に行わなければいけません。これは、セキュリティの基本である「アクセスしなければならない人だけに情報を提供する」ことになります。必要な人だけに情報を開示するという、この考え方を、「need to knowの原則」といいます。

COLUMN 本文の解説に関連する技術や情報を記載します。

リスクの分析を行い、情報資産に対する脅威の発生頻度と発生時の被害の大きさを算出してリスクを評価するまでの手順を、まとめてリスクアセスメントといいます。

NOTE 本文の解説を補足する内容を記載します。

演習問題

本書では、各Chapterの最後およびChapter Vに演習問題を用意しています。演習問題には、実際の試験で過去に出題された問題の一部を引用しています。

演習問題では、各Chapterで学習した内容に加え、押さえておきたい重要な用語や概念についても出題しています。演習問題を通じて学ぶ用語もありますので、学習の際には、各Chapterの最後およびChapter Vの演習問題を解き、解説を読みましょう。これにより、情報セキュリティに関する知識を網羅し、理解をさらに深めることが可能になります。

学習のポイント

本書を利用して情報セキュリティ管理士認定試験を受験する場合には、次のポイントに注意して学習することをお勧めします。

- 情報セキュリティに関する概念や、用語とその意味、プライバシーマーク制度やISMSなどの認証制度、関連法規、各種ガイドラインの意義や詳細について理解する。
- 情報セキュリティの対象となる情報資産と脅威について理解し、実際の業務と照らし合わせながら考察することができるようにする。
- 情報セキュリティの対策について技術的な方法も含めて理解し、実際の業務と照らし合わせながら考察することができるようにする。
- 情報セキュリティ対策を実施するうえで必要なコンピュータの基本知識を学び、応用できるようにする。

CHAPTER

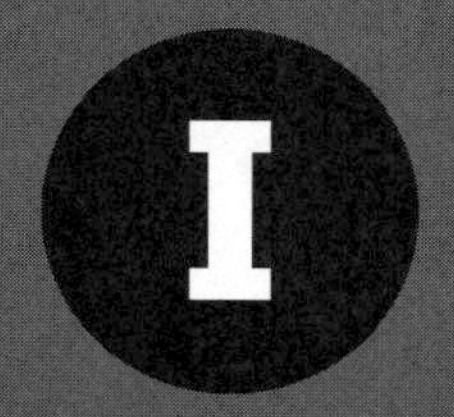

情報セキュリティ総論

最初に「情報セキュリティとは何か」を理解し、情報セキュリティで重要となる3つの要素、個人の権利と企業責任について学習します。続いて、情報セキュリティにおけるリスク分析や対策の基本的な手順を理解します。情報セキュリティに関する法規、ガイドライン、認定制度についても押さえておきましょう。

I-1 情報セキュリティの概要

情報セキュリティを学ぶために、そもそも情報とは何か、情報セキュリティとは何かを説明します。また、情報セキュリティを実施するためのPDCAサイクルについて学びます。

KEYWORD

□情報	□情報セキュリティ	□情報資産	□脆弱性
□脅威	□セキュリティインシデント	□CSR	□PDCA
□機密性	□完全性	□可用性	□内部統制

情報とセキュリティ

われわれの身近には、さまざまな情報があります。電子媒体の形をとるもの、およびそれ以外の形をとるもの（紙媒体、テレビ、インターネットなどからのもの）を含め、すべてを**情報**と呼びます。

これらの情報はすべて、正当なものであるかどうかは別として、何らかの「**危険にさらされる**」可能性があります。危険にさらされている情報を適切な方法で守らなければなりません。これらの情報を守ることを**情報セキュリティ**といいます。

◎情報セキュリティとは

JIS Q 27000：2019（P.19、P.44）では、情報セキュリティを次のように定義しています。

> 情報の機密性、完全性及び可用性を維持すること。
> 注記　さらに、真正性、責任追跡性、否認防止、信頼性などの特性を維持することを含めることもある。

すなわち、情報セキュリティとは、組織や情報システムやネットワークで起こりうる危険（なりすまし、不正アクセス、盗聴、情報の漏えい、侵入、事故など）を未然に防ぐため、あるいは被害を最小限にするために何らかの対策を施すことを意味します。また、情報および情報を管理するしくみ（情報システム並びにシステム開発、運用のための資料など）のことを**情報資産**といいます。

◎脆弱性

脆弱性とは、1つ以上の脅威が起こる可能性がある情報資産や情報資産を含むシステムの弱点のことです。脆弱性をできる限り小さくすることで脅威を減らすことができます。また、情報資産によって脆弱性の程度や内容が異なるため、情報資産の重要度が大切になります。

たとえば、電子メールを暗号化しないで送信しているとき、電子メールの内容が経営に直接かかわる重要な情報であれば、その内容が漏れてしまうと大きな脅威になる可能性がありますが、重要でない情報であれば、その情報が漏れても対外的には大きな問題にはなりません。

◎脅威

脅威とは、情報システムに対して悪い影響を与える要因のことです。JIS Q 27000:2019（P.19、P.44）では、「システム又は組織に損害を与える可能性がある、望ましくないインシデントの潜在的な原因」と定義されています。地震や火災などの災害、悪意のある顧客や従業員、インターネットを介しての攻撃などが該当します。情報セキュリティでは、このような脅威のことを**セキュリティインシデント**と呼びます。セキュリティインシデントには、技術的、人的、物理的に数多くのものが存在します。

◎対策

組織が保持する情報資産に対してリスク評価を行い、それにより定められた脅威ごとのリスクの大きさと、要求されるセキュリティ水準を比較することで、**情報セキュリティ対策**の方針が定められます。その方針に沿って、セキュリティ対策基準を検討します。その際、算定されたリスクの大きさを基準として、脅威の発生頻度および発生時の被害の大きさを低減させ、セキュリティの要求水準を満足させる対策基準を定めることが必要です。

脅威の発生頻度または被害を低減させるための対策を講じる際には、脅威を防止できるだけでなく、実際に被害が発生した場合にどのように情報資産を守ることができるのか（**機密性**）、改ざんされないようにするのか（**完全性**）、できる限り継続して使用できるか（**可用性**）を考慮する必要があります。

◎ PDCAサイクルに沿った情報セキュリティの実施

情報技術の進歩は極めて速いため、そのときに実施した情報セキュリティ対策が、将来にわたっても最適なものであるとは限りません。たとえば、ハードウェアやソフトウェアの導入時には適切な情報セキュリティ対策であると思えても、その効果の継続性は保証されません。情報セキュリティは、情報セキュリティポリシの策定やそれに続く日々の継続的な対策によって確保されるものです。

したがって、情報セキュリティポリシや情報セキュリティに関連する実施手順などの規定も、一度策定すれば済むわけではありません。定期的または必要に応じて見直すことによって、それぞれの情報資産に対して新たな脅威が発生していないか、環境の変化はないかを確認し、継続的に対策を講じていく必要があります。情報セキュリティの対策の策定や実施は、**図I-1-1**のように**PDCA**（Plan-Do-Check-Act）サイクルに沿って継続して行っていきます。

▼図I-1-1　情報セキュリティの実施サイクルの例

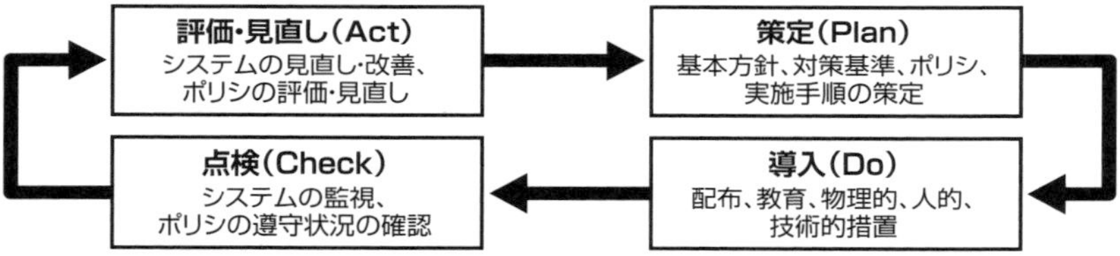

評価・見直し（Act） システムの見直し・改善、 ポリシの評価・見直し	**策定（Plan）** 基本方針、対策基準、ポリシ、 実施手順の策定
点検（Check） システムの監視、 ポリシの遵守状況の確認	**導入（Do）** 配布、教育、物理的、人的、 技術的措置

◎CSR（Corporate Social Responsibility）

CSRとは、企業が社会に与える影響を把握し、顧客などの利害関係者の要望に応えることで、社会への責任を果たすことです。情報セキュリティに関する管理体制を構築し、個人情報の漏えいなどの事故を発生させないようにすることは、CSRの一環として重要なことです。

◎コーポレートガバナンス（企業統治）

株主や銀行、債権者、取締役、従業員などの企業を取り巻くさまざまな利害関係者が企業活動を監視して、健全で効率的な企業経営を規律するための仕組みのことです。

◎内部統制

業務の有効性・効率性、財務報告の信頼性、事業活動に関わる法令等の遵守、資産の保全の4つの目的が達成されているとの合理的な保証を得るために、業務に組み込まれ、組織内のすべての者によって遂行されるプロセスをいいます。

I-2　情報セキュリティの3要素

情報セキュリティを考える上では、ネットワーク経由の脅威を意識してしまうことが多くなりがちです。しかし、自然災害や施錠管理などの物理的問題によって発生する脅威も意識する必要があります。このときのポイントとなるのが情報セキュリティの３つの要素です。

KEYWORD

□機密性　□完全性　□可用性
□真正性　□責任追跡性　□否認防止　□信頼性

情報セキュリティの定義と３要素

情報セキュリティマネジメントの指針や一般的原則を規定するJIS Q 27000：2019では、情報セキュリティを「情報の**機密性**、**完全性**及び**可用性**を維持すること」と定義しています。また、機密性、完全性、可用性について**表I-2-1**のように定義されています。

▼**表I-2-1　情報セキュリティの３要素の定義**

要素	定義
機密性（confidentiality）	認可されていない個人、エンティティ※又はプロセスに対して、情報を使用させず、また、開示しない特性。
完全性（integrity）	正確さ及び完全さの特性。
可用性（availability）	認可されたエンティティが要求したときに、アクセス及び使用が可能である特性。

※エンティティは、実体、主体などともいう。情報セキュリティの文脈においては、情報を使用する組織及び人、情報を扱う設備、ソフトウェア及び物理的媒体などを意味する

機密性、完全性、可用性の具体的な例は、次のとおりです。

- **機密性**：特定の人にIDやパスワードを与えたり、アクセス権限を制限してアクセスできる人や機器を特定することなど
- **完全性**：Webサーバのデータの改ざんや破壊が行われていないことや、機器の設定内容が不正に書き換えられていないことなど

- **可用性**：自然災害や機器の故障の発生による業務の中断や停止を避けるために、別の場所にバックアップの機器やデータを用意しておき、現実にその脅威が起こったときには切り替えて対応することなど

また、JIS Q 27000：2019などでは、3要素に加えて**真正性**、**責任追跡性**、**否認防止**、**信頼性**も併せて定義されています。これらを含めてセキュリティの7要素として参照されることもあります（**表I-2-2**）。

▼**表I-2-2　情報セキュリティの7要素（追加の4要素）の定義**

要素	定義
真正性（authenticity）	エンティティは、それが主張するとおりのものであるという特性。
責任追跡性（accountability）	あるエンティティの動作が、その動作から動作主のエンティティまで一意に追跡できることを確実にする特性（JIS X 5004）。
否認防止（non-repudiation）	主張された事象又は処置の発生、及びそれを引き起こしたエンティティを証明する能力。
信頼性（reliability）	意図する行動と結果とが一貫しているという特性。

3要素の定義の変化

現在は廃止されているISO/IEC 17799：2000（JIS X 5080：2002）では、機密性、完全性、可用性について次のように定義されていました。

- 機密性：アクセスを認可された者だけが情報にアクセスできることを確実にすること
- 完全性：情報及び処理方法が、正確であること及び完全な状態であることを保護すること
- 可用性：認可された利用者が、必要なときに、情報及び関連する資産にアクセスできることを確実にすること

以前はあくまでも人が対象でした。現在では対象をエンティティとしています。つまり、人以外の「もの」（装置など）も対象にすることを意味します。

I-3 情報に関する個人の権利と企業責任

個人情報保護法によって守られる個人の権利について理解する必要があります。同時に、企業における情報セキュリティ対策の方針を示す情報セキュリティポリシについて詳しく説明します。

KEYWORD

- □個人情報保護法
- □個人情報
- □個人情報取扱事業者
- □OECD8原則
- □情報セキュリティ
- □PDCA
- □情報セキュリティポリシ
- □情報資産
- □情報セキュリティ基本方針
- □情報セキュリティ対策基準
- □情報セキュリティ監査
- □情報セキュリティ監査基準
- □情報セキュリティ管理基準

個人の権利

情報に関する個人の権利として最初に挙げられるのは、**個人情報保護法**で規定されている個人情報に関する権利です。

◎個人情報と個人情報取扱事業者

個人情報とは、個人情報保護法の第2条で次のように定義されています。

> この法律において「個人情報」とは、生存する個人に関する情報であって、次の各号のいずれかに該当するものをいう。
>
> 一　当該情報に含まれる氏名、生年月日その他の記述等（文書、図画若しくは電磁的記録（電磁的方式（電子的方式、磁気的方式その他人の知覚によっては認識することができない方式をいう。次項第二号において同じ。）で作られる記録をいう。第十八条第二項において同じ。）に記載され、若しくは記録され、又は音声、動作その他の方法を用いて表された一切の事項（個人識別符号を除く。）をいう。以下同じ。）により特定の個人を識別することができるもの（他の情報と容易に照合することができ、それにより特定の個人を識別することができることとなるものを含む。）
>
> 二　個人識別符号が含まれるもの

また、第2条第5項では個人情報を取り扱う事業者を**個人情報取扱事業者**として次のように定義しています。

> この法律において「個人情報取扱事業者」とは、個人情報データベース等を事業の用に供している者をいう。ただし、次に掲げる者を除く。
> 一　国の機関
> 二　地方公共団体
> 三　独立行政法人等（独立行政法人等の保有する個人情報の保護に関する法律（平成十五年法律第五十九号）第二条第一項に規定する独立行政法人等をいう。以下同じ。）
> 四　地方独立行政法人（地方独立行政法人法（平成十五年法律第百十八号）第二条第一項に規定する地方独立行政法人をいう。以下同じ。）

個人情報保護法では、個人の権利として、個人情報取扱事業者が個人情報の利用目的を通知すること、本人からの求めに応じて個人情報の開示、訂正、利用停止を行うことなどを定めています（**図 I-3-1**）。

▼ **図 I-3-1　民間事業者の個人情報取扱いに関する基本ルール**＊1

4つの基本ルール

【個人情報の取得・利用】

個人情報取扱事業者は、個人情報を取り扱うに当たって、利用目的をできる限り特定しなければならないとされています（個人情報保護法 第15条第1項）。その際、利用目的はできるだけ具体的に特定しましょう。また、特定した利用目的は、あらかじめ公表しておくか、個人情報を取得する際に本人に通知する必要があります。

【個人データの安全管理措置】

個人情報取扱事業者は、個人データの安全管理のために必要かつ適切な措置を講じなければならないとされています（個人情報保護法 第20条）。

【個人データの第三者への提供】

個人情報取扱事業者は、個人データを第三者に提供する場合、原則としてあらかじめ本人の同意を得なければなりません（個人情報保護法 第23条第1項）。また、第三者に個人データを提供した場合、第三者から個人データの提供を受けた場合は、一定事項を記録する必要があります（個人情報保護法 第25条、26条）。

【保有個人データの開示請求】

個人情報取扱事業者は、本人から保有個人データの開示請求を受けたときは、本人に対し、原則として当該保有個人データを開示しなければならないとされています（個人情報保護法 第28条）。また、個人情報の取扱いに関する苦情等には、適切・迅速に対応するよう努めることが必要です（個人情報保護法 第35条）。

＊1　出典：個人情報保護ハンドブック（https://www.ppc.go.jp/files/pdf/kojinjouhou_handbook.pdf）より引用。

◎OECD8原則

個人情報保護法は、OECD（経済協力開発機構）から公表された**プライバシー保護と個人データの国際流通についてのガイドラインに関するOECD理事会勧告**をベースにしています。このガイドラインは次の8つの原則を規定しており、一般に**OECD8原則**と呼ばれます。

- **収集制限の原則**：個人データは、適法・公正な手段により、かつ情報主体に通知または同意を得て収集されるべきである。
- **データ内容の原則**：収集するデータは、利用目的に沿ったもので、かつ正確・完全・最新であるべきである。
- **目的明確化の原則**：収集目的を明確にし、データ利用は収集目的に合致するべきである。
- **利用制限の原則**：データ主体の同意がある場合や法律の規定による場合を除いて、収集したデータを目的以外に利用してはならない。
- **安全保護の原則**：合理的安全保護措置により、紛失・破壊・使用・修正・開示等から保護すべきである。
- **公開の原則**：データ収集の実施方針等を公開し、データの存在、利用目的、管理者等を明示するべきである。
- **個人参加の原則**：データ主体に対して、自己に関するデータの所在及び内容を確認させ、または異議申立を保証するべきである。
- **責任の原則**：データの管理者は諸原則実施の責任を有する。

情報セキュリティに関する企業責任

企業などの組織は、**情報セキュリティ**に関して非常に重い責任を負います。組織内で扱う情報を守るために**PDCA**（Plan-Do-Check-Act）サイクルに沿って、情報セキュリティに関する計画の立案、実行と運用、チェック、見直しを行わなければなりません。

◎情報セキュリティポリシ

情報セキュリティポリシとは、組織が所有する**情報資産**の情報セキュリティ対策について総合的、体系的かつ具体的にとりまとめたもののことです。どのような情報資産をどのような脅威からどのように守るのかについての基本的な考え方、並びに情報セキュリティを確保するための体制、組織および運用を含めた規定になります。

情報セキュリティポリシは、情報セキュリティ管理者（または組織内の情報セキュリティ委員会）などが策定します。企業はこのポリシに基づき、情報資産を脅威から守る対策を検討します。

情報セキュリティポリシは、情報セキュリティ基本方針と情報セキュリティ対策基準からなります（図 I-3-2）。

▼図 I-3-2　情報セキュリティポリシの位置づけ

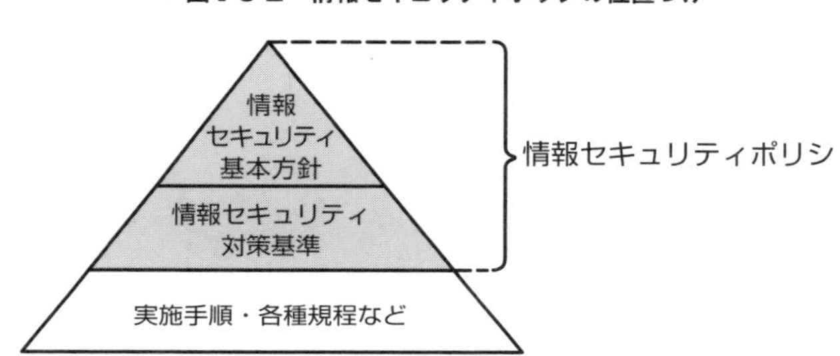

1. 情報セキュリティ基本方針

情報セキュリティ基本方針は、組織における、情報セキュリティ対策に対する根本的な考え方を表します。組織がどのような情報資産を持ち、その資産に対してどのような脅威があり、それをなぜ保護しなければならないかを明らかにし、組織の情報セキュリティに取り組む姿勢を示す方針のことです。

2. 情報セキュリティ対策基準

情報セキュリティ対策基準は、情報セキュリティ基本方針に定められた情報セキュリティを確保するために遵守すべき行為および判断などの基準のことです。つまり、情報セキュリティ基本方針を実現するためには何を行わなければいけないかを示します。

3. 情報セキュリティ実施手順など

情報セキュリティポリシには含まれないものの、対策基準に定められた内容を具体的な情報システムまたは業務においてどのような手順に従って実行していくかを情報セキュリティ実施手順で示します。

◎ 情報セキュリティポリシの策定手順

代表的な情報セキュリティポリシの策定は、図 I-3-3の手順で行います。

▼図 I-3-3 情報セキュリティポリシの策定手順（例）

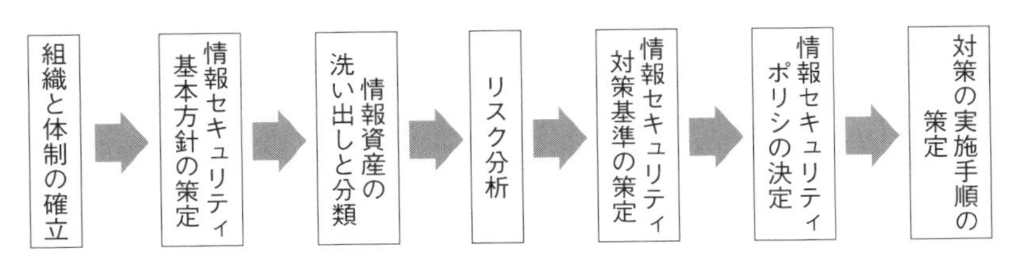

1. 組織と体制の確立

情報セキュリティポリシを策定するにあたり、経営陣あるいは重役の関与を明確にするとともに、情報システムの管理者および情報セキュリティに関する専門的知識を有する人物などのメンバを組織横断的に集め、情報セキュリティ委員会などを作成します。また、組織の目的、権限、名称、業務、構成員などを規定し、情報セキュリティに取り組むための体制を整えます。

2. 情報セキュリティ基本方針の策定

情報セキュリティ基本方針には、情報セキュリティ対策の目的、対象範囲などを盛り込み、組織の情報セキュリティに対する基本的な考え方を定めます。

3. 情報資産の洗い出しと分類

保有する情報資産を調査し、資産ごとの価値を判断して優先度を決めます。

4. リスク分析

リスク分析とは、保護すべき情報資産を明らかにし、それらに対するリスクを評価することです。

5. 情報セキュリティ対策基準の策定

リスク分析の結果によって得られた情報資産それぞれの対策について、体系化した上で対策基準を定めます。

6. 情報セキュリティポリシの決定

情報セキュリティ基本方針と情報セキュリティ対策基準が策定されたら、情報セキュリティポリシ案を作成します。作成されたポリシ案について、情報セキュリティ分野の専門家による評価や関係部局の意見などを参考に、その妥当性を確認してから正式に情報セキュリティポリシを決定します。

7. 対策の実施手順の策定

情報セキュリティポリシを遵守しなければならない対象者について、取り扱う情報、実施する業務などに応じてどのような方法で情報セキュリティを確保しなければならないかを示すために、実施手順を策定します。したがって、業務を実施する環境に応じて、必要があれば部署単位などで個別に対策を定めます。

情報セキュリティポリシが決定し、実施手順が策定された後は、それに準じた教育や訓練を行う必要があります。教育や訓練は定期的かつ継続的に実施することで、その効果が増していきます。

情報セキュリティ監査

情報セキュリティポリシは、定期的に、および必要に応じて見直すとともに、その遵守状況をチェックしていかなければなりません。もちろん内部でチェックを行うことも重要ですが、独立した第三者によるチェックを受けることで、その精度が高くなります。

情報セキュリティ監査は、監査業務を情報セキュリティに特化し、「有効かつ効率的に監査を実施して情報セキュリティの品質を確保すること」を目的とします。情報セキュリティに関する監査を行うには、「情報セキュリティ監査基準」や「情報セキュリティ監査基準 実施基準ガイドライン」などを参考にする必要があります。

◎情報セキュリティ監査基準

経済産業省による**情報セキュリティ監査基準**では、情報セキュリティ管理基準を監査の判断基準として用いることを監査の前提条件としています。

また、情報セキュリティ監査では、あらかじめ監査目的を設定しておかなければなりません。監査は、その目的に応じて保証型の監査と助言型の監査に分けることができます。また、この2つを同時に目的とした監査を行うことも可能です。

- **保証型の監査**：情報セキュリティ対策が適切かどうかを監査人が保証することを目的とする監査
- **助言型の監査**：情報セキュリティ対策の改善のために監査人が助言を行うことを目的とする監査

◎情報セキュリティ管理基準

情報セキュリティ管理基準はJIS Q 27001:2014およびJIS Q 27002:2014と整合されており、情報セキュリティにかかわるマネジメントに関する国際基準に合致しています。なお、この基準は「情報セキュリティ監査基準」に従って監査を行う場合、監査人が監査の判断の尺度として用いるべき基準となります。また、この基準はISMS認証制度において用いられる適合性評価（P.44）の尺度にも合うように配慮されています。

情報セキュリティ監査の実施手順

一般的に、情報セキュリティ監査は次のような流れで実施します。

1. 監査計画の立案

情報セキュリティ監査を行うにあたり、監査の対象となる情報資産のリスク分析の結果を踏まえ、具体的かつ効率的に監査を実施できるように計画を立てます。計画の内容は、次のとおりです。

- 監査手続きの実施時期
- 監査手続きの実施場所
- 監査手続きの実施担当者およびその割り当て
- 実施すべき監査手続きの概要
- 監査手続きの進捗管理方法や体制

2. 監査手続きの実施

監査手続きを実施する際には、監査に必要な証拠を入手することが重要です。監査証拠は、関連の書類の閲覧および査閲、担当者へのヒアリング、実地調査、テストデータによる検証、脆弱性のテストなどさまざまなものから取得できます。入手した監査証拠とリスクコントロールが対応しているかどうかを確認して評価します。

3. 監査調書の作成と保存

監査調書は、監査を行った実施記録のことです。監査報告書のもとになる監査証拠などを適切にまとめる必要があります。

4. 監査報告書の作成

保証意見や助言意見を盛り込んだ**監査報告書**を作成します。

I-4 情報セキュリティとリスク分析

情報セキュリティ対策を立てるためには、まず情報資産を洗い出し、情報資産に対する脅威を検討してリスク分析を行う必要があります。リスク分析の考え方や手法について学習しましょう。

KEYWORD

- □情報セキュリティ
- □情報資産
- □脅威
- □リスク
- □リスク分析
- □脆弱性
- □リスクアセスメント
- □定量的リスク分析
- □定性的リスク分析
- □JRAM
- □CRAMM
- □ALE
- □GMITS
- □MICTS
- □JIS TR X 0036
- □リスクマネジメント
- □JIS Q 31000
- □リスクマネジメントプロセス

情報資産における脅威

情報セキュリティとは、情報資産の**機密性**、**完全性**、**可用性**を維持することです。組織における**情報資産**とは、情報そのものおよび情報を管理する情報システム、情報システムの開発や運用に必要な資料などを指します。

情報セキュリティ対策を講じるためには、具体的にどのような情報資産があり、その情報資産がさらされている**脅威**を明らかにしなければなりません。脅威とは、情報システムに対して悪い影響を与える要因のことです。地震や火災などの災害、悪意のある顧客や従業員、インターネットを介して攻撃してくる攻撃者などが該当します。

さらに、情報資産ごとに機密性や利用環境などを考慮してどのようなリスクがあるかを特定し、その度合いを算出して、その結果に基づいて分類します。割り出された情報資産とそれぞれのリスクの度合いをベースに、情報セキュリティ対策を考えることになります。

リスク分析

情報資産に対して講じる情報セキュリティ対策を体系的かつ具体的にまとめたものを、**情報セキュリティポリシ**といいます。組織にはどのような情報資産があり、それをどのような脅威からどのような方法で守るのかについて、基本的な方針や組織の体制などを規定公開するものです。

情報セキュリティポリシを策定する際には、前述のとおり情報資産を調査し、情報資産に対するリスクを正しく把握する必要があります。**リスク**とは、脅威によって情報資産に与えられる損害の可能性です。JIS Q 27000:2019では「目的に対する不確かさの影響」と定義されています。**リスク分析**を行うことにより、情報資産に対する脅威を洗い出し、情報資産の**脆弱性**（潜在する弱点）を客観的に判定します。

◎リスク分析の手順

代表的なリスク分析は、**図 I-4-1**の手順で行います。

▼図 I-4-1　リスク分析の手順（例）

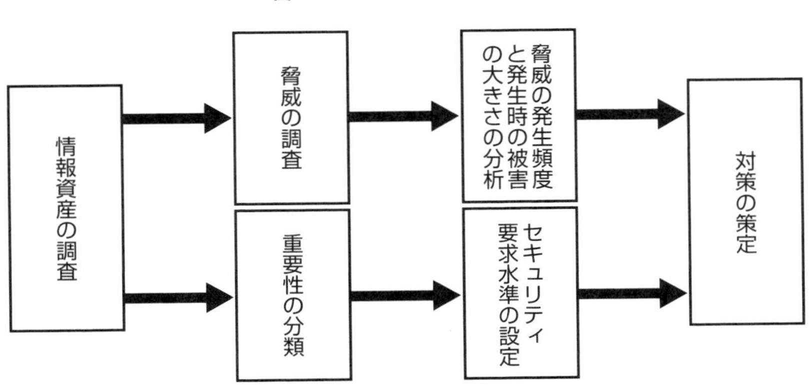

情報資産の調査により保護すべき情報資産を明らかにした後、情報資産に対する脅威の調査を行います。また、情報資産について機密性、完全性、可用性から重要性を検討し、分類します。

脅威の調査と重要性の分類は、別々に実施する必要があります。たとえば、情報資産としてノートパソコンが存在する場合を考えてみましょう。ノートパソコンに対する脅威には盗難や破壊などが考えられます。一方、ノートパソコンに保存されているデータに対する脅威は盗聴や漏えいです。顧客情報などの重要なデータが保存されているノートパソコンは重要性は高くなりますが、重要でないデータであれば脅威は同じでも重要性は低くなります。情報資産に対して同じ脅威が存在する場合でも、重要性が異なる場合があるため、十分な注意が必要です。

情報資産と脅威を洗い出したら、情報資産に対する脅威の発生頻度と発生時の被害の大きさを算出します。算出した結果とあらかじめ定めておいた評価基準を比較し、リスクを評価します。リスク評価の結果をもとに、それぞれのリスクにどのように対応するかを決定します。

リスクの分析を行い、情報資産に対する脅威の発生頻度と発生時の被害の大きさを算出してリスクを評価するまでの手順を、まとめてリスクアセスメントといいます。

◎リスク分析の手法

リスク分析の手法には、定量的リスク分析と定性的リスク分析があります。

- **定量的リスク分析**：リスクを損失額などの具体的な数字で見積もる手法（ALEなど）
- **定性的リスク分析**：質問表などを使用してリスクを見積もり、リスクのレベルを低、中、高のように評価する手法（CRAMM、GMITS/MICTSなど）

なお、定量的リスク分析と定性的リスク分析の両方の特徴を備えたリスク分析手法としてJRAMがあります。

代表的なリスク分析手法

代表的なリスク分析手法には、JRAM、「情報セキュリティポリシーに関するガイドライン」のリスク分析、CRAMM、GMITS/MICTS、ALEがあります。

◎JRAM

JRAMは、1992年にJIPDEC（一般財団法人 日本情報経済社会推進協会）によって開発されたリスク分析手法です。

1. JRAM質問表の回答結果から脆弱性を洗い出し、評価する。
2. JRAM分析シートにより実際に発生したセキュリティ事故から損失額を洗い出す。
3. 1と2の結果を合わせて総合的に評価し、判定する。

◎CRAMM

CRAMMは、1988年に英国財務省配下のCCTA[*2]と英国規格協会（BSI）が開発したリスク分析手法です。CRAMM質問表を用いてリスク分析を行います。

1. CRAMM質問表を使って、情報資産を分類し、評価する。
2. CRAMM質問表を使って、情報資産に対する脅威と情報資産の脆弱性を5段階で評価する。
3. CRAMMの具体的な対応策から、情報資産に適用する対応策を選択する。

◎ALE

ALEは、1977年に米国標準技術研究所（NIST）が開発したリスク分析手法です。リスクの発生頻度と損失額を計算し、対応策やそのための資金を決定します。

ALE（年間予想損失額）は、次のように求めます。次の式において、fは損失評価額のレベルを、iは発生頻度のレベルを意味します。

$$\text{ALE（年間予想損失額）} = \frac{10^{(f+i-3)}}{3}$$

組織において部門ごとにfとiの値を設定し、それぞれの年間予想損失額を求めて評価を行います。

◎ GMITS/MICTS

GMITS（Guidelines for the Management of IT Security）は、ITセキュリティのマネジメントに関するガイドラインをまとめたものです。ISO/IEC TR 13335-3：1998として公表され、これをベースにJIS TR X 0036-3：2001としてJIS規格化されています。なお、現在は旧規格であるISO/IEC TR 13335を整理してISO/IEC 27005とし、GMITSの後継として**MICTS**(Management of Information and Communications Technology Security）が制定されています。

JIS TR X 0036には、「ITセキュリティマネジメントのガイドライン」という標題がつけられています。第3部「ITセキュリティマネジメントのための手法」（JIS TR X 0036-3：2001）では、次の4つのリスク分析手法が挙げられています。

＊2　英国財務省配下のOGC（The Office of Government Commerce）の前身である機関

1. ベースラインアプローチ

従来の標準や基準をもとにベースラインの対策の基準を策定し、チェックしていく手法です。実施が比較的容易ですが、選択する標準や基準によっては求める対策のレベルが適切に定まらない場合があります。

2. 非形式的アプローチ

非公式アプローチと呼ばれることもあります。コンサルタントや担当者の経験や判断により、リスク分析を行います。短期間での実施が可能ですが、判断が恣意的になることがあります。

3. 詳細リスク分析

個々の情報資産に対して「脅威」と「脆弱性」を識別し、リスクを評価する手法です。リスク分析を厳密に行うことができますが、工数や費用が大きくなります。

4. 組み合わせアプローチ

前述の3つのアプローチを組み合わせた手法です。基本的には、ベースラインアプローチと詳細リスク分析を組み合わせて利用します。ベースラインアプローチと詳細リスク分析のそれぞれのメリットを得ることができます。

リスクマネジメント

リスク分析を行った後は、その結果に基づき対策を立て、実施します。これをリスク対応といいます（P.35）。しかし、リスク分析やリスク対応は一度だけ実施すればよいというものではありません。リスク分析やリスク対応は継続的に行ってこそ、効果が得られます。PDCAサイクルに沿ってリスクアセスメント、リスク対応などを実施していくことを**リスクマネジメント**といいます。

リスクマネジメントについては、**JIS Q 31000：2019（ISO31000:2018）**という規格が存在します。JIS Q 31000には「リスクマネジメント―指針」という標題がつけられており、リスクとリスクマネジメントの定義をしています。

リスク
目的に対する不確かさの影響。
・注記1　影響とは、期待されていることからかい（乖）離することをいう。影響には、好ましいもの、好ましくないもの、又はその両方の場合があり得る。影響は、機会又は脅威を示したり、創り出したり、もたらしたりすることがあり得る。
・注記2　目的は、様々な側面及び分野をもつことがある。また、様々なレベルで適用されることがある。
・注記3　一般に、リスクは、リスク源、起こり得る事象及びそれらの結果並びに起こりやすさとして表される。

リスクマネジメント
リスクについて、組織を指揮統制するための調整された活動。
――JIS Q 31000:2019「リスクマネジメント－指針」より引用

リスクマネジメントプロセスは**図 I-4-2**の図のように定義されています。

▼図 I-4-2　リスクマネジメントプロセス

コミュニケーション及び協議
適用範囲、状況、基準
リスクアセスメント
リスク特定
リスク分析
リスク評価
リスク対応
記録作成及び報告
モニタリング及びレビュー

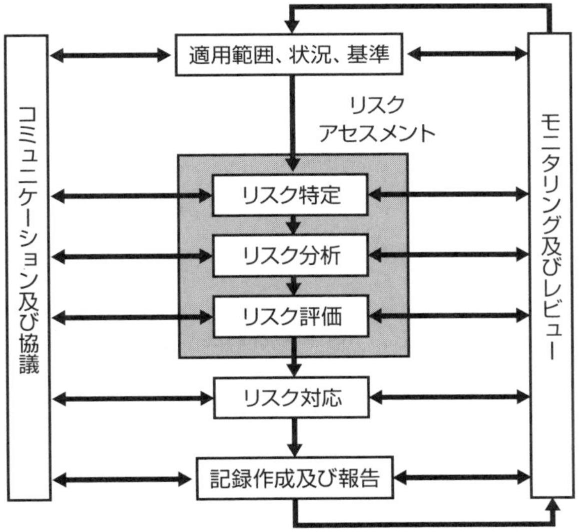

I-5 情報セキュリティ対策の概要

情報セキュリティ対策は、PDCAサイクルに沿って継続的に行う必要があります。ここでは、情報セキュリティマネジメントシステム（ISMS）とPDCAサイクル、およびリスク分析により洗い出したリスクに対応する方法について学びます。

KEYWORD

□情報セキュリティマネジメントシステム（ISMS）
□PDCAサイクル　□リスクコントロール　□リスク回避
□リスク集中　□リスク分離　□損失予防　□損失軽減
□リスクファイナンス　□リスク保有　□リスク移転
□情報セキュリティポリシ　□情報セキュリティ教育
□コンティンジェンシープラン（緊急時対応計画）

情報セキュリティマネジメントシステム(ISMS)

企業において情報セキュリティに取り組むための全体的な枠組みを、**情報セキュリティマネジメントシステム**（**ISMS**：Information Security Management System）といいます。ISMSでは、情報セキュリティに対する基本方針および目的に基づき、具体的なプロセスや手順を決め、それを導入して運用し、評価して見直しを行い、改善し、継続的に維持していかなければなりません。このように継続的にISMSを推進していく手法を、**PDCAサイクル**といいます（**図 I-5-1**）。

▼図 I-5-1　PDCAサイクルの概念

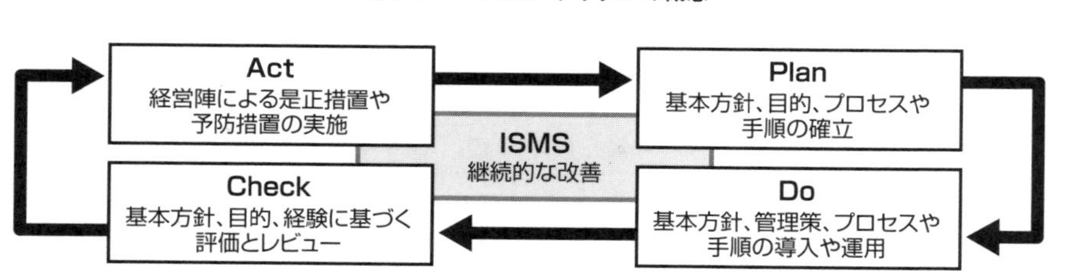

PDCAサイクルのそれぞれのプロセスの意味は、次のとおりです。

- Plan（計画）：ISMSの基本方針、目的、プロセスや手順の確立を行う。
- Do（実行）：ISMSの基本方針、管理策、プロセスや手順の導入や運用を行う。
- Check（点検）：ISMSの基本方針、目的、実際の経験に照らした評価を行って、その結果を踏まえてレビューを行う。
- Act（処置）：点検の結果や関連情報に基づいた、是正措置や予防措置を実施する。

リスク対応

情報資産とそれに対する脅威を洗い出し、リスク分析を行った後は、情報資産に対するリスクの評価結果に応じて、何らかの対策を講じる必要があります。リスク対応は、大きくリスクコントロールとリスクファイナンスに分類できます。

◎リスクコントロール

リスクコントロールとは、リスクが現実のものとならないようにリスクの発生を事前に防止したり、リスクが現実のものとなった場合に被害を最小限に抑えて損失の規模を小さくしたりするための対応策です。リスクコントロールには、次のような手法があります。

- **リスク回避**：リスクが発生する要因を排除する手法
- **リスク集中**：リスクを持つ情報資産を集中管理することで分散しているリスクの軽減を図る手法
- **リスク分離**：リスクを持つ情報資産を分離することで全体のリスクの軽減を図る手法
- **リスク低減（最適化）**：脆弱性に対して対策を講じることで脅威発生の可能性を下げる手法
- **損失予防**：損失の発生を最小限に減らすことで全体のリスクを減らす手法
- **損失軽減**：損失が発生した場合にその損失の度合いを小さくする手法

◎リスクファイナンス

リスクファイナンスとは、リスクが発生してしまった場合の損失金額を小さくするための経営的な対策です。リスクファイナンスには、次のような手法があります。

- **リスク保有（受容）**：リスクが発生したときのために組織で準備金などを積み立

ておき、そのリスクを保有する手法

- **リスク移転（転嫁）**：リスクが発生したときのために保険をかけるなどにより、他にリスクを移転する手法

情報セキュリティ教育

決められた**情報セキュリティポリシ**を正しく運用する上で、従業員などに情報セキュリティに対する意識を持たせる必要があります。その方法として、該当者に対して**情報セキュリティ教育**を行わなければいけません。情報セキュリティ教育は、継続的に、かつ担当者が必要と判断した場合に随時行う必要があります。

継続的な情報セキュリティ教育の実施は、外部からの不正アクセスなどの防御のためだけでなく、コンピュータウイルスの被害や情報の漏えい、外部への攻撃などを防ぐ観点からも重要になります。

セキュリティ事故や欠陥に対する報告

企業では、一般の従業員が情報セキュリティに関する事故やシステム上の欠陥などを発見した場合には、自らその事故や欠陥の解決を図ろうとするのではなく、速やかに情報セキュリティ担当者に報告させるようにしなければいけません。これは、その事故や欠陥による被害を拡大しないために重要なことです。

そのためにも、**コンティンジェンシープラン**（**緊急時対応計画**）を策定し、前述のセキュリティ教育に加え、セキュリティ事故や欠陥を見つけた場合の対処方法の訓練を日頃から行っておく必要があります。

need to knowの原則

さまざまなセキュリティの脅威に対し、セキュリティ管理者はセキュリティに関する設定を適切に行わなければいけません。これは、セキュリティの基本である「アクセスしなければならない人だけに情報を提供する」ことになります。必要な人だけに情報を開示するという、この考え方を、「need to knowの原則」といいます。

I-6 情報セキュリティに関する法規、ガイドライン、認定制度など

情報セキュリティでは、何を行うと罪になるのか、その行為に対する処罰を規定する法規に関する知識が必要です。また、情報セキュリティに関連するJIS規格、ガイドライン、認定制度についても学習しましょう。

KEYWORD

□刊法　□不正アクセス禁止法
□サイバーセキュリティ基本法　□知的財産権　□著作権法
□特許法　□個人情報保護法　□OECD8原則
□JIS Q 15001　□プライバシーマーク　□JIS Q 27001
□JIS Q 27002　□JIS Q 27000
□情報セキュリティ監査基準　□情報セキュリティ管理基準

情報セキュリティの関連法規

情報セキュリティに関連する法規には、刑法、不正アクセス禁止法、サイバーセキュリティ基本法、著作権法や特許法、個人情報保護法などがあります。

◎刑法

刑法では、コンピュータを使用した、次のような不正行為を犯罪として規定しています。

1. 電磁的記録不正作出（刑法161条の2）

電磁的記録不正作出は、コンピュータ上での文書偽造に相当する行為です。私文書にあたるデータを不正に作った場合には、5年以下の懲役または50万円以下の罰金の刑に処せられます。また、公文書にあたるデータを不正に作った場合は、10年以下の懲役または100万円以下の罰金の刑です。

2. 不正指令電磁的記録作成等（刑法168条の2）

いわゆるコンピュータウイルス罪です。この法律によりウイルスを含むマルウェ

アの作成・提供・供用・取得・保管行為が罰せられます（作成・提供・供用は3年以下の懲役または50万円以下の罰金、取得・補間は2年以下の懲役または30万円以下の罰金）。

3. 電子計算機損壊等業務妨害（刑法234条の2）

電子計算機損壊等業務妨害は、コンピュータ上での業務妨害に相当する行為です。電子計算機損壊等業務妨害を行う者は、5年以下の懲役または100万円以下の罰金の刑に処せられます。たとえば、コンピュータを破壊したり、コンピュータウイルスなどによりコンピュータシステムを使用不可状態にしたりして、業務の遂行を妨げる行為がこれにあたります。

4. 電子計算機使用詐欺（刑法246条の2）

電子計算機使用詐欺は、コンピュータ上でのシステムに対する詐欺に該当する行為です。電子計算機使用詐欺を行う者は、10年以下の懲役の刑に処せられます。コンピュータシステムに対して虚偽のデータを送り込んだり、計算プログラムを書き換えたりして、システムによる課金業務を妨害する行為を想定したものです。

◎不正アクセス行為の禁止等に関する法律（不正アクセス禁止法）

不正アクセス禁止法は、アクセスが制限されているコンピュータに対して他人のIDやパスワードを使用したり、セキュリティホールなどを悪用したりして侵入する行為を処罰するためのものです。また、不正行為を助長する行為（IDやパスワードなどを本人に無断で第三者に伝えるなど）も禁止です。この法律で規定されている不正アクセス行為を行った者は、3年以下の懲役または100万円以下の罰金の刑に処せられます。

◎サイバーセキュリティ基本法

サイバーセキュリティ基本法は、インターネットなどにおいてのサイバーセキュリティ戦略の施策を総合的かつ効率的に推進するための基本理念を定めて、国の責務などを明確にすることで、サイバーセキュリティ戦略の策定や当該施策の基本となる事項を規定しています。

◎特定電子メールの送信の適正化等に関する法律

特定電子メールの送信の適正化等に関する法律では、利用者の同意を得ないで広告・宣伝などを目的とした電子メールを送信する際の規定を定めた法律です。また、取引関係以外では、電子メールの送信に同意した相手に対してのみ広告・

宣伝などを目的とした電子メールの送信を許可する方式（オプトイン方式）が導入されました。

◎知的財産権と関連法規

知的財産権とは、「知的創造活動によって生み出されたもの」を財産として保護するための権利です。**知的財産基本法**では知的財産と知的財産権を次のように規定しています。

- **知的財産**：「発明、考案、植物の新品種、意匠、著作物その他の人間の創造的活動により生み出されるもの」「商標、商号その他事業活動に用いられる商品または役務を表示するもの」「営業秘密その他の事業活動に有用な技術上または営業上の情報」
- **知的財産権**：特許権、実用新案権、育成者権、意匠権、著作権、商標権、その他

知的財産権に含まれる権利と関連法規は、**図I-6-1**のとおりです。

▼図 I-6-1　知的財産権の種類*3

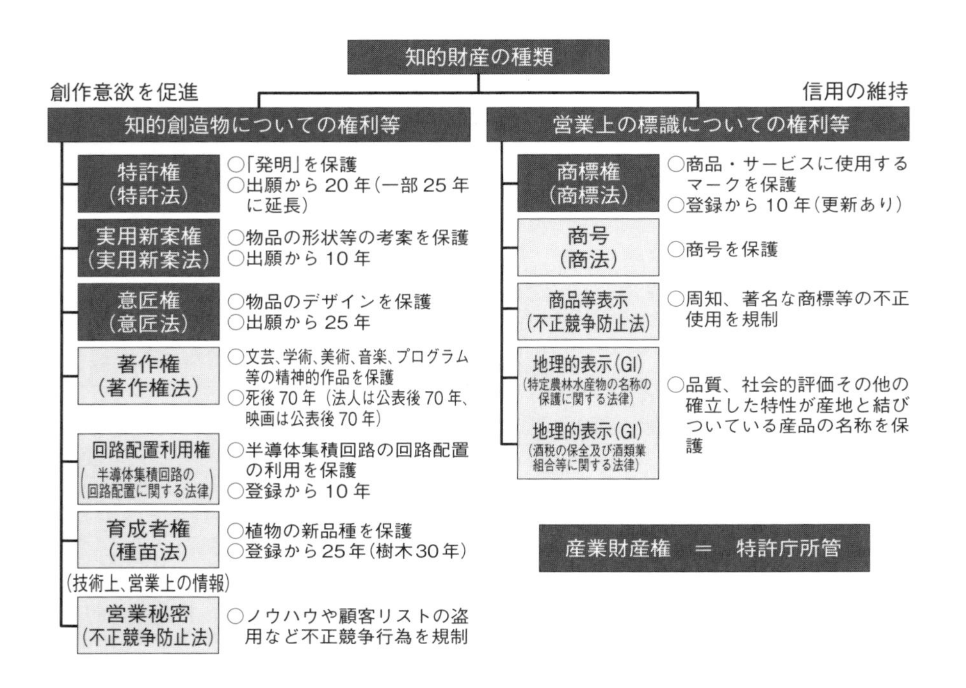

知的財産権のうち、特許権、実用新案権、意匠権、商標権を産業財産権といいます。

技術やノウハウ等の情報が営業秘密として不正競争防止法で保護されるためには、秘密管理性、有用性、非公知性の3つの要件をすべて満たす必要があります。

知的財産権のうち、情報セキュリティに深くかかわるものとして著作権と特許権があります。

＊3 出典：特許庁のWebページ「知的財産権について」(https://www.jpo.go.jp/system/patent/gaiyo/seidogaiyo/chizai02.html) より引用。

1. 著作権

著作権とは、**著作物**を保護するための権利です。**著作権法**では、著作物とは「思想又は感情を創作的に表現したものであって、文芸、学術、美術又は音楽の範囲に属するものをいう」と規定されています。著作権については、その中でもコンピュータを扱う際に注意すべき内容について理解する必要があります。

著作権法では、第10条で著作物の例として「プログラムの著作物」が挙げられています。しかし、一方で著作権法による保護は、「その著作物を作成するために用いるプログラム言語、規約及び解法に及ばない」と規定されている点に注意しなければなりません。

また、第47条の3には「プログラムの著作物の複製物の所有者による複製等」という条項があります。「プログラムの著作物の複製物の所有者は、自ら当該著作物を電子計算機において利用するために必要と認められる限度において、当該著作物の複製又は翻案（これにより創作した二次的著作物の複製を含む。）をすることができる」という規定です。これはすなわち、必要と認められる範囲（**バックアップ**など）では複製が認められていることを意味します。

2. 特許権

特許権は**発明**を保護する権利です。**特許法**では、「発明、すなわち、自然法則を利用した技術的思想の創作のうち高度のもの」を保護の対象とすると定められています。

特許法によって保護されるべき発明には、プログラムも含まれています。ここでは、プログラムは「電子計算機に対する指令であって、一の結果を得ることができるように組み合わされたもの」と規定されています。暗号化アルゴリズムについては、手作業で作成する暗号は自然法則を利用しないことから、特許法の保護の対象にはなりません。しかし、コンピュータシステムを利用して生成する暗号は、コンピュータという自然法則に基づいて動作するアルゴリズムを利用しているため、保護の対象になります。

◎個人情報の保護に関する法律(個人情報保護法)

1980年、**OECD**（経済協力開発機構）は、**プライバシー保護と個人データの国際流通についてのガイドラインに関するOECD理事会勧告**（**OECD8原則**）を公表しました。これを受けて2003年に成立し、公布されたのが次の法律です。

- **個人情報の保護に関する法律**（**個人情報保護法**）
- **行政機関の保有する個人情報の保護に関する法律**（**行政機関個人情報保護法**）

- **独立行政法人等の保有する個人情報の保護に関する法律（独立行政法人個人情報保護法）**

個人情報保護法が成立した背景には、高度情報通信社会の進展に伴い個人情報の利用が著しく拡大していることがあります。その目的は、「個人情報の有用性に配慮しつつ、個人の権利利益を保護する」ことです。

2005年に全面施行され、その後改定された個人情報保護法では、個人情報や個人情報取扱事業者を次のようなものとして規定しています。

- **個人情報**：生存する個人に関する情報（識別可能情報）
- **個人識別符号**：
  一　特定の個人の身体の一部の特徴を電子計算機の用に供するために変換した文字、番号、記号その他の符号であって、当該特定の個人を識別することができるもの
  二　個人に提供される役務の利用若しくは個人に販売される商品の購入に関し割り当てられ、又は個人に発行されるカードその他の書類に記載され、若しくは電磁的方式により記録された文字、番号、記号その他の符号であって、その利用者若しくは購入者又は発行を受ける者ごとに異なるものとなるように割り当てられ、又は記載され、若しくは記録されることにより、特定の利用者若しくは購入者又は発行を受ける者を識別することができるもの
- **個人情報データベース等**：個人情報を含む情報の集合物（検索が可能なもの。一定のマニュアル処理情報を含む）
- **個人情報取扱事業者**：個人情報データベース等を事業の用に供している者（国、地方公共団体、独立行政法人等、地方独立行政法人を除く）
- **個人データ**：個人情報データベース等を構成する個人情報
- **保有個人データ**：個人情報取扱事業者が、開示、内容の訂正、追加又は削除、利用の停止、消去及び第三者への提供の停止を行うことのできる権限を有する個人データであって、その存否が明らかになることにより公益その他の利益が害されるものとして政令で定めるもの又は一年以内の政令で定める期間以内に消去することとなるもの*4以外のものをいう。
- **要配慮個人情報**：本人の人種、信条、社会的身分、病歴、犯罪の経歴、犯罪により害を被った事実その他本人に対する不当な差別、偏見その他の不利益が生じないようにその取扱いに特に配慮を要するものとして政令で定める記述等が含まれる個人情報をいう。

＊4　令和２年６月12日の解説により、保有個人データの定義が変わりました。施行後は、「1年以内の政令で定める期間以内に消去することとなるもの」も保有個人データに該当します。

また、個人情報保護法で定められている個人情報取扱事業者の義務は、OECD理事会勧告のOECD8原則と**図 I-6-2**のように対応しています*5。

▼図 I-6-2　OECD8原則と個人情報取扱事業者の義務規定の対応

OECD8原則	個人情報取扱事業者の義務
■目的明確化の原則 収集目的を明確にし、データ利用は収集目的に合致するべき ■利用制限の原則 データ主体の同意がある場合、法律の規定による場合以外は目的以外に利用してはならない	○利用目的をできる限り特定しなければならない。(第15条) ○利用目的の達成に必要な範囲を超えて取り扱ってはならない。(第16条) ○本人の同意を得ずに第三者に提供してはならない。(第23条)
■収集制限の原則 適法・公正な手段により、かつ情報主体に通知又は同意を得て収集されるべき	○偽りその他不正の手段により取得してはならない。(第17条)
■データ内容の原則 利用目的に沿ったもので、かつ、正確、完全、最新であるべき	○正確かつ最新の内容に保つよう努めなければならない。(第19条)
■安全保護の原則 合理的安全保障措置により、紛失・破壊・使用・修正・開示等から保護するべき	○安全管理のために必要な措置を講じなければならない。(第20条) ○従業者・委託先に対する必要な監督を行わなければならない。(第21、22条)
■公開の原則 データ収集の実施方針等を公開し、データの存在、利用目的、管理者等を明示するべき ■個人参加の原則 自己に関するデータの所在及び内容を確認させ、又は異議申し立てを保証すべき	○取得したときは利用目的を通知又は公表しなければならない。(第18条) ○利用目的等を本人の知り得る状態に置かなければならない。(第24条) ○本人の求めに応じて保有個人データを開示しなければならない。(第25条) ○本人の求めに応じて訂正等を行わなければならない。(第26条) ○本人の求めに応じて利用停止等を行わなければならない。(第27条)
■責任の原則 管理者は諸原則実施の責任を有する	○苦情の適切かつ迅速な処理に努めなければならない。(第31条)

情報セキュリティにかかわる代表的なJIS規格

JIS規格には、個人情報の保護や情報セキュリティの実践に必要な事項を規定するものがいくつか存在します。

◎JIS Q 15001(個人情報保護マネジメントシステム)

JIS Q 15001は、**個人情報保護マネジメントシステム**が**PDCA**(Plan-Do-Check-Act)サイクルに基づいて運用されているかどうかを審査する基準となっています。JIS Q 15001に規定されている要求事項に適合して個人情報保護を行っている事業者は、JIPDEC(一般財団法人 日本情報経済社会推進協会)による審査を受け、**プライバシーマーク**(Pマーク)を取得することができます(**図 I-6-3**)。

＊5　出典：消費者庁のWebページ「個人情報の保護」の「個人情報保護法の解説」－「OECD8原則と個人情報取扱事業者の義務規定の対応」(http://www.caa.go.jp/seikatsu/kojin/kaisetsu/pdfs/gensoku.pdf)より引用。

▼図I-6-3　プライバシーマーク

審査を受け、プライバシーマークの付与を受けると、個人情報保護を適切に行っていることが客観的に評価されたことになるため、法令遵守の証明や社会的信用の向上などのメリットがあります。なお、プライバシーマークの有効期間(更新)は2年です。

◎JIS Q 27001:2014(ISO/IEC 27001:2013)

JIS Q 27001：2014には「情報技術—セキュリティ技術—情報セキュリティマネジメントシステム—要求事項」という標題がつけられています。**情報セキュリティマネジメントシステム(ISMS)**を確立し、導入、運用、監視、レビュー、維持および改善を行うための要求事項を規定するJIS規格です。

JIS Q 27001：2014は、情報セキュリティマネジメントに関する国際規格であるISO/IEC 27001：2013をベースとしています。また、JIS Q 27001：2014を審査基準とした**ISMS適合性評価制度**もあります。

◎JIS Q 27000:2019(ISO/IEC 27000)

JIS Q 27000は、情報セキュリティマネジメントシステムに関する用語や定義について規定している規格です。

◎JIS Q 27017:2016(ISO/IEC 27017:2015)

JIS Q 27017は、JIS Q 27002を補うもので、クラウドサービスカスタマおよびクラウドサービスプロバイダのための情報セキュリティ管理策の実施を支援する指針を提示しています。

◎JIS Q 27002:2014(ISO/IEC 27002:2013)

JIS Q 27002：2014には「情報技術—セキュリティ技術—情報セキュリティマネジメントの実践のための規範」という標題がつけられています。情報セキュリティマネジメントの導入、実施、維持および改善のための指針や一般的原則について規定するJIS規格です。

具体的には、JIS Q 27001：2014に沿った管理策やリスクマネジメントについての規範を提供しています。JIS Q 27002：2014も、ISO/IEC 27002：2013という国際規格をベースとしています。

情報セキュリティにかかわるガイドラインなど

法規やJIS規格以外にも、情報セキュリティを実践する上で参考とすべきガイドラインがいくつか存在します。

◎情報セキュリティ監査基準

情報セキュリティを恒常的に確保するためには監査が必要です。経済産業省が公表した「情報セキュリティ監査研究会報告書」では、情報セキュリティ監査を**図I-6-4**のように位置づけています[*6]。

2003年、経済産業省は**情報セキュリティ監査制度**を開始しました。情報セキュリティ監査制度では、情報セキュリティの監査を行うための基準の策定や監査を行う主体の登録を行います。

＊6　出典：経済産業省による「情報セキュリティ監査研究会報告書」(http://www.meti.go.jp/policy/netsecurity/downloadfiles/IS_Audit_Report.pdf) より引用。

▼図I-6-4 情報セキュリティ監査の位置づけ

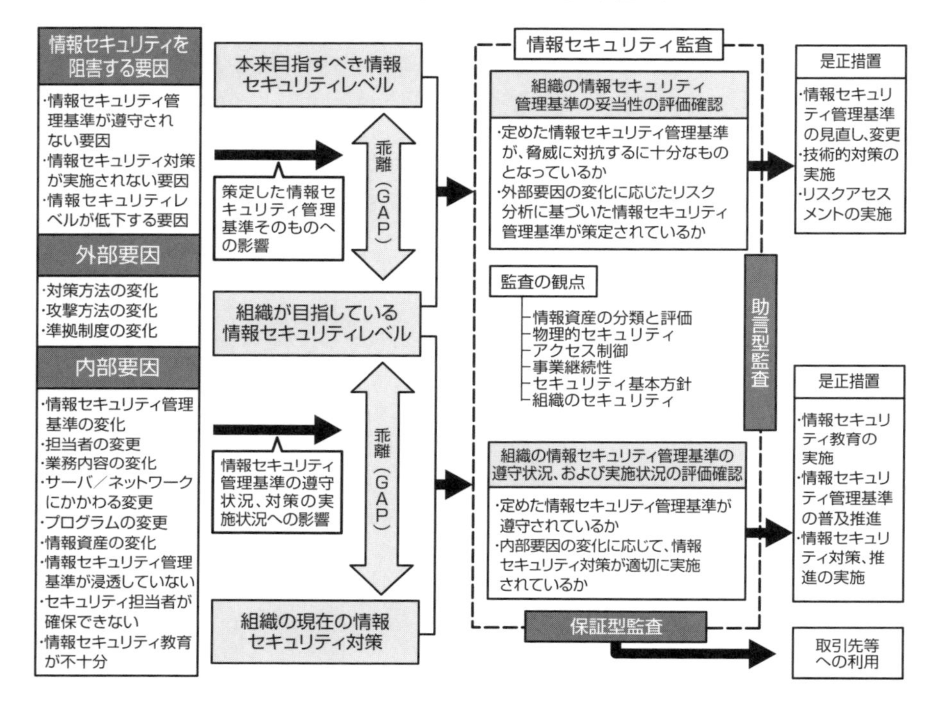

情報セキュリティ監査基準は、情報セキュリティ監査業務の品質を確保し、有効かつ効率的に監査を実施することを目的として監査人の行為規範を規定したものです。次の3つの基準から構成されます。

- **一般基準**：監査人としての適格性と監査業務上の遵守事項を規定する。
- **実施基準**：監査計画の立案と監査手続きの適用方法など、監査を実施する上での枠組みを規定する。
- **報告基準**：監査報告にかかわる留意事項と監査報告書の記載方式を規定する。

◎情報セキュリティ管理基準

情報セキュリティ管理基準は、組織が効果的な情報セキュリティマネジメント体制を構築し、適切なコントロールを整備、運用するための実践規範について規定したものです。経済産業省による情報セキュリティ監査制度において情報セキュリティ監査基準に従って監査を行う場合、監査上の判断の尺度として用いられます。

情報セキュリティ管理基準は、管理基準となるコントロールと960ものサブコントロールから構成されます。コントロールとサブコントロールは情報セキュリティを確保するにあたって必要と思われる具体例です。監査を実施する際には、これらの項目から必要なものを抽出して利用します。また必要に応じて項目を追加することも可能です。

参考URL

セキュリティに関するガイドラインなど、セキュリティ関連の情報を調べるには次に示すサイトが便利です。

- 首相官邸：高度情報通信社会推進本部「情報セキュリティ対策」
  https://www.kantei.go.jp/jp/it/index_hikitugi.html
- 経済産業省：「情報セキュリティ対策ポータル」
  https://www.meti.go.jp/policy/netsecurity/index.html
- IPA（情報処理推進機構）：「情報セキュリティ」
  https://www.ipa.go.jp/security/index.html
- JIPDEC（一般財団法人 日本情報経済社会推進協会）
  https://www.jipdec.or.jp/

I-7 プロジェクトマネジメント

情報セキュリティシステム開発やその管理に関するプロジェクトマネジメントには、リスク管理以外にスケジュール管理、コスト管理、品質管理などがあります。

KEYWORD

□プロジェクトマネジメント		□PMBOK	□PMI
□WBS	□PERT	□最早開始時刻	□最遅開始時刻
□SLA	□TCO	□システムの移行方式	

PMBOK (Project Management Body of Knowledge)

PMBOKとは、米国の非営利団体であるPMI（Project Management Institute）が策定した、プロジェクトマネジメントの知識体系や応用のためのガイドで、プロジェクトマネジメントの事実上の国際標準となっています。PMBOKでは、プロジェクトマネジメントに関する知識やプロセスを、「10の知識エリア」として分類しています。

①プロジェクト統合マネジメント

プロジェクトに含まれる各種プロセスの調整を行い、プロジェクト全体の作業を適切に遂行して、プロジェクトを問題なく完了させることです。

②プロジェクト・スコープ・マネジメント

プロジェクトにおいて必要な作業を過不足なく実行し、プロジェクトを成功させることを目的とします。

③プロジェクト・スケジュール・マネジメント

プロジェクトをスケジュールどおりに進め、期限内に完成させることを目的とします。

④プロジェクト・コスト・マネジメント

プロジェクトを決められた予算内で完了させることを目的とし、コストの見積りなどを実行します。

⑤プロジェクト品質マネジメント

プロジェクトの成果物の品質を保ち、顧客のニーズを満足させることを目的として、品質のチェックを行います。

⑥プロジェクト人的資源マネジメント

プロジェクトチームの各メンバに自分の役割と責任を果たさせ、プロジェクトの目標を達成することを目的とします。

⑦プロジェクト・コミュニケーション・マネジメント

プロジェクトの情報をメンバが適切に把握できるようにするとともに、メンバ同士の情報伝達の管理を行います。

⑧プロジェクト・リスク・マネジメント

プロジェクトにとってマイナスとなる事象（リスク）の発生確率や影響を減らし、リスクを適切に管理することを目的とします。

⑨プロジェクト調達マネジメント

プロジェクトの作業を実行するための資源などを外部から引合い、それを購入または取得するために必要な契約を結び、その契約を適切に管理します。

⑩プロジェクト・ステークホルダー・マネジメント

プロジェクトを円滑に進めるため、顧客、協力会社、経営層など社内外ステークホルダーとの関係を計画的に管理します。

WBS（Work Breakdown Structure：作業分解構造）

WBSは、プロジェクトに必要な作業をトップダウンかつ階層で表現した図のことです（**図 I-7-1**）。WBSに書かれている作業からスケジュール管理やコスト管理などが可能となります。また、これを基に表形式で表現することでそれぞれの作業の責任と権限も明確になります。

▼図 I-7-1　WBSの例

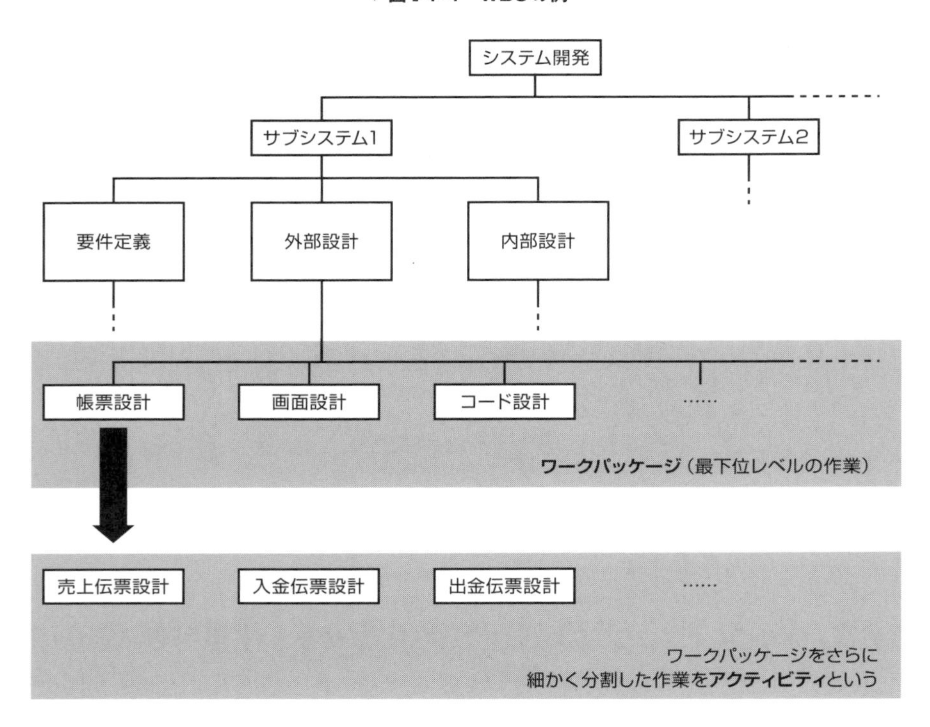

PERT (Program Evaluation and Review Technique)

PERTは、プロジェクトの日程管理や工程管理を行うため、作業工程の順番と所要時間をアローダイアグラムで網の目状に表示した図です。図中で余裕のない工程を結んだ経路をクリティカルパスといいます。なお、アローダイアグラムは新QC7つ道具の1つで、作業の前後関係を整理して矢印で結んだ図で作業の前後関係や段取りを確認したり、進行上の障害となるポイントを見つけることができます。

◎PERTの例

クリティカルパス上の作業が遅延した場合、その後のすべての作業の開始が遅れるため、結果としてプロジェクト全体の終了が遅れることになります。クリティカルパスの作業は、全体の作業の遅延に直結するため体制を準備しておく必要があります。

・**最早開始時刻（最早結合点時刻）**

ノード（丸印）から出ている作業を最も早く開始できる時刻です。そのノードに入る作業のうち、最も遅く終了するものの終了時刻に等しくなります。ノードから出ている作業の終了時刻は、そのノードの最早開始時刻に作業の所要時間を加えた値になります（図 I-7-2）。

▼図 I-7-2　最早開始時刻

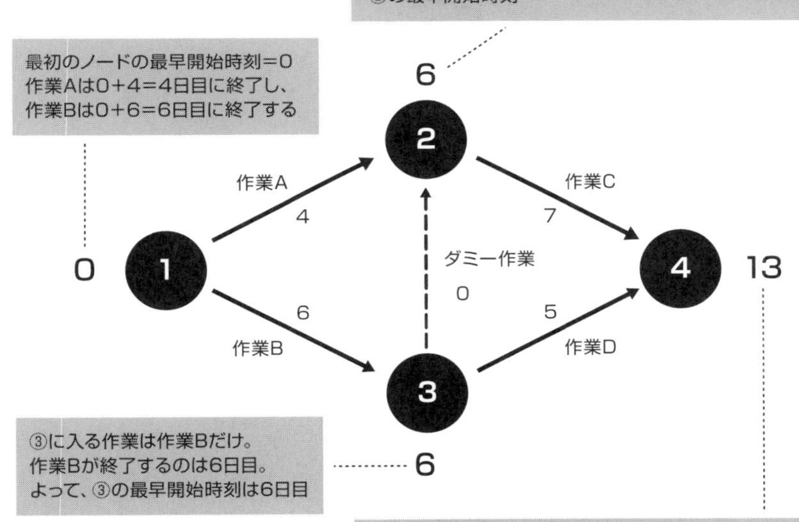

・**最遅開始時刻（最遅結合点時刻）**

すべての作業が最も早く終了する時刻（この場合13日）に合わせるために、最も遅く開始できる時刻です。最後のノードからアローダイアグラムを逆にたどり、各ノードの最遅開始時刻を求めていく必要があります。最遅開始点時刻を求めるときは、矢印の向きを逆にしてみると分かりやすくなります。図 I-7-3のアローダイアグラムは、前出のものと矢印の向きを逆にしています。

▼ 図 I-7-3　最遅開始時刻

【I】から【IV】の順に求めていく

【II】最後のノード（④）から矢印が入っているのは②。
まずこのノードの最遅開始時刻を求める。
④のノードの最遅開始時刻（13日目）から、作業Cの
所要時間=7日を引いた、6日目が最遅開始時刻。
作業Cを6日目より遅く開始すると、全作業が13日で
終わらない。よって、最遅開始時刻は6日目

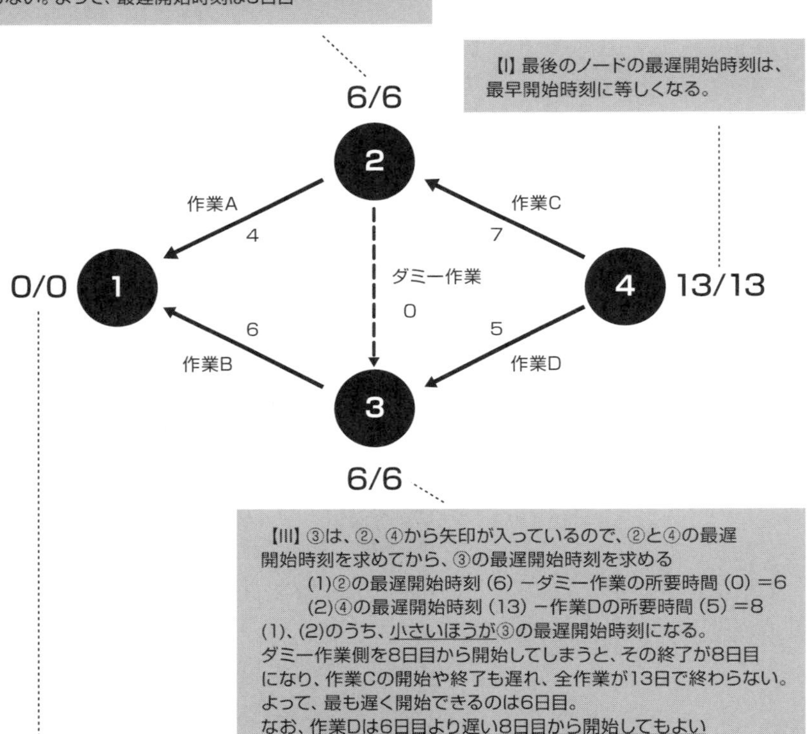

【IV】①は、②、③から矢印が入っているので、
②と③の最遅開始時刻を求めてから、①の最遅開始時刻を求める。
(1)②の最遅開始時刻（6）−作業Aの所要時間（4）=2
(2)③の最遅開始時刻（6）−作業Bの所要時間（6）=0
(1)、(2)のうち、<u>小さいほうが</u>①の最遅開始時刻になる。
作業Bを2日目から開始してしまうと、その終了が8日目になり、
それ以降の作業の開始や終了も遅れ、全作業が15日で終わらない。
よって、作業Bを最も遅く開始できるのは0日目。なお、<u>作業Aは0日目より遅い2日目から開始してもよい</u>

最遅開始時刻を求めると、遅れてはならない作業（全体の遅れにつながる作業）と、そうでない作業（遅れてもよい作業）がわかります。前出のアローダイアグラムでは、作業B、ダミー作業、作業Cが遅れてはならない作業で、作業A、Dは遅れてもよい作業です。遅れてはならない作業の流れがクリティカルパスになります（作業B、作業C）。クリティカルパスは太線で表します（図 I-7-4）。

▼図 I-7-4　クリティカルパス

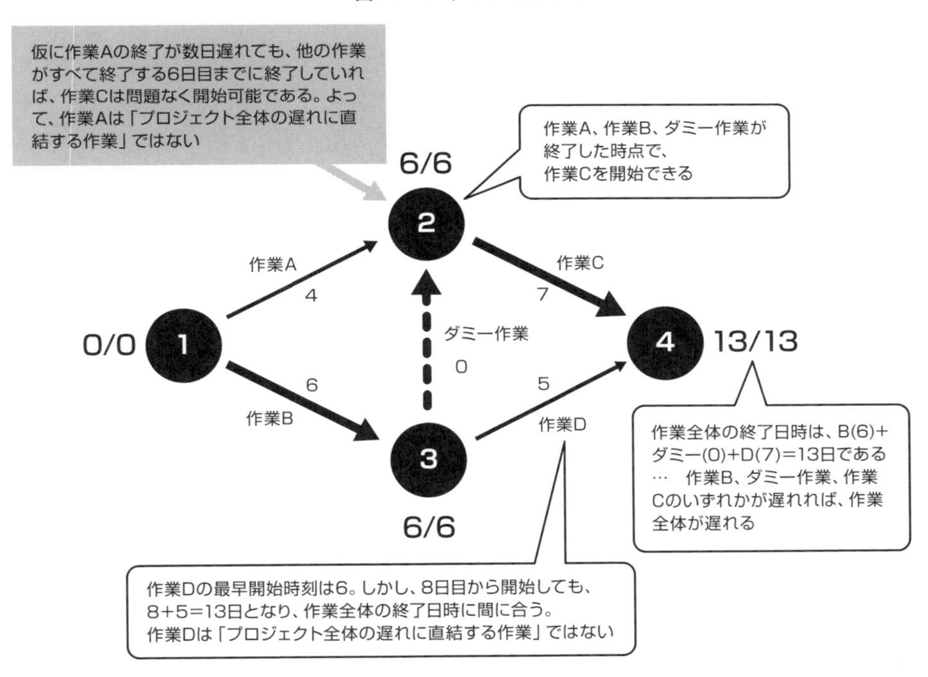

・余裕日数

余裕日数は、最も早く開始できる時刻と、最も遅くから始めても全体のスケジュールに影響しない時刻の差です。前出のアローダイアグラムでは、作業Aの余裕日数は2日－0日＝2日、作業Dの余裕日数は8－6＝2日となります。

SLA (Service Level Agreement)

SLAとは、各種サービスの品質について、そのサービスの利用者と提供者との間でなされた合意（契約内容なども含まれることがある）のことです。たとえば、通信サービスの提供者と利用者の間で、「提供者は利用者に対して、契約回線のデータ通信の遅延は常に○秒以下に抑えるようにサービスの品質を提供する。提供者の責によってその品質が満たされなかった場合は、当該月の利用料を減殺する」などの契約を結ぶ場合、その契約内容や遅延抑制の目標時間などがSLAとして示されます。

TCO(Total Cost of Ownership)とは、システムのハードウェア･ソフトウェアの導入段階でのコストから、システムの設計、設置、維持および運用管理までの各段階でのコストをすべて含めた、システムの導入から管理までのすべての過程において生じるコストの合計です。SLAの作成において、たとえばシステムの可用性を極限まで高くしようとすると、システムを構成する機器を多数そろえて多重化しなければならなくなり、TCOが大きくなりすぎて経営を圧迫するなどの問題が発生します。SLAを作成する際には、TCOなどシステムに関連する費用を考慮する必要があります。

システムの移行方式

システムの移行方式には**表I-7-1**のようなものがあります。

▼**表I-7-1　システムの移行方式**

方式	特徴
一斉移行	旧システムで使用していた機器やプログラムなどを、すべて拠点で一斉に新システムのものに入れ替える 【利点】移行に要する期間が短くなり、移行に伴う運用や保守の負担が少ない。移行に要する費用が少なくて済む 【欠点】移行後に旧システムに戻すことが難しく、新システムに問題があったときの影響範囲が非常に大きい
並行運用移行	新・旧両方のシステムを運用するための資源を用意し、移行期間中は新・旧両方のシステムを並行稼動させる。新システムに問題が発生した場合は、旧システムを利用して業務を継続できるようにする 【利点】新システムに問題があったときの影響を少なくできる（旧システムを並行して利用できるため） 【欠点】並行稼動のための資源を用意するので、移行中の費用が大きくなる
パイロット移行	一部の店舗または部門だけ先に新システムに移行させ、移行における問題や新システムのエラーなどを観察し、問題がないと判断した時点で、他の店舗を順次または一斉に新システムに移行させる 【利点】旧システムに戻す必要がある場合、新システムに移行していた店舗だけを旧システムに戻せばよく、旧システムに戻す際の影響を局所化できる
部分移行	サブシステム単位に、短期間で順次新システムに移行していく 【利点】運用部門の負荷が少なく、問題が発生しても当該サブシステム内に抑えることができる

I-8 ストラテジ

情報セキュリティでは、システム戦略やその企画または、企業で使用されている考え方なども必要になります。また、組織の形態によってもセキュリティ方針が変わってきます。そのためさまざまな知識が必要となります。

KEYWORD

□経営戦略	□システムの調達	□取得者	□ベンダ
□RFP（提案依頼書）	□RFI（情報提供依頼書）	□RFQ（見積依頼書）	
□情報システム戦略	□BCP（事業継続計画）	□BPR	
□リエンジニアリング	□システム化計画	□ERP	□SaaS
□SOA	□SCM	□職能制組織	
□事業部制組織	□マトリックス組織	□プロジェクト制組織	
□カンパニー制組織	□社内ベンチャ	□リーダ	
□チャンレジャ	□フォロワ	□ニッチャ	

経営戦略

経営戦略とは、企業が市場の中でどのように維持・成長していくかの戦略を指します。また、情報システム戦略は、情報システムを利用して自社が効果的に利益を上げ、事業を拡大させていくために用いられる戦略のことです。以下のような注意点があります。

・自社の経営上の方針、計画に従って構築すること

情報システム戦略は自社の経営戦略に基づいて作成されるので、自社の経営上の方針や計画などに従ったものとして構築されなければなりません。

・経営戦略を立てる上で最も重要となること＝「中長期の経営計画」

短期間の売上目標額など、短期的な目標や計画は「目先の問題を解決するためのもの」に過ぎません。企業が本来最も重視すべきものは、将来の情勢を十分に考慮した上で構築される、中長期的な経営計画です。目先の問題にとらわれて長期的な計画を無視すると、長期的な課題に対処できず、企業の経営が将来的に行き詰まる危険性があります。よって、中長期の経営計画を最も重視して、情報戦略を含む経営戦略を構築する必要があります。

システムの調達

自社の情報システムを他社に依頼して開発してもらうことを**システムの調達**といいます。システムを調達する側の企業を**取得者**、依頼を受けて情報システムを開発し、取得者に提供する側の企業を**ベンダ**と呼びます。

- **RFP（Request for Proposal、提案依頼書）**
  発注する情報システムの概要や発注依頼事項、調達条件およびサービスレベル要件などを明示し、情報システムの提案書の提出を依頼するための文書です。
- **RFI（Request For Information、情報提供依頼書）**
  取得者の状況や依頼事項などRFPを作成するために必要な情報の提供をベンダに対して要請するための文書です。
- **RFQ（Request For Quotation、見積依頼書）**
  情報システムの取得者からベンダに対して送付されるもので、発注する情報システムの価格などの見積りの提出を依頼するための文書です。

調達の大まかな流れは次のとおりです。一般的に、取得者は複数のベンダに対して見積りをとり、適正な価格でシステムを調達できるようにします。

①情報提供依頼書（RFI）の送付、情報の提供

取得者はベンダに対してRFIを発行し、情報提供を依頼します。ベンダは、取得者が調達しようとしているシステムに類似した既存のシステムの開発事例、導入実績、機能の概要などの情報を取得者に提供します（**図 I-8-1**）。

▼ **図 I-8-1　情報提供依頼書の送付と情報の提供**

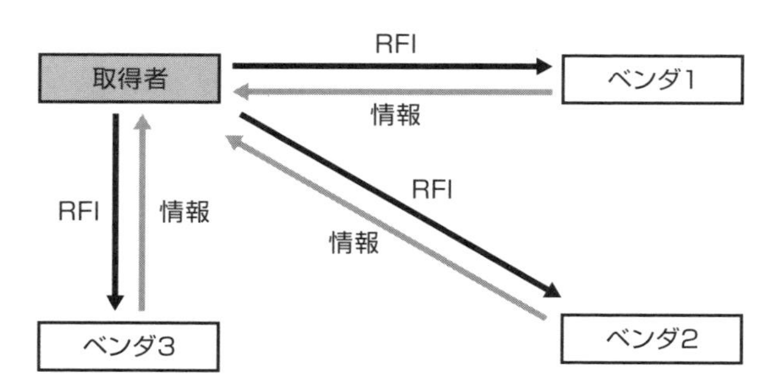

②提案依頼書(RFP)の発行、提案書の提出

取得者はベンダから提供された情報を基にしてRFPを作成し、ベンダに対してRFPを発行します。RFPを受け取ったベンダは、システムの概要や大まかな見積金額などを記載したシステムの提案書を作成し、取得者に提出します（図 I-8-2）。

▼図 I-8-2 提案依頼書の発行と提案書の提出

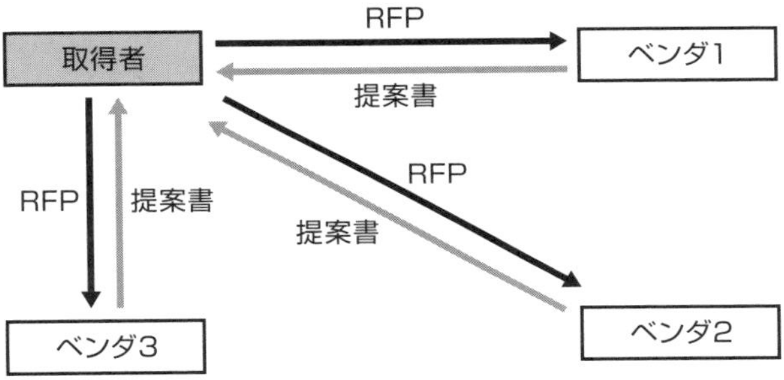

③提案評価、調達先の選定

取得者は、ベンダから提出されたシステムの提案書の内容を、あらかじめ決めていた提案評価方法に従って評価し、最も高い評価を得た提案書を提出したベンダを、調達先として選定します。

④見積依頼書(RFQ)の発行、見積の提出

取得者はRFQを作成し、調達先のベンダに対してRFQを発行します。調達先のベンダは、システムの詳細な見積りを行い、詳細な見積金額などを記載した見積りを提出します（図 I-8-3）。

▼図 I-8-3 見積依頼書の発行、見積りの提出

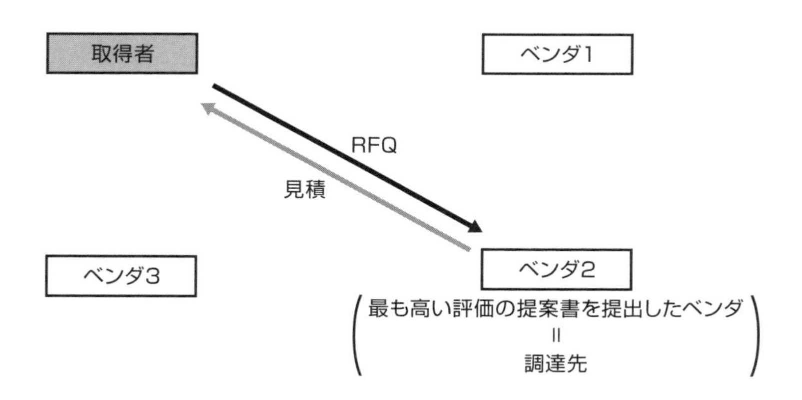

情報システム戦略

◎事業継続計画(BCP)

事業継続計画（**BCP**：Business Continuity Plan）とは、災害やシステム障害などの予期せぬ事態が発生しても重要な業務の継続を可能とするため、事前に策定される各種の行動計画のことです（P.94でも解説します）。BCPの事例は次のとおりです。

・建設会社の場合

「災害発生後に被害を受けた家屋の修復要請が増えるとの想定に基づき、建設現場を安全に中断し、短時間で要請に応えられるようにする」

「社員間で複数の連絡手段を使用する」「災害対策本部の立ち上げ」

「システム故障に対応するためにデータベースのバックアップと復旧手順を検討している。システム復旧まで手作業で業務を継続」

・通信会社の場合

「災害発生後、社員の安否確認、被害状況の報告、要員配置の調整を行う」

「交通インフラの停止時は社員を無理に集めず、徒歩通勤が可能な社員だけで対応」

「社員との連絡には複数の連絡手段を用いる」

◎BPR(リエンジニアリング)

BPR（Business Process Re-engineering）とは、企業活動に関する目標を達成するために、既存の組織、ビジネスルール、業務プロセスなどを抜本的に見直して、業務の流れや組織構成などを改革することで、業務を最適化することです。

システム化計画

システム化計画とは、現状のシステムを見直し、それを改善したり、新しいシステムを導入したりして、製造・営業・物流などの効率を上げるための基本方針を作成することです。

◎ERP(Enterprise Resource Planning)

ERPは、企業の各種活動におけるプロセス（調達、生産、販売、財務・会計、人事など）の基幹業務を一元的に管理し、経営資源の最適化と経営の効率化を図り、その効率を最大限に向上させようとする活動のことをいいます。ERPを効率的に導入するために、ERPソフトウェアパッケージが用いられます。人事管理用ソフトや会計管理ソフトなどがERPソフトウェアパッケージの例です。

◎ERPソフトウェアパッケージの導入におけるポイント

ERPソフトウェアパッケージが対応している業務の流れや内容に合わせて、自社の業務を変更・改善することが重要です。

◎SaaS(Software as a Service)

SaaSは、事業者の管理するサーバ上のアプリケーションソフトウェアの機能を、必要に応じてインターネットを経由して利用者に利用してもらうサービスのことです。SaaSのメリットには以下が挙げられます。

- 自社でサーバなどを導入する必要がないので、SaaSのソフトウェアを用いたシステムの導入時の初期費用が少なくて済む
- 自社でサーバなどを導入すると、サービスの開始に時間がかかる。SaaSでは事業者が用意しているサーバなどを用いるので、サービスの開始が早くなる
- 自社はサーバなどをもたないので、システムの資産管理や保守・運用作業の工数を削減できる（保守などはSaaS事業者が行う）

◎SOA(Service Oriented Architecture)

SOAは、大規模なシステムをいくつかの「部品」とみなして設計する手法です。それぞれの「部品」は1つのサービスであり、このサービスに汎用性を持たせて設計を行うのでこのような名称となりました。もともとOSやプログラム言語などが異なっている場合、個々の「部品」同士を組み合わせても動作しませんが、このサー

ビスは汎用性があるため、それを組み合わせることも可能です（図 I-8-4）。

▼図 I-8-4　SOA

:ソフトウェア

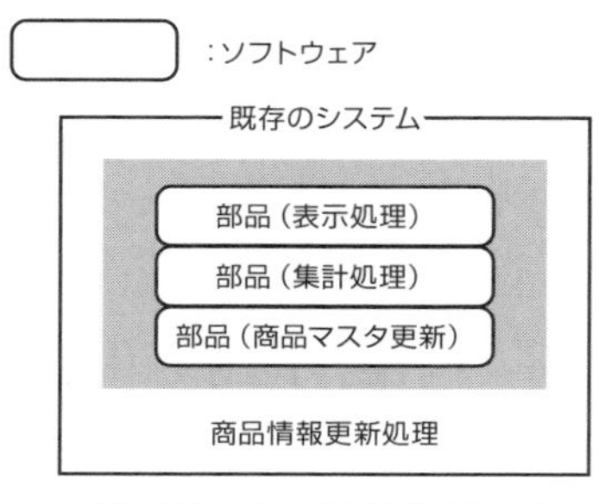

業務処理よりも細かい単位（表示、集計、……）を実現するための部品としてソフトウェアが作られ、それを組み合わせて業務処理を構築する

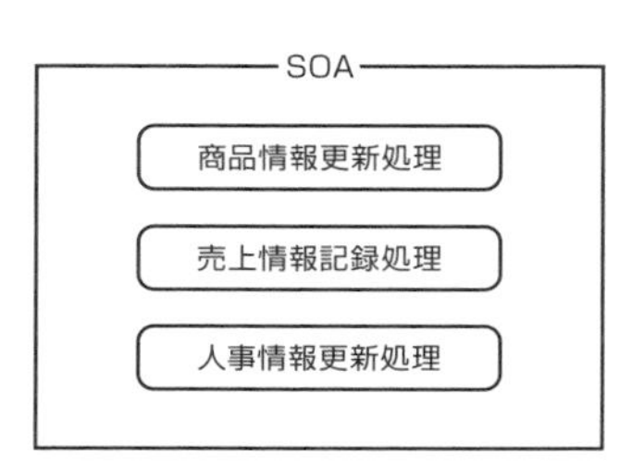

業務処理（機能）単位でソフトウェアが作られ、それを組み合わせて全体のシステムを構築する

◎SCM（Supply Chain Management）

SCMは企業活動の管理手法の一形態で、関連企業間で情報を共有するために、製品の生産、受発注の管理、資材調達、在庫管理、物流などの各手順について、コンピュータを用いて管理していく手法のことです（図 I-8-5）。これにより、企業活動全体の効率を向上させることができます。

▼図 I-8-5　SCMによるデータの管理・更新

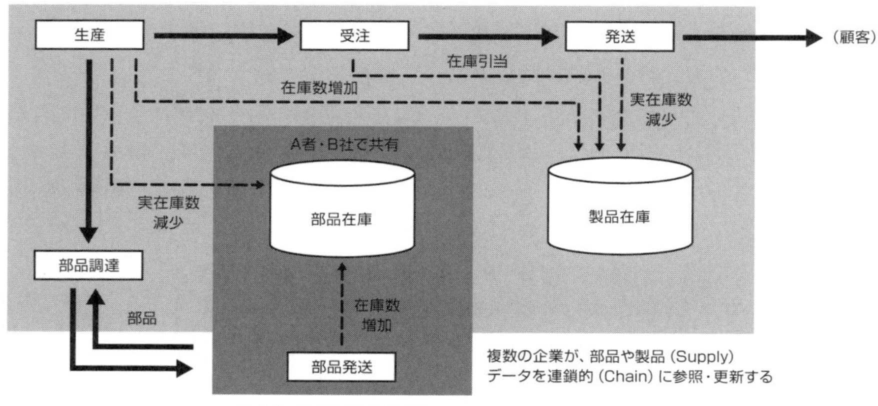

企業内組織

◎職能制(職能別)組織

営業、経理、事務などの、企業において遂行される各種の活動の性質（職能）別に分類された組織構造のことです。この組織では、各部の上位層（部長など）が、下位層（一般社員など）に指示を出すことで職務を遂行していきます。各職能の部門は、自身の職能に応じた責任を果たすことを目的として、業務を行います。

◎事業部制組織

利益責任と業務遂行に必要な機能を、製品別、顧客別または地域別にもつことにより、自己完結的な経営活動を展開できる独立した組織のことです。

◎マトリックス組織

組織員が自己の専門とする職能部門と、特定の事業（プロジェクト）を遂行する部門の両方に所属する形態をとっている組織のことです。この組織は、職能制組織の特徴（命令の上位下達が効率的に実施できる）と事業部制組織の特徴（特定の事業やプロジェクトに関して、自己完結的な経営活動を展開できる）の両方を生かし、プロジェクトの目的別管理と職能部門の職能的責任との調和を図ろうとすることを目的としています。

マトリックス組織では、組織員が複数の部門に所属するため、2人またはそれ以上の上司から指揮命令を受けるという特徴があります。

◎社内ベンチャ

社内から選抜された組織員などが、社内で新規の事業部を形成したり、子会社を設立したりするなどの方法で、これまでの業務とは異なる新規事業を興したり、新製品の開発などに挑戦することです。

◎プロジェクト制組織

ある目的の達成のためや問題の解決のために、各部門から専門家を集めて臨時に編成する形態のことです。一時的な組織活動となるため、業務で得た知識を蓄積しにくいというデメリットがあります。

◎カンパニー制組織

事業分野ごとに独立性を高めた複数の企業の集合に見立てて編成する形態のこと

です。事業への取組みの迅速化が図れ、事業成果が明確になるというメリットがあります。

企業間の戦略

1980年に米国の経営学者フィリップ・コトラーが提唱した競争地位別戦略においては、各種業界における企業の地位は、**リーダ**、**チャレンジャ**、**フォロワ**、**ニッチャ**の4つに分類できます（**表I-8-1**）。地位によってとるべき戦略は異なります。

▼表I-8-1　業界における企業の地位

地位	概要	戦略
リーダ	売上高や製品のシェアが最上位の企業	リーダ戦略 ・すべての市場をカバーしつつ市場規模を拡大し、リーダ企業としての立場や市場のシェアを維持することで、最大シェアを確保すること
チャレンジャ	売上高や製品のシェアがリーダに次ぐ第2位～第3位の企業	チャレンジャ戦略 ・市場での地位の向上や売上シェアの追撃などを目標として、他の企業との差別化戦略の展開を図り、リーダ企業よりも多くの収益を得て最上位の地位を奪うことを目指す
フォロワ	売上高や製品のシェアがリーダに次ぐ第2位～第3位またはそれ以下の企業	フォロワ戦略 ・リーダ企業などの戦略を迅速に模倣して、市場チャンスに素早く対応した製品を早期に開発し、開発コストの削減と収益の増加を目指す
ニッチャ	売上高や製品のシェアが低い企業	ニッチ戦略 ・大きな市場のすきまや小規模な専門的市場に焦点を合わせて、大手では扱っていない独自の商品やサービスを提供すること＝特定化

演習問題

1 以下の文章は、情報セキュリティに関するさまざまな知識を述べたものです。正しいものは○、誤っているものは×としなさい。

1. JIS Q 27000:2019において、「否認防止」は、あるエンティティの動作が、その動作から動作主のエンティティまで一意に追跡できることを確実にする特性と定義されている。

2. 情報セキュリティ監査は、情報セキュリティ対策が適切かどうかを監査人が保証することを目的とする「保証型の監査」と、情報セキュリティ対策の改善のために監査人が助言を行うことを目的とする「助言型の監査」に大別できる。

3. 「著作権法」における「著作物」とは、思想または感情を創作的に表現したものであるため、地図帳やWeb上での地図サイトの地図画像は「著作物」には該当せず、保護の対象とはならない。

4. リスクとは、脅威によって情報資産に与えられる損害の可能性のことをいい、JIS Q 27000:2019では、「目的に対する不確かさの影響」と定義されている。

5. 技術やノウハウ等の情報が「営業秘密」として「不正競争防止法」で保護されるためには、秘密管理性・有用性・非公知性の3つの要件をすべて満たす必要がある。有用性が認められるためには、その情報が主観的・客観的かを問わず、事業活動にとって有用であることが必要であり、実際に事業活動に利用されている必要がある。

6. リスク対応の1つであるリスクコントロールとは、リスクが現実のものとならないように、リスクの発生を事前に防止したり、リスクが発生した場合には、被害を最小限に抑えて損失規模を小さくするための対応策のことである。

7. 「機密性」を保持するための具体策として、特定の人にユーザID・パスワードを与えたり、アクセス権限を設定するなどにより、アクセスできる情報や機器を制限することなどが挙げられる。

8. 企業が社会に与える影響を把握し、顧客などの利害関係者の要望に応えることで、社会への責任を果たすことをCSRといい、情報セキュリティに関する管理体制を構築し、個人情報の漏えいなどの事故を発生させないようにすることは、CSRの一環として重要なことである。

9. 内部統制とは、企業経営者の経営戦略や事業目的などを組織として機能させ達成していくための仕組みである。

10. 企業経営の基本となるヒト・モノ・カネ・情報などの資産要素を適切に分配し、有効活用する計画または考え方のことをBPRという。

2 以下の文章を読み、（ ）内のそれぞれに入る最も適切な語句の組み合わせを、選択肢（ア～エ）から１つ選びなさい。

1. 知的財産権は、「知的創造物についての権利」と「営業上の標識についての権利」に大別され、以下のような権利が含まれる。

・知的創造物についての権利（創作意欲を促進）

特許権、実用新案権、（ a ）、著作権、回路配置利用権、育成者権、技術上・営業上の情報

・営業上の標識についての権利（信用の維持）

（ b ）、商号、商品等表示・商標形態

また、これらのうち、特許権、実用新案権、(a)、(b) の４つを産業財産権といい、（ c ）が所管している。

ア：(a) 意匠権　(b) 商標権　(c) 法務省

イ：(a) 商標権　(b) 意匠権　(c) 特許庁

ウ：(a) 意匠権　(b) 商標権　(c) 特許庁

エ：(a) 商標権　(b) 意匠権　(c) 法務省

2. ITベンダにシステム開発の依頼やWeb制作会社にWebページ作成を依頼する場合などは、一般的に、次のような流れで調達先を選定し、契約を締結する。

①RFIの提示：（ a ）を依頼する。

②RFPの提示：(b) を依頼する。

③RFQの提示：(c) を依頼する。

④調達先の選定：RFI・RFP・RFQをもとに、信頼性や費用・最終納期などから調達先を選定する。

⑤契約の締結：契約について交渉し、費用や納入時期などを書面で確認して契約を締結する。

なお、RFPとRFQは、同時に提示する場合が多い。

ア：(a) 見積書の提出　(b) 提案書の提出　(c) 情報提供

イ：(a) 見積書の提出　(b) 情報提供　(c) 提案書の提出

ウ：(a) 情報提供　(b) 見積書の提出　(c) 提案書の提出

エ：(a) 情報提供　(b) 提案書の提出　(c) 見積書の提出

3. JIS Q 27000:2019における情報セキュリティの3要素の定義は、次のとおりである。

・(a)：認可されていない個人、エンティティ又はプロセスに対して、情報を使用させず、また、開示しない特性。

・(b)：正確さ及び完全さの特性。

・(c)：認可されたエンティティが要求したときに、アクセス及び使用が可能である特性。

ア：(a) 完全性　(b) 信頼性　(c) 有効性

イ：(a) 完全性　(b) 機密性　(c) 有効性

ウ：(a) 機密性　(b) 完全性　(c) 可用性

エ：(a) 機密性　(b) 信頼性　(c) 可用性

3 **以下の文章の（ ）に当てはまる最も適切なものを、選択肢（ア～エ）から1つ選びなさい。**

1. プライバシーマーク制度は、（ア：JIS Q 9001　イ：JIS Q 15001　ウ：JIS Q 27002　エ：JIS Q 31000）に適合して個人情報について適切な保護措置を講ずる体制を整備している事業者等を評価して、その旨を示すプライバシーマークを付与し、事業活動に関してプライバシーマークの使用を認める制度である。

2. （ア：SOW　イ：SPF　ウ：SLA　エ：SCM）とは、サービス品質契約書やサービスレベル合意書などとも呼ばれ、サービスの提供者がサービス内容や品質を利用者に保証する契約書であり、提供者と利用者との間であらかじめ合意しておくことを指す場合もある。

3. コーポレートガバナンスとは、「企業統治」のことであり、（ ）である。

   ア：経営戦略に沿って効率的にITを活用するために、企業の業務の手順や情報システムを標準化して、適切な体制を整えること、あるいはその体制や組織構造のこと

   イ：株主や銀行、債権者、取締役、従業員などの企業を取り巻くさまざまな利害関係者が企業活動を監視して、健全で効率的な企業経営を規律するための仕組みのこと

   ウ：企業などが経営方針に則ってIT戦略を策定し、情報システムの導入や運用を組織的に管理・統制する仕組みのこと

   エ：経営者が方針を決定し、組織内の状況をモニタリングする仕組みおよび利害関係者に対する開示と利害関係者による評価の仕組みを構築・運用することであり、経営陣がISMSにおける「コミットメント」を行う上での活動に該当するもの

4. JIS Q 27000:2019において、「脅威」は、システムまたは組織に損害を与える可能性がある、（ ）と定義されている。

   ア：資産または管理策の弱点

   イ：望ましくないインシデントの潜在的な原因

   ウ：ソフトウェアの設計上の欠陥

エ：セキュリティ破壊の招来から生じた損害の定量的な尺度

4 **次の問いに対応するものを、選択肢（ア～エ）から１つ選びなさい。**

1. リスク対応を「リスクの回避」「リスクの移転」「リスクの低減」「リスクの保有」に分類した場合、「リスクの移転」の具体例に該当するものはどれか。

ア：入退管理システムの導入により、不正侵入を防止することや、施錠管理により、不正な持出しを防ぐ。

イ：社内の業務システムの運用を、外部の専門業者に委託する。

ウ：顧客向けに提供しているサービスのうち、情報漏えいなどの危険性が高いサービスを廃止する。

エ：セキュリティソフトを導入し、不正プログラムの感染を防ぐ。

2. 組織形態に関する記述のうち、不適切なものはどれか。

ア：「プロジェクト制組織」は、ある目的の達成のためや問題の解決のために、各部門から専門家を集めて臨時に編成する形態であり、一時的な組織活動となるため、業務で得た知識を蓄積しにくいというデメリットがある。

イ：「事業部制組織」は、営業・総務・人事・経理など、業務内容の専門性によって機能を分けて編成する形態であり、業務内容が一個所に集中するため、業務に無駄が生じないというメリットがある。

ウ：「カンパニー制組織」は、いわゆる社内分社のことである。事業分野ごとに独立性を高めた複数の企業の集合に見立てて編成する形態であり、事業への取組みの迅速化が図れ、事業成果が明確になるというメリットがある。

エ：「マトリックス組織」は、社員がプロジェクトごとの部門と職能部門の２部門に所属する形態であり、それぞれの部門の上司から指揮命令を受けるため、権限と責任の二重化が発生するというデメリットがある。

3. アローダイヤグラムの説明として適切なものはどれか。

ア：感度分析の対象となる変数を1つずつ、取り得る変動幅で動かした結果を横棒グラフで表し、結果の変動幅の大きい順に変数を並べていく。そのため、図の形が竜巻のようになる。

イ：プロジェクトの作業の順序とその作業に要する日数や時間などを表す際に用いる図で、作業の前後関係を分析することで時間的に余裕のない一連の作業を洗い出すことができるためプロジェクトのスケジュール管理に使用される。

ウ：収集したデータを一定の範囲で区切り、範囲内のデータの個数（度数）をまとめた度数分布表を縦棒グラフであらわしたもので、データがどのように分布しているかを判断するために用いる。

エ：工程の改善を目的とした図で、ある問題の原因を洗い出し、原因別に問題の発生数を集計して、問題数の大きい順に縦棒グラフを作成する。また、問題数の累積比率を表す折れ線グラフをその上に表示して、どの問題を取り除けば状況が改善できるかを把握する。

解答・解説

1

1. ×　2. ○　3. ×　4. ○　5. ×　6. ○
7. ○　8. ○　9. ○　10. ×

解説

1. あるエンティティの動作が、その動作から動作主のエンティティまで一意に追跡できることを確実にする特性と定義されているのは、「責任追跡性」です。

3. 地図帳やWeb上での地図サイトの地図画像は、「地図又は学術的な性質を有する図面、図表、模型その他の図形の著作物」であるため、保護の対象となります。

5. 技術やノウハウ等の情報が「営業秘密」として「不正競争防止法」で保護されるためには、秘密管理性・有用性・非公知性の3つの要件をすべて満たす必要があります。有用性が認められるためには、その情報が客観的にみて、事業活動にとって有用であることが必要であり、現に事業活動に使用・利用されていることを要するものではありません。

8. CSRはCorporate Social Responsibilityの頭文字をとったもので､日本では「企業の社会的責任」と訳されています。

10. 問題文はERPに関する説明です。BPRは、売上や収益率などに関する企業の目標を達成するために、既存の企業活動や組織構造、ビジネスルールなどを全面的に見直し、再設計することです。

2

1. ウ　2. エ　3. ウ

解説

2. RFIは情報提供依頼書、RFPは提案依頼書、RFQは見積依頼書のことです。

3 1. イ　2. ウ　3. イ　4. イ

解説

1. JIS Q 9001は「品質マネジメント」、JIS Q 27002は「情報セキュリティマネジメント」、JIS Q 31000は「リスクマネジメント」の規格です。
2. アのSOWは「作業範囲記述書」、イのSPFは「送信ドメイン認証技術」の1つ、エのSCMは「サプライチェーンマネジメント」のことです。
3. アは「エンタープライズアーキテクチャ（EA）」、ウは「ITガバナンス」、エは「情報セキュリティガバナンス」の説明です。
4. アは「脆弱性」、ウは「バグ」、エは「損失」の説明です。

4 1. イ　2. イ　3. イ

解説

1. アとエは「リスクの低減」、ウは「リスクの回避」の具体例です。
2. イの文章は「職能別組織」に関するものです。「事業部制組織」は、取り扱い製品別や担当地域別に事業部を編成する形態で、その事業部ごとに責任をもたせた独立性採算制度の組織です。
3. アローダイヤグラムはPERT図とも呼ばれます。アは「トルネードチャート」、ウは「ヒストグラム」、エは「パレート図」の説明です。

CHAPTER

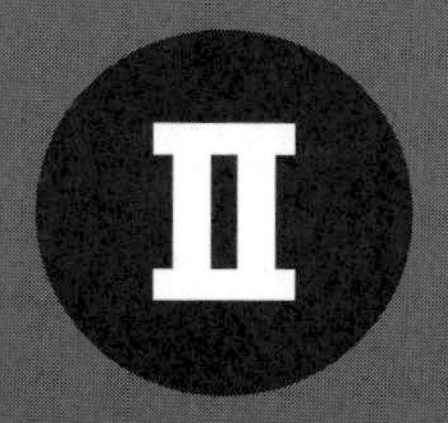

脅威と情報セキュリティ対策①

情報資産にはさまざまな脅威があります。情報資産に対する脅威として、紙媒体の利用に関する脅威、物理的脅威と人的脅威、災害・大規模障害に関する脅威の例と、その対策について学習します。

Ⅱ-1 紙媒体の利用に関する脅威

企業では日常業務にさまざまな紙媒体を利用します。紙媒体にも電子媒体と同様に情報の漏えいの脅威があります。ここでは、よく利用する紙媒体の種類と、それを利用する際に考えられる脅威について学びます。

KEYWORD

□紙媒体　□印刷物　□コピー
□FAX　□メモ　□管理に関する脅威
□輸送と受け渡しに関する脅威　□廃棄に関する脅威

紙媒体の種類

最近では**紙媒体**が減ったとはいえ、そこでの情報の漏えいの脅威は、かなり大きいと考えられます。無造作に置かれた状態で放置してある机上の用紙や付箋などに書かれている情報の重要度によっては、電子媒体の脅威と同等、もしくはそれ以上になります。

◎印刷物

共有しているプリンタなどの出力装置で重要なデータを印刷する場合、当事者と関係ない他の人が同時に印刷要求を行うことがあります。この場合、プリンタから出力される**印刷物**の内容を見ずに持ち去られる、その場で内容を見られるなどの可能性があります。

◎コピー

最近では、複数の**コピー**を自動的にソートする機能や綴じる機能を持ったコピー機もよく見かけます。このような機能を使用する際には、トレイにコピーした用紙を置き忘れたり、コピー元の用紙を置き忘れたりすることがあります。これによって関係のない他の人に情報を見られてしまうケースがあります。

◎FAX

FAXでは、送信に時間がかかったり、相手がその用紙を実際に手にするまでに時間がかかるケースがあります。この場合、重要な情報を関係のない人に見られることが考えられます。誤送信による情報の漏えいにも注意が必要です。

◎メモ

ノートや付箋に何気なく重要な情報を書き、そのメモをどこかに紛失してしまったり、PCなどに貼り付けておいたりすることで、重要な情報が漏えいしてしまいます。特に、パスワードを付箋に書いてパソコンや机の上に貼り付けておくなどのケースがよく見受けられます。

紙媒体に関する脅威

紙媒体に関しては、「管理」「輸送と受け渡し」「廃棄」の脅威が存在します。

◎管理に関する脅威

機密情報を含む紙媒体は、外部への持ち出し以外にも、社内における**盗難**や**紛失**などの脅威があります。他の用紙にまぎれてごみとして捨てられることもあるため、注意が必要です。また、「重要」「社外秘」などと書かれた書類を関係のない社員の目に触れるところに置くと、興味本位で内容を見られる可能性があります。

◎輸送と受け渡しに関する脅威

紙媒体を輸送する際は、電子媒体と同様に、輸送中の事故や**紛失**などのリスクがあります。また外部からの物理的な衝撃によって破損したり、水に濡れたりするといったことも考えられます。

また、直接相手に手渡すために、移動に利用した電車などの公共交通機関に紙媒体を置き忘れる、途中で盗難に遭うといった可能性もあるため、注意が必要です。

◎廃棄に関する脅威

「管理に関する脅威」でも触れましたが、重要な紙媒体がごみとして捨てられるケースもあります。最近ではごみを分別することが多く、再生可能な用紙として裁断されずに情報が残ることも考えられます。悪意のある人がごみをあさって機密情報を探すこと（**スキャベンジング／トラッシング**）もあるため、情報が残らないようにする注意が必要です。

II-2 紙媒体の不正利用の対策

紙媒体への脅威も、電子媒体と同様に、紙媒体を廃棄するまでの間存在します。紙媒体ごとの脅威への対策、管理、輸送、廃棄に関する対策について学習します。

KEYWORD

- □印刷物の管理
- □パスワードによる印刷制限
- □コピー機の利用制限
- □授受確認
- □施錠
- □クリアデスク
- □シュレッダー
- □守秘義務契約

紙媒体ごとの対策

紙媒体には、コンピュータなどによる出力やメモなどの用紙の他に、社内で使用されている定型書式には独自のノウハウを含むケースもあります。これらの用紙を管理するには、さまざまな対策が必要です。

◎印刷物

プリンタなどの出力装置を共用しており、当事者以外にも関係のない他の人が同時に印刷要求を行うような場合は、そのプリンタから出力される用紙を取り違えたり置き忘れたりしないようにチェックする必要があります。部署ごとにプリンタを使い分ける、部署ごとに出力した用紙を置く場所を決めるといったルールを設けるなどの方法も考えられます。

また、重要な情報については**パスワード**をかけて印刷を制限するようなソフトウェアを導入するなどの対策も必要です。

◎コピー

企業では、部署単位でコピー機を共用することが多いでしょう。そのため、重要な情報をコピーしているときにはその場から離れず、コピーした用紙はもちろん、コピー元の用紙を放置したり取り違えたりしないように確認することが重要です。また、誰がコピーしたかがわかるように、**利用制限**のためのカードを導入し、担当者を決めて管理することがセキュリティ対策の向上につながります。

◎FAX

重要な情報をFAXで送信する際には、送信相手を間違えたりしないようにFAXの送信前後に必ず電話連絡を行って**授受確認**を行う必要があります。また、FAXの送信中はその場から離れずに、送信完了を確認しましょう。通信障害が発生した際に出力されるエラーレポートから情報が漏えいする可能性もあります。

また、送信した用紙をFAXに置き忘れたりしないように注意が必要です。

紙媒体の管理に関する対策

機密情報を含む紙媒体は、社員の目に触れるような場所ではなく、見えにくい（ガラス張りではない）**施錠**可能な棚などに保管し、管理する必要があります。持ち出しや閲覧の際には、誰がいつ（どのくらいの時間）閲覧したかがわかるように、持ち出しの履歴を記録するなどのルールを決めるのも有効な方法です。

また、机の上などに無造作に用紙を置いておくと、その内容を読み取られ、情報が漏えいするという脅威もあります。そのため、離席時には**クリアデスク**の原則に従い、机の上を整頓しておくことも重要です。

紙媒体の輸送と受け渡しに関する対策

紙媒体の輸送には、輸送中の事故による紛失や盗難という脅威があります。そのため、重要な内容を含む書類などを送付する際は、配送状況を追跡できる特定記録郵便や宅配便などを使用します。送付の前には相手に到着予定日を連絡し、到着予定日には相手が確かに受け取ったことを確認する、授受確認も大切です。

輸送途中に水に濡れたり破損したりしないように、梱包についてもルールを決め、適切に行わなければなりません。

紙媒体の廃棄に関する対策

重要な紙媒体は**シュレッダー**で裁断してから廃棄するか、1か所に集め、まとめて廃棄するなどの対策が有効です。その際には、廃棄業者との**守秘義務契約**（**NDA**、**秘密保持契約**ともいう）を結んでおく必要があります。また、シュレッダーは、裁断ゴミ箱の容量、同時裁断枚数、連続運転時間、裁断対応サイズなどの性能に注意して導入する必要があります。

II-3 社員・社内にいる部外者・協力会社などによる脅威

建物や特別な部屋への侵入や、モバイル機器の持ち出しや盗難によって情報が漏えいする場合があります。このような物理的脅威について学習します。

KEYWORD

- □入退室に関する脅威
- □関連会社の社員や協力会社の社員の脅威
- □派遣社員やアルバイト社員の脅威
- □来客者の脅威
- □スキャベンジング／トラッシング
- □外部からの侵入
- □退職者の脅威
- □出入り業者の脅威

入退室に関する脅威

建物や建物内の限られた領域に入るとき、**入退出の権限**が明確でなければ誰でも簡単に入ることができます。そうすると、重要な情報や機器の盗難や盗み見、サーバなどへの不正なプログラムの埋め込みといった脅威が生まれます。

◎外部からの侵入

外部からの侵入が考えられる場合は、前述の脅威以外にも、直接機密情報を見たり聞いたりすることが可能となり、重要な情報の漏えいの脅威があります。

◎関連会社の社員や協力会社の社員の脅威

関連会社の社員や**協力会社の社員**は、社内で自社の社員とまったく同じ作業をすることがあります。そのため、重要な情報を見聞きする、許可なくコンピュータを利用して不正な作業を行うなどの脅威が考えられます。

◎派遣社員やアルバイト社員の脅威

派遣社員や**アルバイト社員**は、正規社員と同じ場所で作業を行うことが多く、重要な情報を見聞きする機会も増えます。その一方で、企業に対する責任感が比較的高くない傾向にあり、情報を漏えいする危険も高まります。また、自社の情報セキュリティを遵守する旨の規程や、それに違反した場合の罰則規程などが派遣契約やアルバイト契約に存在しない場合、派遣社員やアルバイト社員が故意または過失で自社の情報を漏えいさせても、適切に対応できないことがあります。

◎退職者の脅威

退職者は、退職の前日までは他の社員と同様に特定の場所への入退室やコンピュータなどへのアクセスも問題なく行っていた人物です。退職して会社と関係のない立場になっても、IDなどが削除されずに残っていた場合には、退職者による不正な入退室や不正アクセスの脅威が考えられます。

◎来客者の脅威

来客者自身が重要情報をたまたま目にしたり耳にしたりすることにより、情報が漏えいする脅威が考えられます。また、悪意のある人が来客者になりすまして情報を得ようとすることもありえます。

◎出入り業者の脅威

企業には、さまざまな人が出入りする可能性があります。宅配業者、ビルや各種機器のメンテナンス会社の作業員、各種営業など、かなりの数に上るでしょう。

宅配業者の作業に関しては、荷物の取り違いや荷物を運ぶときの状態によって社内の物品の破損なども考えられます。

ビルや各種機器のメンテナンス会社の作業に関しては、通常の昼間の時間帯に行っている業務であれば各所から監視を受けます。ただし、あまり人の出入りが多くない時間帯にセキュリティ上、重要な場所に入る可能性も大いに考えられます。

これらの業者の作業に関しても重要な情報を見たり聞いたりすること以外に、コンピュータに不正なプログラムを混入したりごみ箱にある重要な情報をあさったり（スキャベンジング／トラッシング）することなども考えられます。

II-4 物理的脅威と人的脅威への対策

建物や特別な部屋への侵入を防ぐためには、セキュリティレベルごとにエリアを分け、それぞれのエリアでレベルに応じた入退室の管理を行う必要があります。本人を確認するための認証方法などを理解しましょう。

KEYWORD

□物理的分離	□認証	□IDカード
□パスワード	□バイオメトリクス認証	□ピギーバック（共連れ）
□セキュリティゲート	□監視カメラ	□施錠
□NDA	□守秘義務契約	□情報セキュリティ教育

入退室に関する対策

入退室に関する対策を立てるためには、まず建物や建物内の限られた領域をセキュリティレベルに応じていくつかのエリアに分離する必要があります。たとえば、サーバや機密情報などを格納する、人目に触れてはいけない（もしくは人目につかない）場所に対しては厳重なセキュリティ対策を行うといったように、情報資産の重要度に応じてセキュリティレベルを明確に分ける必要があります。

物理的分離

物理的分離とは、セキュリティレベルごとに部屋やフロアなどを分ける対策のことです。たとえば、次に示すオフィスでは、来客用応接室のような一般のエリアとサーバ室や資料保管室のようなセキュリティレベルが高い部屋を隣接させない、セキュリティレベルの高い部屋には窓を設置しない（もし、どうしても窓を動かせない場合には防犯ガラスなどを用いた上に鉄の格子をつけるなど）といった対策も検討する必要があります（図II-4-1）。

▼図Ⅱ-4-1　物理的分離の例

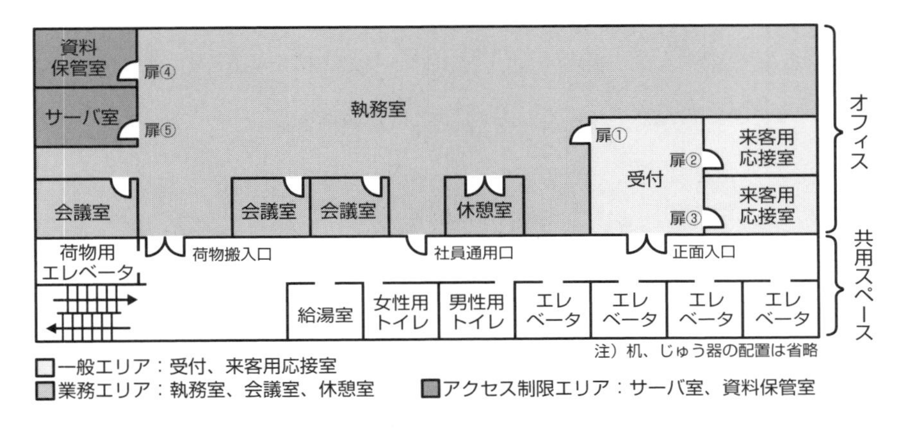

入室者の限定

セキュリティレベルに応じて部屋やフロアを分けるだけでなく、入室できる人を限定します。入室者の特定には次のような**認証**方法を利用しますが、退出の履歴を記録することも重要です。

1. IDカード

決められたメンバにのみ与えられた**IDカード**の保持者に入室を許可する方法です。IDカードによって入退室の履歴を記録することができますが、IDカードの紛失や他人への貸与などにより、なりすましなどの新たな脅威が発生する可能性があります。そのため、警備員などを配置し、IDカード上の写真と保持者の顔を比べて確認したり、IDカードの操作時にパスワードなどの本人しか知りえない情報を入力させたりといった対策を併せて行うと効果が上がります。

2. パスワード

決められた**パスワード**が入力されたときのみ入室を許可する方法です。ある程度のセキュリティは保たれますが、パスワードの漏えいなどにより不正に入室される可能性があります。したがって、セキュリティレベルが高い部屋への入室に際しては、前述のような他の対策との併用が効果的です。

3. バイオメトリクス認証

バイオメトリクス認証とは、指紋、虹彩、声紋など、本人しか持つことのない生体情報を使用して本人性の認証を行う方法です（**図Ⅱ-4-2**）。

▼ **図Ⅱ-4-2 バイオメトリクス認証の例**

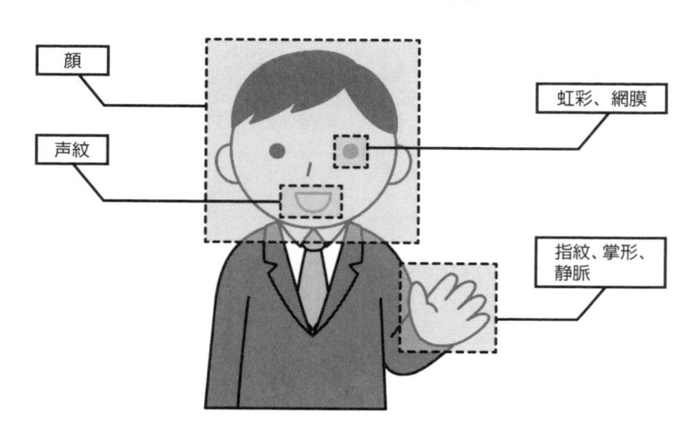

これらの方法を利用して認証を行っても、入退室の正当な権利を持つ人の後ろについて不正に入室してしまう**ピギーバック**（共連れ）の脅威が存在します。そのために、入室した際の認証記録がない者の退室を許可しない仕組み（これをアンチパスバックという）が必要です。具体的には、**セキュリティゲート**（サークルゲートやスイングゲートなど）を設けると、不正な入退室の脅威の可能性を減らすことができます。

また、**監視カメラ**などを設置することで入退室の履歴を記録したり、不正侵入者をリアルタイムでチェックしたりすることが可能となります。

◎退職者の脅威の対策

退職者が退職前のIDカードをそのまま保持していると、不正な入退室の脅威につながります。そのため、退職者のIDカードやパスワードなどは退職後には使用できないように速やかに削除の手続きを行う必要があります。

◎来客者の脅威の対策

来客者による情報の漏えいの脅威にも対策を講じる必要があります。来客者が出入り可能なエリアを限定することはもちろん、社員と同様にゲスト用IDカードなどを貸与して入退室を管理することで、行動の履歴を残すことが可能です。

◎出入り業者の脅威の対策

企業内にはさまざまな業者が出入りします。**出入り業者**に対しては入退室を管理するだけでなく、できる限り業者の出入り可能なエリアを限定する必要があります。たとえば、**図Ⅱ-4-1**のようなオフィスであれば荷物搬入口で分けるとよいでしょう。ただし、どうしてもセキュリティレベルの高い場所に入ってもらわなければならないような場合もあります。その際には、あらかじめ**守秘義務契約（NDA）**などを結んでおくなどの対策が必要です。

◎派遣社員やアルバイト社員の脅威への対策

派遣社員や**アルバイト社員**から発生する脅威に備えるためには、教育・研修によって企業に対する責任感を高めることが重要です。また、派遣契約やアルバイト契約にも情報セキュリティの遵守や罰則に関する規程を盛り込む必要があります。さらに、派遣社員やアルバイト社員が作業に従事する場所を制限して、重要な情報を不用意に参照できないようにすることも有効です。

施錠管理

重要な情報を保存する電子媒体や紙媒体、あるいはサーバなどを保管する部屋は常時**施錠**しておき、必要がある場合に解錠するようにします。

図Ⅱ-4-1のようなオフィスであれば、サーバ室と資料保管室はセキュリティレベルが高いため、扉④と扉⑤は施錠しておく必要があります。また、扉②や扉③のような部屋には通常は施錠せずに、必要に応じて施錠するといった対策を用いるとよいでしょう。

また、かぎの種類には電気錠やサムターン錠などがあり、これらをセキュリティレベルに応じて選択する必要があります。

情報セキュリティ教育

すべての従業員（正社員、派遣社員、パート／アルバイト）に対して、情報セキュリティに関する教育を行う必要があります。

情報セキュリティ教育は、コンプライアンスの観点からも継続的に実施することが望ましく、また担当者が必要と判断した場合は随時実施します。

Ⅱ-5 モバイル機器利用に関する脅威／モバイル機器の管理

モバイル機器（携帯機器）は、多くの人が使っているスマートフォンやタブレット端末などが該当します。これらの機器は生活には便利ですが、その反面いくつかの注意すべきことがあります。また、モバイル機器の多くはインターネットに接続して使用することも多いため、使用時の脅威を意識しておくことが重要です。

KEYWORD

□モバイル機器　□スマートフォン　□タブレット端末
□ウェアラブル端末　□盗難／紛失　□持ち出し／持ち込み　□シャドーIT
□MDM　□EMM　□BYOD　□マルウェア

モバイル機器の種類

◎ノート型PC

持ち運びに簡単なノート型のパソコンです。ディスプレイはカラー液晶で内蔵ディスクを持ち、ほとんどの機器は、無線ネットワーク（Wi-FiやBluetooth）に接続できます。

◎スマートフォン／タブレット端末

電話や写真／動画撮影機能を持ち、ノート型PCのように内蔵ディスクが装備され、無線ネットワークで通信可能な機器です。また、NFC（Near Field Communication）と呼ばれる近距離無線通信機能を使って、電子マネー決済機能（Suicaや○○payなど）や端末間のデータ移動も可能です。

◎ウェアラブル端末

衣服や身体につけ、スマートフォンと同様に無線ネットワーク以外にもGPS（Global Poisoning System）機能や身体の状態を計測する機能などがあります。

モバイル機器の脅威

入退室に関する物理的な脅威とは異なり、最近では直接外部にノートパソコンなどのモバイル機器を持ち出すケースが増えています。外部へ持ち出した機器の紛失や盗難によって、機器内の情報が漏えいしたりのぞき見られたりといった脅威が考えられます。また、無線LANなどを使用したデータ通信を行う際には、ネットワークの盗聴などによって情報が漏えいする可能性も否定できません。

◎盗難／紛失／持ち出し

モバイル機器は、持ち運びが可能であるために、盗難や不正に持ち出しをされ、情報が漏えいする可能性があります。

◎持ち込み

個人所有のモバイル機器を業務に関係なく持ち込み、ネットワークなどに接続する（このような機器をシャドーITという）ことで、マルウェア感染や情報漏えいにつながります。

◎GPS利用の脅威

GPS機能のついたスマートフォンなどで撮影した写真には、撮影日時、撮影した場所の位置情報、カメラの機種名など、さまざまな情報（**Exif情報**）が含まれている場合があり、そこからまったく面識のない人でも撮影者の居場所を突き止めたりすることができる可能性があります。

◎ID／パスワードなどの盗み見(ショルダーハッキング)

近年、FinTech（フィンテック）といった、電子決済や電子マネーを使用したサービスが増加しています。そのときに使用されるパスワードなどを背後から盗み見られる可能性があります。

◎決済の不正利用

不正なメールに記載されているURLへのアクセス（フィッシング）による決済の不正利用やQRコードの不正利用などもあります。

◎マルウェアの脅威

出所がわからないソフトウェアをダウンロードするようなケースで、一緒にマルウェア（スパイウェアやコンピュータウイルスなど）がダウンロードされることがあります。

◎モバイル機器の廃棄

モバイル機器の廃棄時には、個人情報などの重要な情報が残っていることが多くあるため、廃棄方法を誤ると個人の漏えいにつながります。単に削除をするだけでは、データの復旧が可能なので注意しましょう。

モバイル機器の管理

従業員が業務で使用するPCやスマートフォンなどの情報端末を社外に持ち出す場合は、そのデータやアプリケーションのセキュリティ設定などを厳重に管理しないと、情報の漏えいや、社外で感染したウイルスが社内に持ち込まれて拡散するなどのリスクがあります。正しい運用を行うために、こうしたモバイル端末の監視などを行うことを**MDM**（Mobile Device Management）、さらにそれを発展させ社内のモバイル端末を統合的に管理することを**EMM**（Enterprise Mobility Management）といいます。

モバイル機器を外部に持ち出す場合には、紛失や盗難の可能性があるため、ハードディスクに暗号化を施したりすることで物理的もしくは論理的に内部情報を読み取られる可能性を減らす（**耐タンパ性**を高める）ことができます。他にもパスワードの入力などにより本人性の認証を行う方法もあります。また、パスワードの入力などをのぞき見されないように偏光フィルタを用いるといった対策も必要でしょう。

無線やリモートアクセスなどで通信を行う場合、本人性の認証を行う方法として毎回パスワードが変わるワンタイムパスワードの導入などの対策を講じる必要があります。

◎盗難／紛失の対策

SIMカードの不正利用を防ぐため、PINコードでロックします。モバイル機器内の情報を暗号化し、特定のパスワードを入力しないと復号できないようにすることで、第三者が情報を読めないようにします。加えて、モバイル機器内の情報を、リモートで操作できるツールを導入し、機器を紛失したときはすぐ強制的に端末をロックしたり情報を消去したりすることで、第三者が情報を読めないようにします。また、画面ロックを解除するパスコードの入力を一定の回数間違えるとデータを自動消去する機能（ローカルワイプ）もあります。

また、重要なデータをモバイル機器内に安易に保存しないようにすることも重要です。

◎持ち出しの対策

ノート型PCは、盗難や不正に持ち出しをされることがないように、セキュリティワイヤーなどで机に固定します。また、記録媒体を備えたモバイル機器などは、棚や机などで施錠・保管します。持ち出す際は管理者の承認を受け、持ち出し記録をつけることで、内部不正がないようにする必要があります。

◎シャドーITの対策

業務に関係のないモバイル機器の使用や、無断でネットワーク接続するなどの行為を禁止するほかに、私物のモバイル機器を業務に使用できる環境（BYOD：Bring Your Own Deviceなど）を整えることも重要です。

◎GPS情報からの情報漏えいの対策

GPS機能をオフにして写真撮影を行ったり、画像編集ソフトを使用したりするなどしてExif情報を削除することが可能です。

◎画面の盗み見対策

公共の場所では、IDやパスワードを入力する際に背後に人がいないかどうか注意したり、偏光フィルタを使って盗み見されないようにしたりするといった対策が必要です。

◎決済の不正利用の対策

不正なメールは開かないこと、メールに記載されているURLへアクセスしないことが重要です。また、スマートフォンアプリは正規のサイトよりダウンロードする、アプリの更新を確実に実行することも必要な対策になります。

◎マルウェアの対策

マルウェア対策ソフトを導入するほか、OSやスマートフォンアプリなどのソフトウェアを常に最新の状態に保つことが必要です。

◎モバイル機器の廃棄の対策

モバイル機器の廃棄時には、個人情報などを確実に消去するだけでなく、専用のソフトウェアを使用したり、契約した専門業者に依頼したりして、重要なデータ・情報を確実に消去する必要もあります。

II-6 SNS利用に関する脅威

SNS（ソーシャルネットワーキングサービス：TwitterやInstagramなど）はWebと異なり、個人間のメッセージや写真などのやり取り、リアルタイムの情報共有や、企業の広告宣伝などでも使用されています。安易な書込みがトラブルに発展したり、詐欺被害やウイルスの配布を行う事例も増えています。

KEYWORD

- □SNS
- □GPS
- □ウイルス
- □情報拡散
- □短縮URL
- □著作権
- □標的型攻撃
- □偽アカウント
- □肖像権
- □プライバシー
- □フィッシング

SNSに関連するさまざまな脅威

◎SNS投稿の拡散

SNSを友人間のコミュニケーションの目的で利用している場合であっても、プライバシーの配慮が十分でなかったり、知人から引用されることなどにより、書き込んだ情報が思わぬ形で拡散する危険性があります。一度書き込まれて情報が拡散した場合は、第三者の投稿まで管理できないことに留意する必要があります。

◎標的型攻撃の偵察

標的型攻撃の対象となる個人をSNSサイトから検索し、人間関係や趣味などのプライバシー情報を得てから攻撃することが考えられます。

◎写真の位置情報による脅威

GPS機能のついたスマートフォンなどで撮影した写真には、撮影日時や位置情報など、さまざまな情報（Exif情報）が含まれている場合があります。SNSに位置情報付きの写真を確認せずに掲載してしまうと、自宅や居場所が他人に特定されてしまい、ストーカー被害などの犯罪に遭う可能性もあります。また、写真の背景からも居場所が特定できる場合があります。

◎短縮URLに潜む脅威

インターネットでは、長いURLから短いURL（短縮URL）を生成することのできるサービスが利用されています。便利な反面、一見しただけではどのようなWebサイトにリンクされているか判断しにくいデメリットがあるため、SNS等に投稿された短縮URLから、フィッシング詐欺などの不正サイトに誘導されてしまう可能性があります。

◎偽アカウント／架空アカウントの作成

SNSの中には本人確認を行わないものがあり、実在の人物や組織の名前を使った偽のアカウント、架空のアカウントで情報が投稿されているケースもあります。偽のアカウントや架空のアカウントを悪用して投稿されたURLから、フィッシング詐欺やウイルス感染などにつながることもあります。

◎SNS投稿による権利の侵害

投稿に当たっては、著作権、肖像権など他人の権利の侵害に注意しないと、思わぬところで訴訟に発展する場合があります。従業員個人のアカウントで行われた場合も、組織に対して損害賠償を請求される可能性があることに加え、個人情報が漏えいした場合には個人情報保護法によって雇用した組織の法的責任が追及されます。

SNS利用の管理

◎公式なアカウントの確認

本人確認を行った上で、公式アカウントとして登録できるSNSもあります。とくに公的機関や企業、有名人などのSNSを購読する場合には、公式アカウントが存在するかどうかをそれぞれのWebサイトなどで確認する必要があります。公式アカウント（後述するSNS認証バッジの確認）以外のアカウントで本人確認ができない場合には、フォローしたり、友達になったりしないようにしましょう。

◎情報の信頼性の確認

SNSは誰でも投稿することができることから、フィッシングなどに誘導される危険性があります。また、投稿した人が実在の人物であったとしても、他の人の投稿をそのまま再投稿する場合もありますので、情報の信頼性を確認することが大切です。

◎公開範囲の限定

利用するSNSごとに、発信する情報の公開範囲（公開／友達の友達／友達／自分など）を適切に設定します。

◎SNS認証バッジの取得

企業や著名人の場合は、SNSの提供業者に審査を申請し、認証済みアカウントであることを表示してもらう**SNS認証バッジ**（アカウント名に付いているマーク）を取得することで、公式アカウントであることを利用者に知ってもらえます。

II-7　天災・大規模障害に関する脅威

天災には、地震、雷、水害などがあります。そして天災ではありませんが、大きな問題を引き起こす要因には火災、電力障害や通信ネットワークの障害などがあります。

KEYWORD

- □天災
- □地震による脅威
- □雷による脅威
- □台風による脅威
- □火災による脅威
- □電力障害による脅威
- □ネットワーク障害による脅威
- □輻輳
- □可用性
- □停電

天災

天災は起こる頻度が比較的低いのですが、一度起こってしまうとその被害は大きくなります。特に、コンピュータ機器などに及ぼす影響が大きく、**可用性**の低下が予想されます。

◎地震

大規模な地震であれば、その地域全体のサービスが提供されなくなることが考えられます。また、ライフライン（電気、ガス、水道、通信回線など）の障害はもとより、コンピュータ室などで使用しているエアコンなどにも影響が及ぶ可能性があります。

小規模な地震だからといってサービスが低下しないとは限りません。地震の揺れによってサーバのネットワークケーブルが抜けて外部と接続できなくなるなど、サービスが停止させられる可能性があります。

さらに、大地震などの影響による計画停電によって、自社のサービスを運用できなくなることもあります。地震で損傷したライフラインが復旧しても、サービスを常に提供できるとは限りません。

◎雷

落雷があると、直接的または間接的に電気系の機器が破壊されたり、停電によってサービスが中断されたりといった事態が起こる可能性があります。

◎台風（水害）など

強風によって電線が切れるなどの電気系のトラブルが起こり、停電などを引き起こしてしまうことが考えられます。また、台風などで降水量が増えて水害が発生することもあります。コンピュータなどの電子機器は水に弱いため、注意が必要です。

その他の災害

天災以外では、火災、電力障害、通信障害などにより、広い範囲で可用性が低下するケースが考えられます。

◎火災

火災の直接的な被害はもちろん、消火に使用する水や泡消火剤でコンピュータ（電子機器）が損傷してしまい、継続的な運用に支障をきたす可能性が考えられます。また、書類（紙）などにも損害が及ぶ可能性もあります。

◎電力障害

前述の地震や台風、落雷などによる停電に加え、冬季や夏季の電力需要が大きい場合の電圧低下が考えられます。コンピュータに関しては、電圧が低下すると安定的に電力が供給されずにシステムが終了してしまったり、作業中のデータが失われてしまったりする事態が考えられます。

◎ネットワーク障害

幹線などに大きな障害があった場合には広範囲で可用性が低下し、社会的に大きな問題になることが考えられます。また、トラフィックが集中してネットワーク機能が低下する**輻輳**（ふくそう）状態に一時的に陥るケースや、ネットワーク機器（ハードウェア）の故障による通信不能なども大きな障害に発展する可能性があります。

Ⅱ-8 天災・大規模障害の対策

天災にはかなり多くの対策が必要になります。すべての対策を実施することが難しい場合には、リスク分析で集めたデータの分析を正確に行い、求められるセキュリティレベル内で費用対効果を検討しながら実施することが重要です。

KEYWORD

- □天災
- □可用性
- □ホットサイト
- □コールドサイト
- □雷サージ
- □アレスタ
- □フォールトトレラント
- □フェールソフト
- □フェールセーフ
- □不燃材料
- □準不燃材料
- □難燃材料
- □無停電電源装置（UPS）
- □CVCF
- □事業継続計画

天災の対策

天災の対策は、**可用性**の向上を主な目的として、脅威の発生頻度、発生時の被害の大きさの分析、情報資産の重要性を加味して決定することが重要です。

◎地震

大規模な地震が起こった場合には、ある一定のエリアにあるすべての機器などが同時に使用できなくなる可能性があります。そのため、距離の離れた別の場所にバックアップ用の機器やデータなどを保管しておくようにすることで、全体的な可用性を保つことが可能です。バックアップサイトの種類には、即時稼働が可能な**ホットサイト**や、一定時間で稼働が可能になる**コールドサイト**があります。

また、機器類以外にも棚やロッカーなどが倒れてくる危険性があるため、転倒防止のために器具を用いて固定するなどの対策が必要です。建物自体の基礎に免震装置を入れて基礎免震構造にする措置も検討する必要があります。

◎雷

落雷によって**雷サージ**（過電圧）が発生し、それによって機器が故障してしまう事態を避けるために、**アレスタ**（避雷器）を用いて電圧を機器の絶縁レベル以下に制御することが可能です。

◎台風(水害)など

強い風や大量の雨による被害への対策として、セキュリティレベルの高い部屋には窓を設けないことや、地下など水害の被害を受けそうな場所にはセキュリティレベルの高い機器や資料を置かないことなどが挙げられます。

その他の災害の対策

天災以外にも、火災や電力障害などの災害が考えられます。天災の場合と同様に、これらの災害に備えて障害に耐える対策（**フォールトトレラント、フォールトトレランス**）を十分に検討しなければなりません。

障害が発生したときの対処法には、機器が故障しても一部の機能を減らして運転を続ける**フェールソフト**や、故障時にはシステムを停止させるなどの安全な状態にする**フェールセーフ**という考え方があります。

◎火災

火災の発生時にはコンピュータ（電子機器）や書類（紙）などにもダメージが及ぶため、消火設備には不活性ガス（二酸化炭素や窒素、そしてその混合物）を使用する必要があります。また、建物や建物内の材料に防火材料（**不燃材料、準不燃材料、難燃材料**）を使用することも検討する必要があります。

不燃材料は、建築基準法により次のように定義されています。

> **不燃材料**　建築材料のうち、不燃性能（通常の火災時における火熱により燃焼しないことその他の政令で定める性能をいう。）に関して政令で定める技術的基準に適合するもので、国土交通大臣が定めたもの又は国土交通大臣の認定を受けたものをいう。

また、準不燃材料と難燃材料については、建築基準法施行令で次のように定義されています。

準不燃材料　建築材料のうち、通常の火災による火熱が加えられた場合に、加熱開始後10分間第108条の2各号（建築物の外部の仕上げに用いるものにあつては、同条第一号及び第二号）に掲げる要件を満たしているものとして、国土交通大臣が定めたもの又は国土交通大臣の認定を受けたものをいう。
難燃材料　建築材料のうち、通常の火災による火熱が加えられた場合に、加熱開始後5分間第108条の2各号（建築物の外部の仕上げに用いるものにあつては、同条第一号及び第二号）に掲げる要件を満たしているものとして、国土交通大臣が定めたもの又は国土交通大臣の認定を受けたものをいう。

（第108条の2各号）
一　燃焼しないものであること。
二　防火上有害な変形、溶融、き裂その他の損傷を生じないものであること。
三　避難上有害な煙又はガスを発生しないものであること。

◎電力障害

停電の対策として、瞬電に対応するために**無停電電源装置**（**UPS**：Uninterruptible Power Supply）を準備しておく必要があります。UPSによる長時間の電力供給は難しいため、障害が長時間に及ぶ場合に対応できるように発電機も併せて用意することが求められます。

また、一時的な電圧低下の対策として**CVCF**（Constant-Voltage Constant-Frequency）も併用すると、可用性の向上を期待することができます。

◎ネットワーク障害

ネットワークの障害の対策として、回線の二重化などにより可用性を向上することが考えられます。

災害の対策とチェック項目の例

業務データなどを保持するサーバは企業の重要な情報資産です。サーバには、災害による脅威や物理的脅威が存在します。災害の対策の具体例として、サーバに対する脆弱性とその対策、およびチェック項目の例を次にまとめます（**表II-8-1**）。

▼表Ⅱ-8-1　サーバの対策とチェック項目の例

対策	脆弱性とその対策	チェック項目
サーバなどの設置場所の空調	空調が正しく動作するか。	空調の適切な温度管理。 空冷式空調を使用しているか。
サーバなどの設置場所の消火設備	消火設備が正しく動作するか。	消火設備の適切な設置方法について。 ガス式消火設備を配置しているか。
サーバなどの電源対策	電源の安定供給のための装置について。	UPSが設置されているか。 もしくはCVCFとUPSを併用しているか。
サーバなどの設置環境の物理的対策	サーバの設置場所に関する施錠状況、かぎの管理、入退出の管理など。	施錠の確認およびその方法について。 かぎの管理方法について。 入退出管理の厳格化（IC管理、共連れ、ビデオ監視など）。
サーバなどの二重化	サーバは本番機の他に予備機を持つか。	予備機の状況について。 予備機の切り替えのタイミング。 予備機の設置場所について。
データのバックアップ	週次でテープにバックアップされ、2世代管理されているか。 テープの保管は適切に行われているか。 ログの取得は行われているか。 計画停電などの大規模な停電に備えて、遠隔地にもバックアップデータを残すようにしているか。	バックアップのタイミングについて。 更新前後の情報が確実に保存されているか。 バックアップサイトを遠隔地に設置しているか。

事業継続計画（BCP）

事業継続計画（BCP：Business Continuity Plan）とは、自然災害などで企業が被災しても重要な事業を中断させない、もしくは中断しても可能な限り短期間で再開させ、中断に伴う顧客の流出やシェアの低下、企業評価の低下などから企業を守るために行う経営戦略のことです。

事業継続計画では、復旧の対象にする事業の決定、あるいは復旧時間の目標などの方針を立てて運用体制を確立し、計画に沿って運用していきます。そのためにも、バックアップシステムの整備、代替オフィスの確保、即応した要員の確保などを準備しておく必要があります。

演習問題

1 以下の文章は、情報セキュリティに関するさまざまな知識を述べたものです。正しいものは○、誤っているものは×としなさい。

1. トラッシングとは、ビルメンテナンス業者やごみ回収業者などを装い、ごみ箱やごみ集積場などをあさり、書類やメモ書きなどを集め、そこから情報を盗み出す手口である。

2. フォールトトレランスは、耐障害性や故障許容力などともいわれ、災害発生時や障害発生時にシステム全体が機能不全にならないように、正常に稼働し続ける能力のことである。

3. バイオメトリクス認証の1つの静脈認証は、外見から認証情報が判断できず、認証情報は生涯変わらないことから、認証精度が高く金融機関などでの認証に多く採用されている。

4. バックアップサイトの1つであるコールドサイトとは、ITシステムにかかわる機材が、すべて本運用とほぼ同じように設定されていて、データのバックアップを取りながら稼働状態で待機している形態であり、災害発生時に即時切替えが可能となる。

5. 近年のITの用語に関する以下の文章の［　］に当てはまる適切な語句は「FinTech」である。

   ITを活用して金融サービスを実現する、［　］と呼ばれる取り組みが世界的に広まっている。具体的な［　］サービスとしては、収入と支出、現預金などをスマホのアプリを使ってすばやく把握できるサービスや、スマホで手軽に決済できるサービスなどがその例として挙げられる。

6. スマートフォンの利用において、OSのアップデートを実行すると、大容量のデータを受信することにより、メモリの占有率が上がる。それによって、常時稼働しているアプリケーションに影響が出るため、更新の通知がきてもその都度インストールする必要はない。

7. 落雷の際に発生する一時的な過電圧や過電流が、通信ケーブルなどを伝って屋内に侵入し、コンピュータや通信機器などを損傷させることがある。これを防ぐための具体策として、アレスタを用いて電圧を絶縁レベル以下に制御することや、サージプロテクタを導入することなどが挙げられる。

8. 情報システムにおけるフェールセーフとは、機器が故障しても一部の機能を減らして運転を続ける技術、または考え方である。

9. GPS機能のついたスマートフォンやデジタルカメラで撮影した写真には、撮影日時やカメラの機種名の他、設定によっては、撮影した場所の位置情報（GPS情報）が含まれている場合もあるため、SNSに、こうした位置情報付きの写真をよく確認せずに掲載してしまうと、自宅や居場所が他人に特定されてしまう危険性がある。

10. 停電の対策として、瞬電に対応するためにUPSを準備しておく必要がある。また、一時的な電圧低下の対策として、コンデンサも併用すると、可用性の向上を期待することができる。

2 **以下の文章を読み、（ ）内のそれぞれに入る最も適切な語句の組み合わせを、選択肢（ア～エ）から1つ選びなさい。**

1. （ a ）とは、携帯端末の状態やシステム設定などを監視・管理する手法またはツールであり、これを発展させたものが（ b ）である。(b) は、携帯端末の業務利用において、アプリケーションソフトの導入・管理や、ユーザID、ファイルやメールなどデータの管理・保護機能などを統合したものである。(b) を採用することにより、組織が従業員へ支給する端末だけではなく、従業員の私物の端末を業務に持ち込んで利用する（ c ）の利用形態でも対応することができる。ただし、(c) の場合は、業務関連と私的な領域の分離・保護や情報の取扱いなどについて、あらかじめルールを定めておく必要がある。

ア：(a) MDM　(b) EMM　(c) BYOD

イ：(a) MDM　(b) MMS　(c) VDI

ウ：(a) FMC　(b) EMM　(c) VDI

エ：(a) FMC　(b) MMS　(c) BYOD

2. 紙媒体をシュレッダーで廃棄する際、(a) や、パワー不足で裁断速度が遅いなど、利用上の不便があると、情報が漏えいするという脅威を招くこともある。たとえば、機密書類であってもシュレッダーを活用せずに (b) をしたり、利用の順番待ちの間に書類を (c) てしまうことなどの危険な状態が挙げられる。このため、社内で処理をする場合は、シュレッダーのスペックをある程度確保する必要がある。

ア:(a) 記憶容量の不足
　(b) 溶解処理
　(c) 長時間放置し

イ:(a) 記憶容量の不足
　(b) 一般ごみとして廃棄
　(c) 書き換え

ウ:(a) 処理できる容量の不足
　(b) 溶解処理
　(c) 書き換え

エ:(a) 処理できる容量の不足
　(b) 一般ごみとして廃棄
　(c) 長時間放置し

3. 情報セキュリティ対策を講じるにあたり、従業員に対し情報セキュリティに関する教育を行う。情報セキュリティ教育は、情報セキュリティポリシを周知徹底することや、情報セキュリティの脅威と対策を理解させることだけではなく、コンプライアンスの観点からも重要となり、(a) に、(b) 行う必要がある。また、教育の対象となるのは、(c) であり、情報セキュリ ティ教育の実施後は、必要な力量が持てたかどうかを確認するために、確認テストなどを実施する。

ア:(a) 継続的
　(b) かつ担当者が必要と判断した場合には随時
　(c) すべての従業員

イ:(a) 継続的
　(b) または入社・異動から一定期間経過した後に

(c) 正社員とグループ会社からの出向社員

ウ：(a) 不定期
(b) かつ担当者が必要と判断した場合には随時
(c) 正社員とグループ会社からの出向社員

エ：(a) 不定期
(b) または入社・異動から一定期間経過した後に
(c) すべての従業員

4. スマートフォンの盗難・紛失対策を以下に示す。

・パスワードによる利用者認証を設定する。

・SIMカードの不正利用を防ぐため、(a) によるロックを行う。

・キャリアで提供している、リモートからの (b) やデータ消去サービス、位置情報の確認サービスを利用する。

・リモートからの (b) や消去などの機能を持つ、専用のアプリケーションを利用する。

・重要なデータは、本体やセットしているmicro SDカードには、安易に保存しない。

・重要なデータは、本体やセットしているmicro SDカード以外の、別の媒体にバックアップを取る。

・重要なデータを保存する場合、専用のアプリケーションを利用してデータの (c) 対策を行う。

ア：(a) rsh (b) OSアップデート (c) 暗号化

イ：(a) PINコード (b) OSアップデート (c) 一元化

ウ：(a) PINコード (b) 強制ロック (c) 暗号化

エ：(a) rsh (b) 強制ロック (c) 一元化

3 以下の文章の（ ）に当てはまる最も適切なものを、選択肢（ア～エ）から1つ選びなさい。

1. ピギーバックとは、入室を許可されていない者が、（　）入室することである。

ア：許可されている者の後について

イ：許可されている者のカードキーを複製して

ウ：許可されている者のカードキーを借りて

エ：拾得したカードキーで

2. 守秘義務契約とは、知り得た重要な情報を第三者に漏えいさせないことなどを約束させる目的で取り交わされるものであり、非開示契約や（ア：EULA　イ：IRU　ウ：NDA　エ：RMA）などとも呼ばれる。

3. ノートパソコンなどのモバイル機器を外部に持ち出す場合は、（　）ことなどにより、耐タンパ性を高めるようにする。

ア：専用のインナーケースを利用して、衝撃から機器を保護する

イ：バッテリーの残量を確認し、十分な容量を確保しておく

ウ：ハードディスク全体に暗号化を施す

エ：重要なデータは、階層の深いフォルダに移動する

4. 情報セキュリティ対策を、人的セキュリティ対策、物理的セキュリティ対策、技術的セキュリティ対策の3つに分類するとき、（　）ことは、人的セキュリティ対策に該当する。

ア：出入り業者と守秘義務契約を結ぶ

イ：セキュリティレベルごとに部屋やフロアなどを分ける

ウ：ノートパソコンをセキュリティワイヤーで固定する

エ：ログ等の定期的な分析により不正アクセス等を検知する

4 次の問いに対応するものを、選択肢（ア～エ）から１つ選びなさい。

1. IPAの「中小企業における組織的な情報セキュリティ対策ガイドライン」における「情報セキュリティに対する組織的な取り組み」に関する記述のうち、誤っているものはどれか。

ア：管理すべき重要な情報資産を区分する。また、情報資産の管理者を定め、重要度に応じた情報資産の取り扱い指針を定めること。さらに、重要な情報資産を利用できる人の範囲を定めること。

イ：重要な情報については、入手、作成、利用、保管、交換、提供、消去、破棄における取り扱い手順を定める。また、各プロセスにおける作業手順を明確化し、決められた担当者が、手順に基づいて作業を行っていること。

ウ：従業者（派遣を含む）に対し、セキュリティに関して就業上何をしなければいけないかを明示する。また、在職中の機密保持義務を明確化するため、プロジェクトへの参加時など、具体的に企業機密に接する際に、退職時まで有効とする機密保持義務も含む誓約書を取ること。

エ：重要なコンピュータや配線は地震などの自然災害や、ケーブルの引っ掛けなどの人的災害が起こらないように配置・設置する。また、重要なシステムについて、地震などによる転倒防止、水濡れ防止、停電時の代替電源の確保などを行っていること。

2. アンチパスバック機能の具体例に関する記述のうち、正しいものはどれか。

ア：社員Ａと社員Ｂが入室する際、社員ＡがIDカードで認証し、社員Ｂは共連れで入室した場合に、社員ＢのIDカードでは退出できない。

イ：社員Ａと社員Ｂが入室する際、社員Ａと社員Ｂの２人で入室しなければならず、退出時も１人を残して退出できず２人同時でないと退出できない。

ウ：入室ゲートが二重扉になっていて、社員Ａが１つ目の扉に入りさらに２つ目の扉を出たときに、社員Ｂが１つ目の扉に入ることができる。

エ：社員Ａが入室時には社員Ｂは入室できず、社員Ａが退出した後に社員Ｂが入室できる。

解答・解説

1

1. ○　2. ○　3. ○　4. ×　5. ○　6. ×
7. ○　8. ×　9. ○　10. ×

解説

1. スキャベンジングと呼ばれる場合もあります。

4. 説明文は、コールドサイトではなく「ホットサイト」に関するものです。

5. FinTechとは、金融（Finance）と技術（Technology）を組み合わせた造語で、金融サービスと情報技術を結びつけたさまざまな革新的な動きを指します。

6. パソコンなどと同様にOSのアップデート（更新）が必要です。古いOSを使っていると、不正プログラム感染の危険性が高くなるため、更新の通知が来たら逐次インストールします。

8. 情報システムにおけるフェールセーフとは、故障時にはシステムを停止させるなどの安全な状態にさせる技術、または考え方です。機器が故障しても一部の機能を減らして運転を続ける技術、または考え方は「フェールソフト」です。

10. 停電の対策として、瞬電に対応するためにUPSを準備しておく必要があります。また、一時的な電圧低下の対策として「CVCF」も併用すると、可用性の向上を期待できます。なお、UPSによる長時間の電力供給は難しいため、障害が長時間に及ぶ場合に対応できるように発電機も併せて用意することが求められます。

2

1. ア　2. エ　3. ア　4. ウ

解説

1. MDMは、携帯端末を監視・管理する手法またはツールのことです。EMMは、携帯端末の業務利用においてデータの管理などを統合したもので、従業員の私物の端末を業務に持ち込んで利用するBYODの利用形態でも対応することができます。

2. シュレッダーが一度に処理できる量が少ないと、シュレッダーが活用されずに書類が一般ごみとして廃棄されてしまうことがあります。また、シュレッダーの利用に時間がかかるために、順番待ちの間に書類を長時間放置し、その間に情報が関係のない第三者の目に触れるという危険もあります。

3. 情報セキュリティ教育は、すべての従業員に対して、継続的にまた必要に応じて実施する必要があります。また、その有効性を担保するためにテストを実施することもあります。

4. スマートフォンには、重要な情報が数多く保存されている可能性が高いため、盗難・紛失時にはSIMカードの不正利用を防ぐためのロックを行ったり、データの暗号化が必要になります。

3 1. ア　2. ウ　3. ウ　4. ア

解説

2. 守秘義務契約はNDA（Non-Disclosure Agreement）と呼ばれます。また、EULAは使用許諾契約、IRUは通信回線の賃借契約の1つ、RMAは返品保障のことです。

3. モバイル機器を外部に持ち出す場合は紛失や盗難の可能性があるため、ハードディスクに暗号化を施すなどして物理的もしくは論理的に内部情報を読み取られる可能性を減らします。

4. イとウは物理的セキュリティ、エは技術的セキュリティに分類されます。

4 1. ウ　2. ア

解説

1. 在職中および退職後の機密保持義務を明確化するため、プロジェクトへの参加時など、具体的に企業機密に接する際に、退職後の機密保持義務も含む誓約書を取る必要があります。

2. アンチパスバック機能により、正当に入室していなければ退出できなくなります。

CHAPTER

脅威と情報セキュリティ対策②

情報資産に対する脅威として、コンピュータやインターネットを利用する際の脅威、外部からの攻撃、電子媒体の利用に関する脅威があります。どのような脅威かを具体的に把握し、その対策について理解しましょう。

III-1 コンピュータ利用上の脅威

ネットワークなど外部と接続していない場合でも、コンピュータを使用しているときにはさまざまな脅威があります。コンピュータを使用する際に考えられる脅威と管理上の注意点について学習しましょう。

KEYWORD

□不正侵入 □パスワード管理 □ユーザID □パスワード
□辞書攻撃 □ブルートフォース攻撃 □リバースブルートフォース攻撃
□オフライン攻撃 □ソーシャルエンジニアリング □なりすまし
□スキャベンジング □ショルダーハッキング □アクセス制御 □ACL
□MAC方式 □DAC方式 □RBAC

パスワード管理

情報セキュリティに対する**脅威**には盗聴や情報漏えいなどさまざまなものがあります。これらの脅威が現実のものとなるのは**不正侵入**がきっかけとなるケースがほとんどです。不正侵入をさせないためにはまず、正しい**パスワード管理**を行う必要があります。

◎ユーザIDとパスワードの管理

コンピュータにログインするためのユーザIDやパスワードには大きな**脆弱性**があります。そのため、ユーザIDとパスワードの管理には十分な注意が必要です。特に次の点に注意して随時設定の変更を行いましょう。

- ユーザIDやパスワードを共有させない。
- ユーザIDごとにパスワードを設定する。
- 適切な長さを持つパスワードを設定する。
- 類推しにくい文字列のパスワードを設定する。
- パスワードを定期的に変更する。
- パスワードを紙などに記録しない。
- 初期パスワードを速やかに変更する。

◎パスワードに対する脅威

パスワードを悪用されると、コンピュータへの不正侵入やデータの破壊などにつながります。悪意のある第三者は、次のような方法でパスワードの取得や不正アクセスを試みます。

1. 辞書攻撃

パスワードになりそうな文字列や辞書に載っている単語を順にあてはめていき、パスワードを推測する手法のことです。

2. 総当たり（ブルートフォース）攻撃

パスワードの文字列として考えられるすべての組み合わせを順に試していき、パスワードを破ろうとする手法です。

3. 逆総当たり（リバースブルートフォース）攻撃

パスワードを固定し、利用者IDを次々に変えてログインを試すことで、当該パスワードを使用している利用者として不正にログインする攻撃手法のことです（図Ⅲ-1-1）。

▼図Ⅲ-1-1　逆総当たり（リバースブルートフォース）攻撃

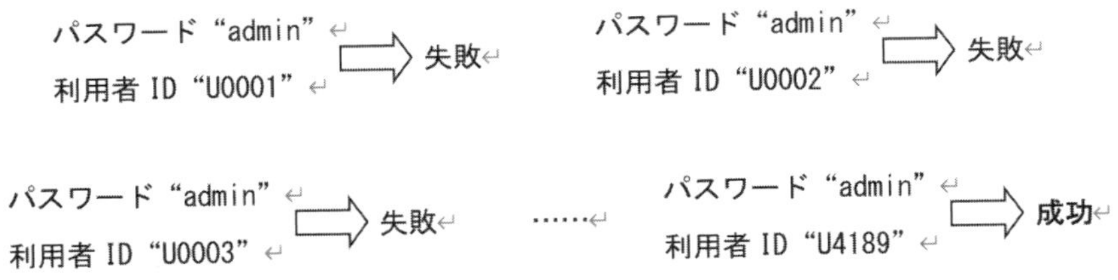

4. パスワードリスト攻撃

Webサイトから流出した利用者IDとパスワードのリストを用いて、他のWebサイトに対してログインを試行する攻撃です。

利用者は、複数のWebサービスに対してそれぞれ異なるパスワードでログインするのをわずらわしく感じて、同じ利用者IDおよび同じパスワードを使いまわす傾向があります。あるWebサービスのサイトから利用者IDとパスワードが流出すると、同じ利用者が使っている別のWebサービスに、そのパスワードでログインできる可能性が高くなります。

5. スニッフィング

ネットワーク上のパケットを盗聴する行為のことです。この行為によって、パケットに含まれるパスワードを読み取ることでパスワードを知ることができます。

6. オフライン攻撃

パスワードを格納しているファイル、もしくはパスワードがかけられているファイルを入手して、それを攻撃者のコンピュータにコピーしてパスワードを破ろうとする手法です。

◎ソーシャルエンジニアリング

技術的な攻撃をしかけるのではなく、パスワードを知る人間やその周辺から何とかパスワードを得ようとする手法です（**図Ⅲ-1-2**）。たとえば、次のようなものがあります。

・外部から上司や家族などの知り合いになりすまして電話をかけてパスワードや機密情報を聞き出す（**なりすまし**）。
・ごみ箱をあさるなどして破棄した書類やメモから情報を収集する（**スキャベンジングまたはトラッシング**）。
・パスワードを入力している様子を背後からのぞいてパスワードを記憶する（**ショルダーハッキング**）。

▼図Ⅲ-1-2　ソーシャルエンジニアリング（なりすまし）の例

アクセス制御

コンピュータシステムでは、さまざまな情報資源を使用しています。そこで、それぞれの情報資源にアクセスできる権限や認可を正しく付与して**アクセス制御**を行うことにより、外部からの脅威を軽減することができます。

コンピュータシステム上のファイルやディレクトリなどに対し、誰にアクセスを許可するのか、あるいは誰にアクセスを禁止するのかを記述したリストをACL（Access Control List）といいます。ACLを使ったアクセス制御には2つの方式があります。加えて、役割に対して権限を付与するRBACがあります。

◎MAC（Mandatory Access Control：強制アクセス制御）方式

MAC方式では、セキュリティ管理者のみがアクセス権限を変更することができます。アクセス権限を与えられるユーザやシステム管理者でもアクセス権限を変更することができません。不正アクセスなどによってアクセス権限を奪われた場合でも、利用者には与えられているアクセス権限を変更することができないため、高いレベルでセキュリティを確保することができます。

◎DAC（Discretionary Access Control：自由裁量的アクセス制御）方式

DAC方式では、セキュリティ管理者が対象となる情報資源の所有者などにアクセス権限の設定を委ねます。これによりユーザは限定的にアクセス権限を設定することが可能です。一般ユーザがアクセス権限を決定するため、設定ミスがあったり悪意があったりする場合にはセキュリティを確保することが難しくなります。

◎RBAC（Role Based Access Control：ロールベースアクセス制御）

ロールとは、業務上必要な操作権限を利用者に与えるためにシステム上の役割のことです。ロールには、業務上必要な操作権限の組み合わせが付与されます。たとえば、利用者IDごとにロールを設定することで、利用者の操作権限（閲覧／入力／承認など）を決めることができます。

Ⅲ-2 コンピュータの不正利用などの対策

コンピュータの不正利用などに対しては、ユーザIDとパスワードの管理、アクセス権限の管理、ログの管理、バックアップ、RAIDなどの対策を講じます。

KEYWORD

□ユーザID　□パスワード　□シングルサインオン
□アクセス管理　□非武装セグメント　□DMZ　□ログ
□syslog　□ハニーポット　□証拠保全（フォレンジクス）
□バックアップ　□リストア　□フルバックアップ
□差分バックアップ　□RAID

ユーザIDとパスワードの管理

ユーザIDやパスワードを悪用されると、コンピュータへの不正侵入やデータの破壊などにつながります。そのため、ユーザIDやパスワードの管理は適切に行う必要があります。

特に、管理者権限を与えられたユーザIDやパスワードはより厳重に管理しなければなりません。そのため、ユーザIDやパスワードの管理を1人だけではなく複数の人で担当する場合があります。これは、特定の人に権限が集中しないようにするためだけでなく、複数の担当者による相互牽制効果によって不正などが起こりにくくなるからです。

◎シングルサインオン

関連する複数のサーバやアプリケーションなどにおいて、いずれかで認証手続きを一度だけ行えば、関連する他のサーバやアプリケーションにもアクセスできること、またはそれを実現するための機能を**シングルサインオン**（SSO：Single Sign-On）といいます。

シングルサインオン機能を導入すると、利用者は複数のIDやパスワードを覚えておく必要がなくなります。また、アクセス管理を厳密に実施できるようになるため、より高いセキュリティを実現することが可能になります。

アクセス権限の管理

外部からの不正アクセスに対する脅威には、盗聴や情報の漏えいなどさまざまなものがあります。不正アクセスをさせないためには、**アクセス管理**を正しく行う必要があります。

アクセス管理の方法は、ネットワークの構成によって変わります（図Ⅲ-2-1）。

▼ 図Ⅲ-2-1　ネットワークの構成の例

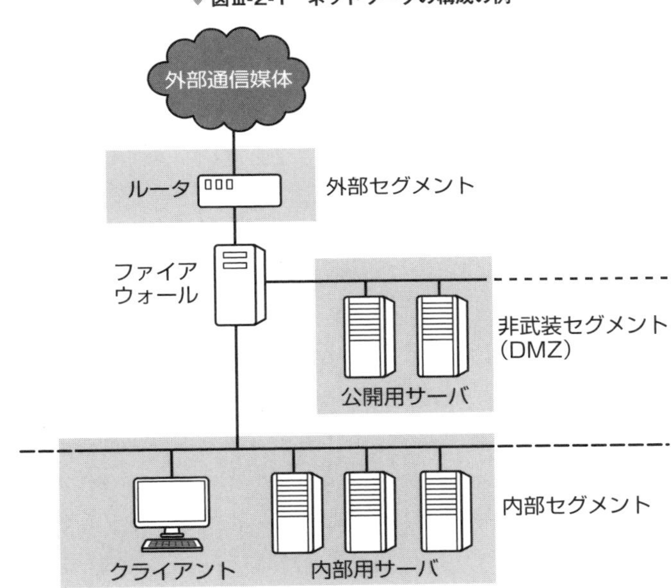

ネットワークは、次のようなセグメントから構成されます。

- **内部セグメント**：内部用サーバやクライアントなど、最も重要かつ、高いレベルで守るべき対象が設置される。
- **外部セグメント**：完全に外部に置かれており、セキュリティの脅威が最も高くなる。
- **非武装セグメント（DMZ）**：ある程度セキュリティを保ちながら外部に公開するセグメントで、多くの場合、DNSサーバやメールサーバなどを設置する。

内部セグメント上に存在する各種機器には、社員のアカウント以外からはアクセスできないように、適切なアクセス権限を設定する必要があります。

アクセスログ

セキュリティの運用において注意すべきポイントは、**ログ**の管理です。ログは、セキュリティ侵犯の発生はもちろん、ときにはセキュリティ侵犯が起きる予兆を事前に知らせてくれる重要な情報となります。

◎ログの管理

ログは、セキュリティ侵犯時のみならずハードウェアやソフトウェアの障害時にも重要な情報源として使用されます。したがって、ログを確実に収集することはシステムを守る面でも非常に大切です。また、複数のサーバなどで同期をとる場合、そのキーとなる時刻を合わせる必要があります。

TCP/IPでは、NTP(Network Time Protocol)を使用してNTPサーバから時刻を取得し、SNTP(Simple NTP)を用いて時刻の同期を行います。

1. ログの収集

不正アクセスを試みる者は、不正侵入に関する情報がログに記録されていることを知っています。そのため、ログ機能を停止したりログを消去または改ざんしたりします。つまり、不正侵入が行われた以降のログの信頼性は非常に低くなります。そこで、不正侵入が行われる前のログを守るために、ログを安全な別の場所に同時に保存することが必要です。

ログの収集にはsyslog(loggerコマンド)やログ収集用ソフトウェアなどを利用しますが、それぞれの特徴に合わせた方法で使用する必要があります。syslogを利用するとログをまとめて1つのログサーバなどに集めることができるため、効率的な解析が可能になります。ただし、UDPを使用しているため、信頼性が低いという欠点があります。

2. ログの分析

ログの分析は定期的に、もしくは必要に応じて行います。ログを分析することにより、セキュリティ侵犯のさまざまなパターンを発見することが可能です。

セキュリティ侵犯のパターンを解析するために、あえて脆弱なシステムをおとりとして用意しておき、そこに不正侵入者をおびき寄せる**ハニーポット**という手法があります。ハニーポットは、攻撃者の手口の研究のためだけでなく、**証拠保全**(コンピュータ**フォレンジクス**）の目的にも利用されます（**図Ⅲ-2-2**）。

▼**図Ⅲ-2-2 ハニーポットの例**

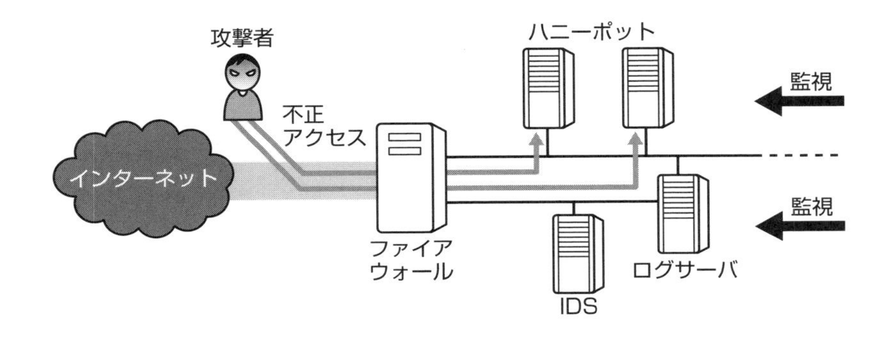

3. ログの保管

ログの保管に関しては、**完全性**を保つことに注意しなければなりません。そのため、ログは物理的セキュリティが高いレベルで確保されている場所に管理する必要があります。また、セキュリティ侵犯が行われた際にログを分析できるように、ログの保管期間はある程度長く設定するとよいでしょう。

バックアップ

不正侵入の結果、データの改ざんや破壊などが行われた場合には、不正侵入前の状態になるようにデータを元に戻さなければなりません。そのため、ログ以外にもコンピュータシステム上で利用していたデータを定期的に**バックアップ**する必要があります。不正侵入やシステム障害が発生した場合には、バックアップしたデータを**リストア**し、システムの復旧を行います。

バックアップ方法には、フルバックアップと差分バックアップなどがあります。

◎フルバックアップ

文字どおりシステム上のすべてのデータをバックアップすることです。システムで利用しているデータの量によっては、非常に長い時間がかかることがあります。

◎差分バックアップ

フルバックアップを行った後に変更されたデータのみをバックアップの対象とします。変更されたデータのみをバックアップするため、フルバックアップに比べ時間がかかりません。差分バックアップは、フルバックアップと併用して行います。リストアを行う場合は、最後に行ったフルバックアップのデータとその後の差分バックアップのデータを組み合わせて復元します。

RAID

RAID（Redundant Arrays of Inexpensive/Independent Disks）とは、複数の磁気ディスク装置を組み合わせてデータの信頼性の向上と高速化を図る方法のことです（図Ⅲ-2-3、図Ⅲ-2-4）。RAIDには、次の種類があります。

◎RAID 0（ストライピング）

RAID 0では、複数台のハードディスクにデータを分散して書き込みます（**ストライピング**）。これによって処理時間の高速化を図りますが、冗長性がないため、耐故障性はありません。

◎RAID 1（ミラーリング）

RAID 1では、複数台のハードディスクに同時に同じ内容を書き込みます（ミラーリング）。そのため、耐故障性が高くなります。

◎RAID 2

RAID 2では、**ハミング符号**を使用してエラー訂正を可能にします。ビット単位でストライピングを行う方式です。

◎RAID 3

RAID 3は、**パリティ**による誤り訂正を可能とした方式です。RAID 3でもビット単位でストライピングを行います。そのため、1台の故障であればデータを復元することが可能です。

◎RAID 4

RAID 4は、ストライピングをブロック単位で行い、入出力処理の効率を改善しています。RAID 3と同様に、1台の故障であればデータを復元することができます。

◎RAID 5

RAID 3とRAID 4では、別のディスクにパリティを書き込む時間が問題となります。RAID 5は、複数のハードディスクにデータとパリティを分散して記録することでこの問題を回避します。RAID 3とRAID 4と同様に、1台の故障であればデータを復元することができます。

◎RAID 6

訂正情報を2つ作成して、すべてのディスクに訂正情報を分散して保存します。RAID 5では2台のディスクが同時に故障するとデータが失われますが、RAID 6では2台のディスクが同時に故障してもデータが失われないようになります。

◎RAID 0+1

ディスクストライピングを用いて構成したRAID 0のディスク群を2つ分用意して、ミラーリングします。

◎RAID 1+0

ミラーリングを用いて構成したRAID 1のディスク群を2つ分用意して、ディスクストライピングでアクセスを分散します。

▼図Ⅲ-2-3　RAIDの例①

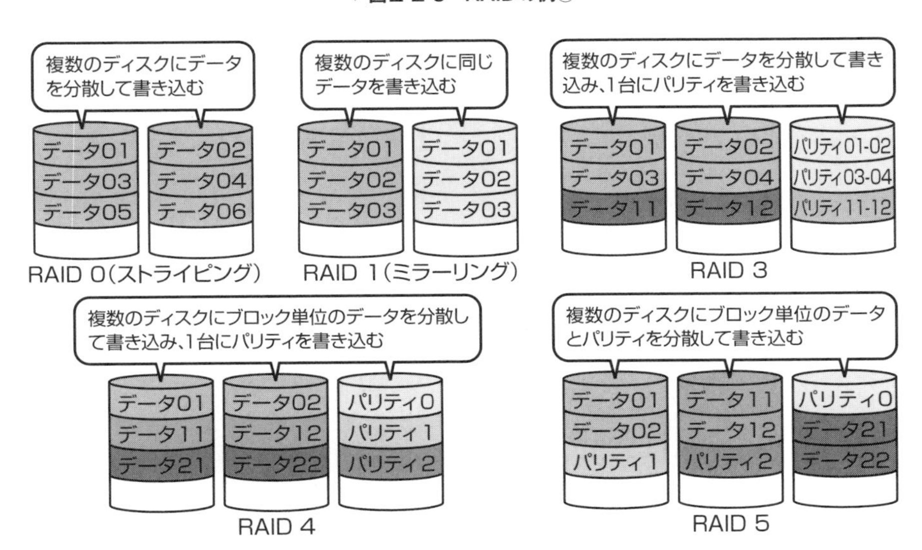

▼ 図III-2-4 RAIDの例②

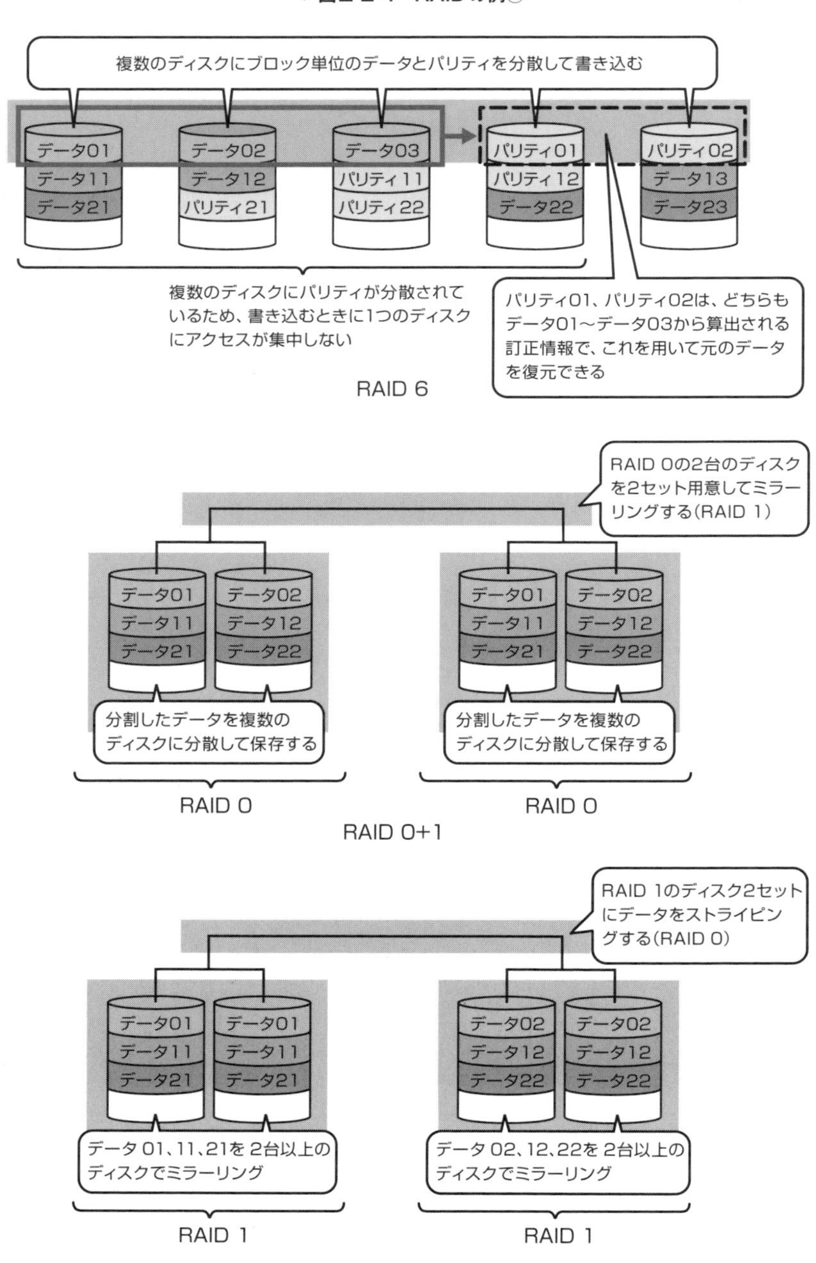

Ⅲ-3　インターネット利用に関する脅威

インターネットは便利なツールとしてさまざまな場面で使用されています。しかし、そのしくみには大きな問題があり、インターネットを使用する場合の脅威は年々増大しています。

KEYWORD

□盗聴	□漏えい	□改ざん
□なりすまし	□ポートスキャン	□迷惑メール
□攻撃メール	□フィッシング	□マルウェア
□コンピュータウイルス	□ワーム	□トロイの木馬
□バックドア	□ボット	□ランサムウェア
□ドライブバイダウンロード	□スパイウェア	□キーロガー
□水飲み場型攻撃	□MITB攻撃	□レインボー攻撃

情報への不正アクセスの脅威

インターネットなどのネットワークを介してやりとりする情報に対しては、盗聴や漏えいといった脅威が存在します。

◎盗聴

盗聴とは、ネットワーク上の情報を盗み取ることをいいます（図Ⅲ-3-1）。たとえば、ネットワークを介してサーバにログインする際のIDやパスワードを盗聴により入手すれば、これらの情報をもとに不正侵入攻撃を行うことが可能になります。

▼図Ⅲ-3-1　盗聴の例

◎漏えい

漏えいとは、不正アクセスや盗聴などにより、サーバに保存されている機密情報やネットワーク上の情報を不正に入手することです。また、プログラムのミスやシステムの管理上の不具合により、まったく関係のない第三者に情報が渡される場合もあります。

情報の漏えいによって、情報資産の機密性が侵害されることになります。

◎改ざん

改ざんとは、故意にファイルやデータを変更したり削除したりする行為のことです。改ざんの対象としては、Webページ、ログファイル、パスワードファイル、設定ファイルなどが考えられます。改ざんにより、情報資産の完全性や可用性が侵害されることになります。

◎なりすまし

なりすましとは、外部から本人ではない第三者が本人と称して通信などを実施することです（**図Ⅲ-3-2**）。なりすましによって、機密情報への不正アクセス、情報の漏えいや改ざんなどの危険性が高まります。なりすましによる被害は機密性の侵害にあたります。

◎ポートスキャン

ポートスキャンとは、攻撃対象となるサーバに対してポート番号を順番にアクセスしていき、サーバのOSやサービスとして提供しているアプリケーションなどに脆弱性がないかどうかを調べる行為のことです。ポートスキャンが行われていると、同じユーザやIPアドレスから断続的に何度もアクセスしてくることになるため、アクセスログを確認する際にはアクセス数が異常に多いユーザに注意が必要です。

▼ 図Ⅲ-3-2　なりすましの例

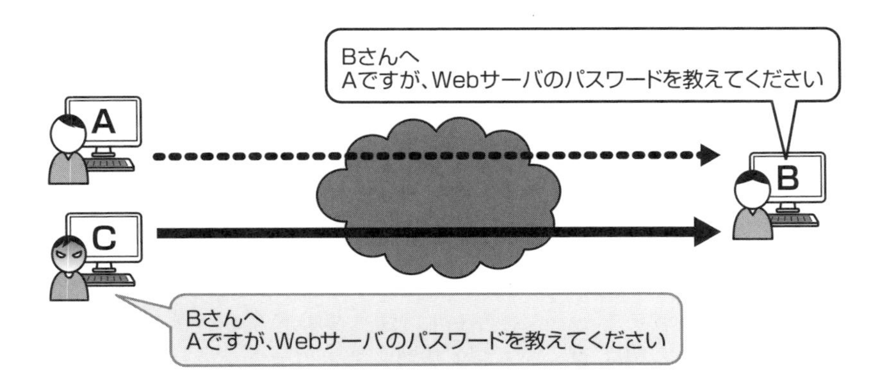

電子メールの脅威

電子メールの送受信は、次のような流れで行われます（**図Ⅲ-3-3**）。送信側のクライアントからメールサーバまでとメールサーバ間では、SMTPというプロトコルが使われます。受信側のメールサーバにメールが届くと、受信側のクライアントがメールサーバにPOP（IMAPを使用することもある）というプロトコルでアクセスし、認証を受けてからメールを取り出します。

▼ 図Ⅲ-3-3　メールが送信者から受信者に届くまでの流れの例

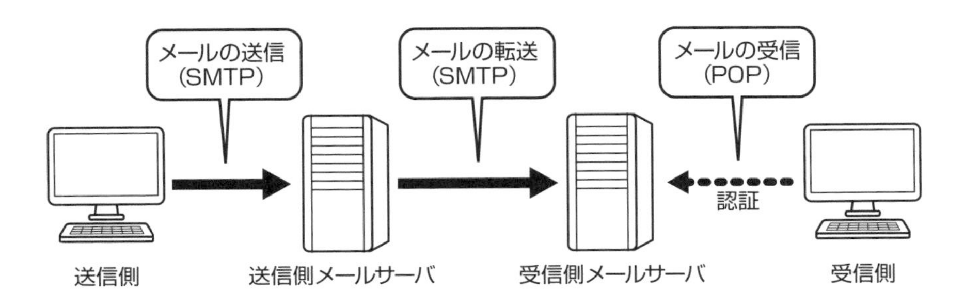

電子メールには、**盗聴**や他人への**なりすまし**などの脅威が存在します。また、悪意の第三者によるSMTPサーバの不正利用により、**迷惑メール**や**攻撃メール**の発信元となる可能性もあります。

フィッシング

金融機関やクレジットカード会社などからの正規のメールやWebサイトを装って、暗証番号やクレジットカード番号などを詐取する詐欺のことを**フィッシング**（phishing）といいます。「釣り」を意味する「fishing」が語源ですが、偽装の手法が洗練されている「sophisticated」という意味を含め、phishingという表記になったという説があります。

代表的な手口は、送信者名を金融機関や有名サイトの窓口などのアドレスにしたメールを無差別に送りつけ、本文には個人情報を入力するよう促す案内文やWebページへのリンクを載せるというものです（**図Ⅲ-3-4**）。リンクをクリックするとその金融機関の正規のWebサイトと個人情報入力用のポップアップウィンドウが表示されます。メインウィンドウに表示されるサイトは正規のサイトですが、ポップアップページはメールの送信者が作成した別のサイトです。そのため、正規のページを見て安心したユーザがポップアップページの入力フォームに暗証番号やクレジットカード番号などの機密情報を入力して送信した結果、メールの送信者に情報が送られることになります。

▼ **図Ⅲ-3-4　フィッシングを目的とした悪質なメールの例**

From:○○サイト
Subject:○○サイト　システム利用料未納のお知らせ

システム利用料未納のお知らせ

月末までのシステム利用料が、指定された口座またはご登録クレジット会社より引き落とすことができませんでした。
システムご利用明細を確認後、指定された口座へのご入金、または、クレジット残高のご確認をお願いいたします。
ご入金の確認がとれない場合、○○サイト IDのご利用を停止させていただく場合がございます。

==============================
システムご利用明細の確認手順
==============================
以下の手順に従ってログインを完了してください。
1. まず、下記のログイン画面を開いてください。
　ログイン画面
　http://61.xxx.yyy.zzz/bank/pay.html
2. 次に○○ IDとパスワードを入力してログインしてください。
3. ログイン後、暗証番号（セキュリティキー）を入力してください。
4. 請求明細にてご確認いただけます。

マルウェアの脅威

マルウェアは、利用者に気づかれないようにひそかにコンピュータに侵入して、何らかのきっかけにより動作する悪質なプログラムの総称です。コンピュータウイルス以外にも悪意（マル＝maricious）あるソフトウェアがさまざま存在するようになったので、このような名称になりました。

メールをやりとりしたり、インターネット上からファイルをダウンロードしたり、他のコンピュータとデータを共有したりすることでマルウェアに感染する危険が生じます。マルウェアの行為は、勝手にメールを送信する、ハードディスク内のデータを破壊する、外部からコンピュータを操作可能にするなど、さまざまです。

◎コンピュータウイルスに関する法律

刑法には、『不正指令電磁的記録に関する罪（いわゆるコンピュータ・ウイルスに関する罪）』があります。

> 【刑法第百六十八条の二】
> 「正当な理由がないのに、人の電子計算機における実行の用に供する目的で、次に掲げる電磁的記録その他の記録を作成し、又は提供した者は、三年以下の懲役又は五十万円以下の罰金に処する。
> 一　人が電子計算機を使用するに際してその意図に沿うべき動作をさせず、又はその意図に反する動作をさせるべき不正な指令を与える電磁的記録
> 二　前号に掲げるもののほか、同号の不正な指令を記述した電磁的記録その他の記録
> ２　正当な理由がないのに、前項第一号に掲げる電磁的記録を人の電子計算機における実行の用に供した者も、同項と同様とする」
> 【刑法第百六十八条の三】
> 「正当な理由がないのに、前条第一項の目的で、同項各号に掲げる電磁的記録その他の記録を取得し、又は保管した者は、二年以下の懲役又は三十万円以下の罰金に処する」

◎マルウェアの種類

マルウェアの中には、他のプログラムに感染する習性を持たず、プログラム自身がユーザの意図しない行動をする不正プログラムもあります。

1. ワーム

ワームは、ネットワークを通じて他のコンピュータに伝染することを目的とした

不正プログラムです。メールの添付ファイルとして自動的に自分自身のコピーを拡散させるものやネットワークを利用して次々に感染していくものなどがあります。

2. トロイの木馬

トロイの木馬はコンピュータシステムのセキュリティを回避するよう設計されたプログラムですが、一見無害なプログラムを装います。トロイの木馬には、別のプログラムを装ってセキュリティ対策を回避したり、プログラムのソースコードのコピーを利用してバックドアを開けたりセキュリティ侵害を行ったりするものがあります。

3. ボット

ボットは、インターネットを通じてコンピュータを外部から操るソフトウェアです。ボットに感染したコンピュータは、外部からの指示に従って不正な処理を実行します。この動作がロボットに似ているところから、ボットと呼ばれます。

同一の指令サーバの配下にある複数のボットはボットネットワークといい、指令サーバの指示で動作を開始します（**図Ⅲ-3-5**）。ボットネットワークがフィッシングなどを目的としたスパムメールの大量送信や特定サイトへの一斉攻撃などに利用されると、非常に大きな脅威となります。

▼ **図Ⅲ-3-5　ボットの例**

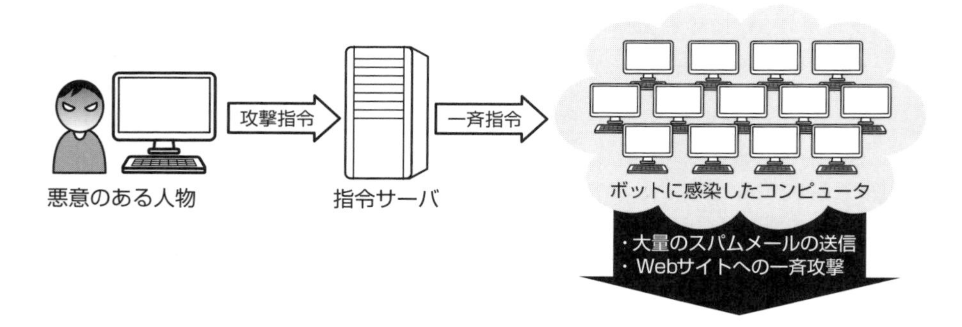

4. ランサムウェア

感染すると、被害者のPC内のファイルを勝手に暗号化（ファイル暗号化型）したり、PCを操作できなくする（端末ロック型）マルウェアです。その後、「ファイルを元に戻したければこの金額を払え」などの、ファイルなどを“人質”にして被害者を脅迫して元に戻すための代金を払わせようとします。

5. ドライブバイダウンロード攻撃

攻撃用のWebページに不正なスクリプトを仕掛けて、利用者を誘ってWebブラウザで閲覧させます。Webブラウザ上で稼働した不正なスクリプトは、利用者の意図を確認しないまま、利用者のPCに密かに不正プログラムを転送して、インストールおよび実行させます。この不正プログラムは、コンピュータ内の機密情報を外部に流出させるなどの不正を働きます（**図Ⅲ-3-6**）。

▼ 図Ⅲ-3-6　ドライブバイダウンロード攻撃

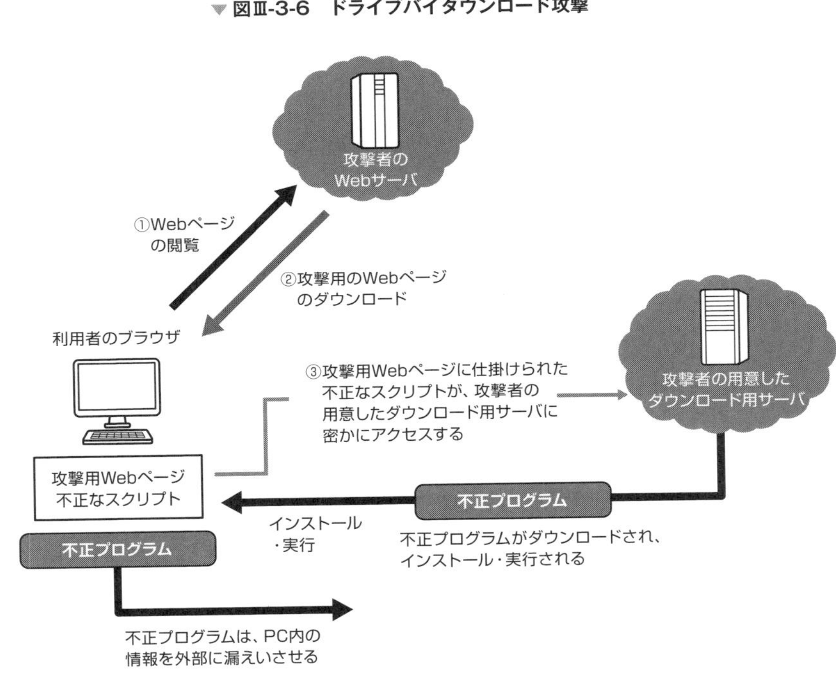

6. スパイウェア

スパイウェアとは、ユーザの意図に反してひそかにインストールされ、コンピュータに保存されている個人情報やアクセス履歴などの情報を収集するプログラムのことです。無償のソフトウェアとともに配布され、ユーザが気づかないうちにインストールされることが多いので注意が必要です。

7. キーロガー

キーロガーとは、システムの動作テストや自動実行のためにキー入力情報を記録するソフトウェアのことです。ユーザが正当に利用する限りにおいては何も問題はありません。しかし、キーロガーによって記録された情報をコンピュータのバックドアやリモートアクセス機能を利用して送信するなど、スパイウェアとして悪用されることがあります。

8. バックドア

サーバなどに不正侵入した攻撃者が、再度当該サーバに容易に侵入できるようにするために、OSなどに密かに組み込んでおく通信用プログラムのことです。

9. 水飲み場型攻撃

RSAセキュリティ社が2012年に公表した標的型攻撃の一種です。

①攻撃者は、攻撃対象の利用者がWebを利用する様子を観察し、その利用者が業務のために毎日アクセスしているような、頻繁にアクセスするWebサイトを特定する（**図Ⅲ-3-7**）。

▼ **図Ⅲ-3-7　水飲み場型攻撃①**

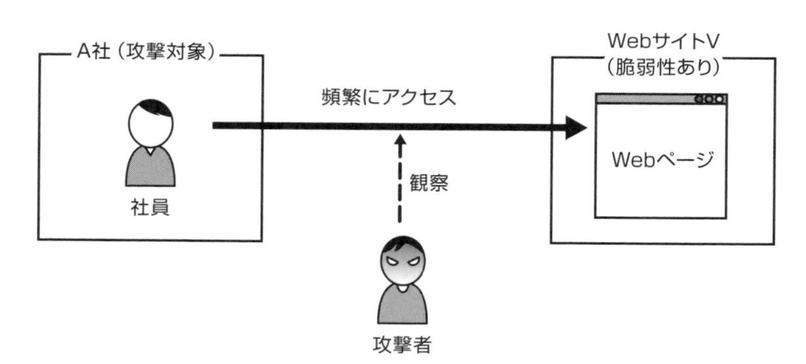

②攻撃者は、攻撃対象の利用者が頻繁にアクセスするWebサイトを改ざんして、攻撃用のコードを埋め込み、その利用者がアクセスしたときだけマルウェアをダウンロードするように設定する（**図Ⅲ-3-8**）。

▼図Ⅲ-3-8 水飲み場型攻撃②

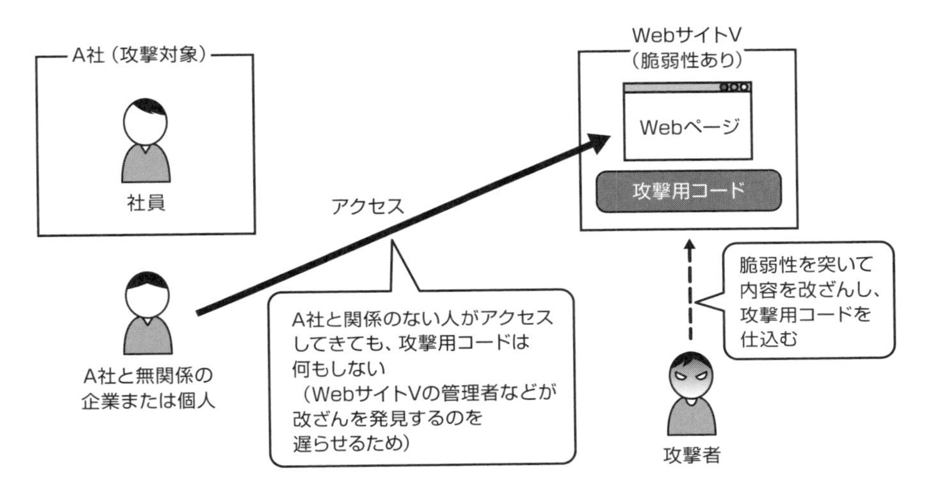

③攻撃対象の利用者が②のWebサイトにアクセスすると、攻撃が行われてマルウェアがダウンロードされる（図Ⅲ-3-9）。

▼図Ⅲ-3-9 水飲み場型攻撃③

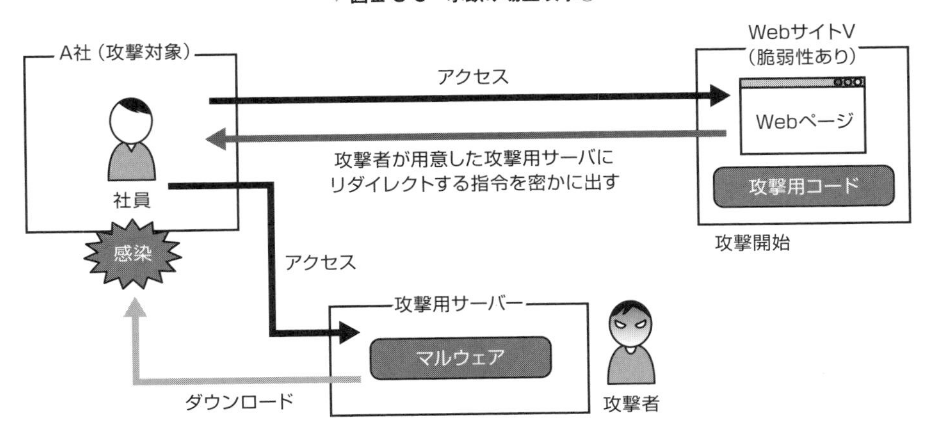

10. MITB（Man-in-the-Browser）攻撃

インターネットバンキングサイト上で利用者が振込操作を行うとき、マルウェアが操作内容を改ざんすることで、振込金額を詐取しようとする攻撃です。

①攻撃者は、対象者のPCにマルウェアを感染させる。

②対象者がブラウザを使用してインターネットバンキングサイトにログインすると、マルウェアはその通信を検知し、ブラウザを乗っ取る（図Ⅲ-3-10）。

▼図Ⅲ-3-10　MITB攻撃①

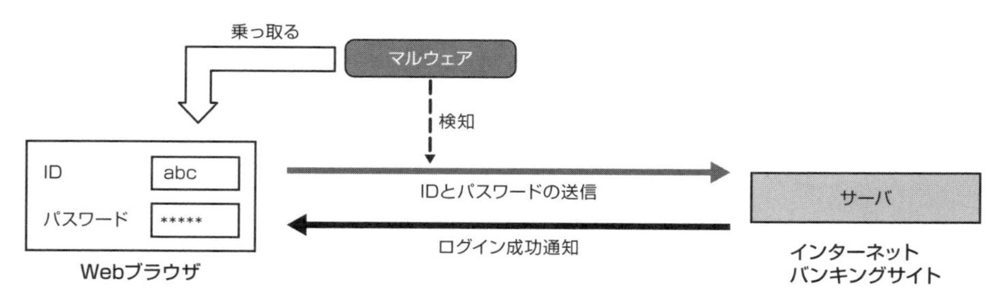

③対象者が、Webブラウザでインターネットバンキングサイトの振込画面を開き、振込先口座番号や振込金額を入力すると、マルウェアはその通信の振込先口座番号や振込金額を書き換えて、インターネットバンキングサイトのサーバに送信する（図Ⅲ-3-11）。その結果、攻撃者の口座番号に送金されてしまう。

▼図Ⅲ-3-11　MITB攻撃②

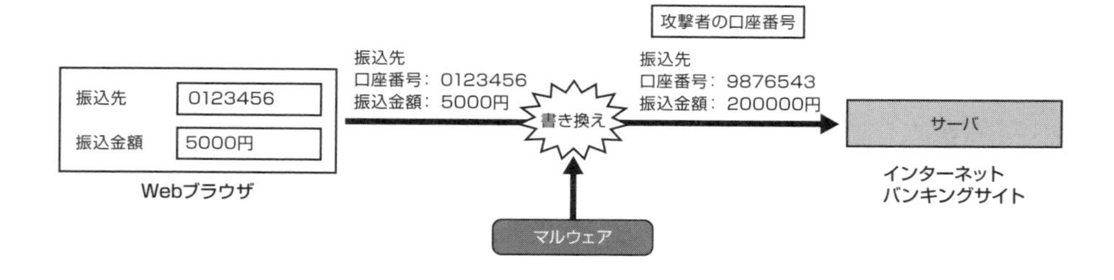

④ ③の振込処理が完了し、インターネットバンキングサイトのサーバが振込完了画面のデータをWebブラウザに返信すると、マルウェアはその通信を改ざんして、対象者が入力していた振込先口座番号や振込金額に書き換える。また、対象者の口座の残額も改ざんする（図Ⅲ-3-12）。その結果、Webブラウザの振込完了画面には対象者が入力した正しい口座番号などが表示されるので、攻撃に気づけない（この書き換えを行わないと、利用者が容易に攻撃に気づいてしまう）。

▼ 図Ⅲ-3-12　MITB攻撃③

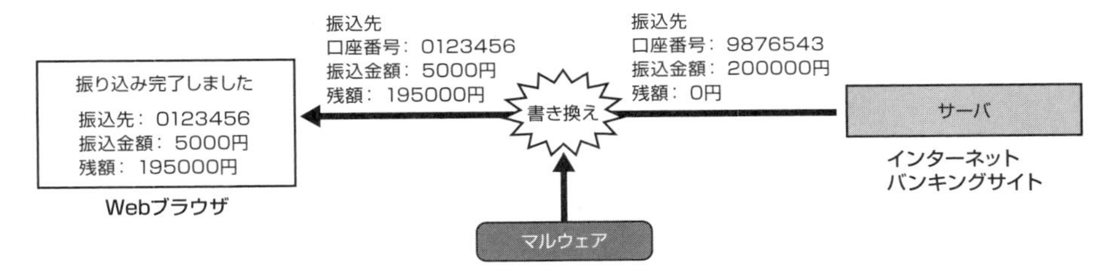

11. レインボー攻撃（ハッシュ値からパスワードを推測）

サーバ上で利用者のパスワードをそのまま保管すると、そのファイルが盗み読まれてパスワードが知られる危険性が高いので、パスワードをMD5などのハッシュ関数にかけて得たハッシュ値を保管するのが一般的です。しかし、ハッシュ値から元のパスワードを特定する方法もあるため、ハッシュ値のファイルが盗まれると、攻撃者にパスワードを知られる危険性が高くなります。

たとえば6文字の数字列のパスワードは、「000000」「000001」……「999998」「999999」の100万通りしかありません。あらかじめ、これらの全パスワードから出力されるすべてのハッシュ値を求めてパスワードとともに配列に格納した後、目標のハッシュ値を配列から検索することで、元のパスワードを特定できます（**図Ⅲ-3-13**）。

▼ 図Ⅲ-3-13　ハッシュ値からパスワードを特定

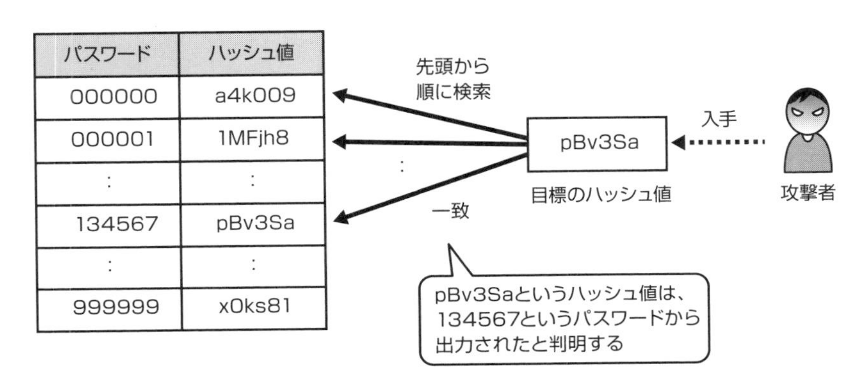

Ⅲ-4 インターネットの不正利用対策

インターネットを利用する際には、盗聴や情報の漏えい、不正利用やなりすまし、コンピュータウイルスなど数多くの脅威があります。それぞれの脅威への対策を立てるために必要な技術について学習しましょう。

KEYWORD

□暗号技術　□ファイアウォール　□パケットフィルタリング
□ダイナミックパケットフィルタリング　□侵入検知システム（IDS）
□シグネチャ型IDS　□アノマリ型IDS　□ホスト型IDS
□ネットワーク型IDS　□侵入防止システム（IPS）　□UTM
□鍵付きハッシュ関数　□HMAC　□ソルト

盗聴や情報の漏えいの対策

盗聴や**情報の漏えい**の防止は難しいことです。そのため、万が一盗聴や情報の漏えいが発生してもその内容を判別できないようにするために暗号が使用されます。暗号技術の利用は、ネットワーク上を流れるデータやハードディスク内のデータなどの情報の漏えいや盗聴の防止に効果を発揮します。

ファイアウォール

ファイアウォールとは、内部と外部でやりとりするパケットのフィルタリングを行う装置のことです。ファイアウォールでは、次のようなフィルタリング機能を利用し、不正と思われるパケットを遮断します。

1. パケットフィルタリング

パケットフィルタリングとは、パケットのヘッダ部分の情報を読み取り、それぞれのポートへの通過を許可するかどうかを判断する機能です（**図Ⅲ-4-1**）。たとえば、外部からはWebサーバとメールサーバへのアクセスのみを許可し、それ以外を拒否する場合、**表Ⅲ-4-1**のようにフィルタリングの定義を行います。

▼図Ⅲ-4-1　パケットフィルタリングの例

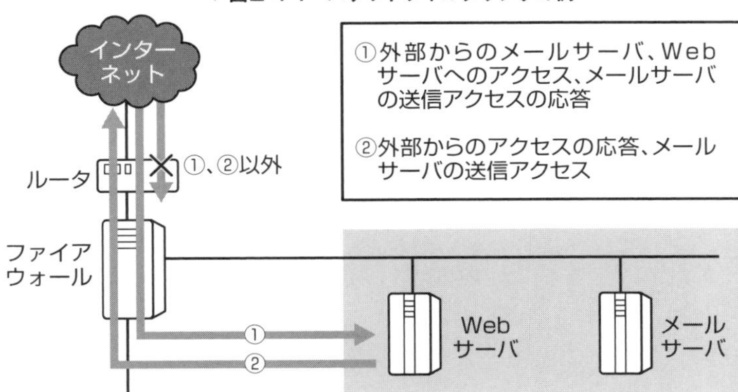

▼表Ⅲ-4-1　パケットフィルタリングの定義の例

あて先 IPアドレス	送信元 IPアドレス	あて先 ポート番号	送信元 ポート番号	可／否	アクセスの種類
Webサーバ	any	80（HTTP）	any	可	①外部からのWebサーバへのアクセス
any	Webサーバ	any	80（HTTP）	可	②上記の応答
メールサーバ	any	25（SMTP）	any	可	①外部からのメールサーバへの受信アクセス
any	メールサーバ	any	25（SMTP）	可	②上記の応答
any	メールサーバ	25（SMTP）	any	可	②メールサーバから外部への送信アクセス
メールサーバ	any	any	25（SMTP）	可	①上記の応答
any	any	any	any	否	それ以外

※anyは任意の値

2. ダイナミックパケットフィルタリング

パケットフィルタリングでは、送信元IPアドレスや送信元ポート番号に「any」を設定すると、どのようなアクセスも可能となってしまいます。これを動的に制御する方法が**ダイナミックパケットフィルタリング**です。

たとえば、現在表**Ⅲ-4-2**のようなフィルタリングを定義していたとします。

▼表Ⅲ-4-2　パケットフィルタリングの定義の例

あて先IPアドレス	送信元IPアドレス	あて先ポート番号	送信元ポート番号	可／否
any	192.168.2.1	80（HTTP）	any	可
192.168.2.2	any	25（SMTP）	any	可
any	192.168.2.2	any	25（SMTP）	可
any	any	any	any	否

←応答パケットの設定なし

このとき、あて先IPアドレスが「203.0.113.1」、送信元IPアドレスが「192.168.2.1」、あて先ポート番号が「80（HTTP）」、送信元ポート番号が「12345」であるパケットを受信したとしましょう。ダイナミックパケットフィルタリングでは、フィルタリングの定義を**表Ⅲ-4-3**のように変更し、このパケットの送信元アドレスや送信元ポート番号へのアクセスを一時的に認めます。通信が終了すると、この定義を破棄して最初の定義の状態に戻ります。

▼表Ⅲ-4-3　ダイナミックパケットフィルタリングによる定義の変更

あて先IPアドレス	送信元IPアドレス	あて先ポート番号	送信元ポート番号	可／否
any	192.168.2.1	80（HTTP）	any	可
192.168.2.1	203.0.113.1	12345	80（HTTP）	可
192.168.2.2	any	25（SMTP）	any	可
any	192.168.2.2	any	25（SMTP）	可
any	any	any	any	否

←追加して応答パケットの通過を許可する

パケットフィルタリングのうち、パケットの状態までチェックできる機能をステートフルインスペクションといいます。その機能により、IPスプーフィング（なりすまし）の検知が可能になります。

侵入検知システム（IDS）／侵入防止システム（IPS）

侵入検知システム（**IDS**：Intrusion Detection System）とは、ファイアウォールとは異なり外部からの不正なアクセス（ポートスキャンやDoS攻撃／DDoS攻撃など）を早期に検知するシステムのことです。不正アクセスのパターンや操作ログなどから不正侵入を検知します。IDSには、用途に応じていくつかの種類が存在します。

◎IDSの検出方法

IDSが侵入を検知する方法には、シグネチャ型（不正検出）とアノマリ型（異常検出）があります。

1. シグネチャ型（不正検出）

シグネチャ型（**不正検出**）では、侵入パターンを**シグネチャ**というデータベースに登録しておき、パケットをシグネチャと突き合わせることにより侵入の検知を行います。既知の攻撃パターンを登録しておくため、未知の攻撃パターンにはあまり効果を発揮できません。

2. アノマリ型（異常検出）

アノマリ型（**異常検出**）では、外部からのアクセス時刻やコマンド、トラフィックの状況などを監視しておき、通常とは異なる振る舞いが見られた場合に異常として検出します。ゼロデイ攻撃などの未知の攻撃にも対応できる可能性があります。

◎IDSの形態

IDSには、ネットワーク型IDSとホスト型IDSがあります。

1. ネットワーク型IDS

ネットワーク型IDSは、ネットワークを流れるパケットを解析して不正アクセスを検出するIDSです（**図Ⅲ-4-2**）。不正を検出したいセグメントにIDSを設置し、すべてのパケットを受信して解析します。不正を検出した場合には専用の端末などに通知を行います。

▼**図Ⅲ-4-2　ネットワーク型IDSの例**

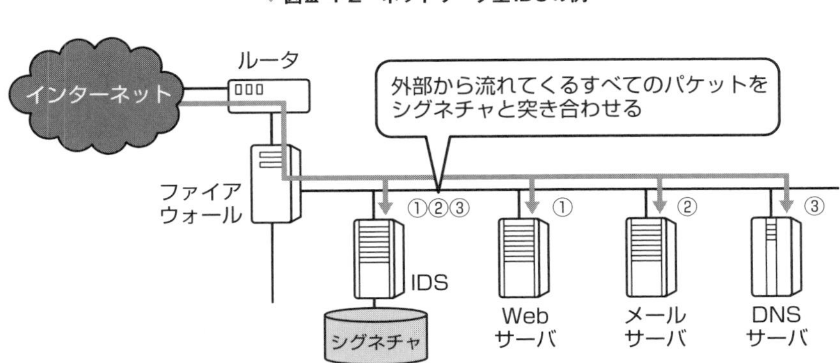

2. ホスト型IDS

ホスト型IDSは、監視の対象となるホスト（サーバ）に直接IDSをインストールして、そこに送られるパケットを解析するIDSです（**図Ⅲ-4-3**）。また、サーバへの不正アクセスやデータの改ざんなどを検知することができます。ホスト（サーバ）に直接インストールするため、サービスによる特有の不正アクセスに対応できます。

▼ **図Ⅲ-4-3　ホスト型IDSの例**

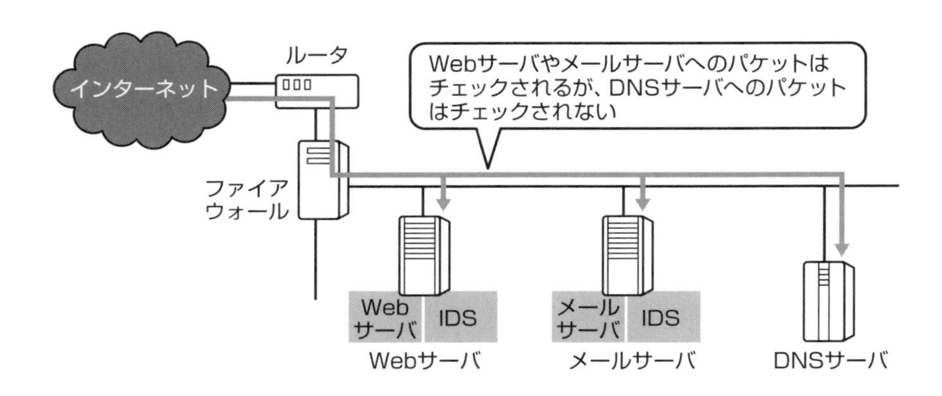

◎IDSの配置と運用

ホスト型IDSは直接ホストにインストールするため、必要な機器のみにインストールを行います。一方、ネットワーク型IDSはネットワーク構成により配置する場所を考慮しなければなりません。

たとえば、次のようなネットワーク構成において、監視したい対象を「外部からファイアウォールへのパケット」と「ファイアウォールから外部へのパケット」とする場合は①の場所にネットワーク型IDSを配置します。また、「DMZを流れるパケット」を監視したい場合は②の場所に、ファイアウォールの内部を流れるパケットを監視したい場合は③に設置することになります（**図Ⅲ-4-4**）。

▼図Ⅲ-4-4　ネットワーク型IDSの配置の例

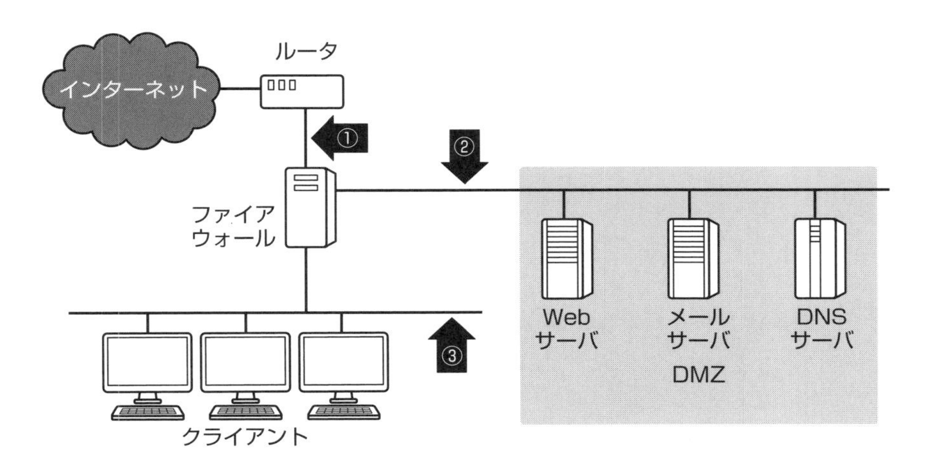

◎IDSの動作

不正なパケットを受信すると、IDSは次のように動作します。

1. アラートの通知

IDSは、監視の定義やモニタを行うためのコンソール（端末）を装備しています。不正IDSアクセスを検知すると、IDSはまずそれらのコンソール（端末）へその旨を通知します。

2. データの格納

不正アクセスが発生したときの状態をデータベースに格納します。これらのデータをもとに分析を行い、今後の不正アクセス対応を検討します。

3. ネットワークの切断

不正アクセスと判断した接続の自動切断を行います。

4. ファイアウォール機器などとの連携

不正アクセスを検出した場合に、独自のプロトコルを使用してファイアウォールのルールベースを一時的に変更し、当該パケットを拒否します。

5. ファイル／レジストリの復元

システム中のファイルあるいはレジストリの内容が変更された場合に、すぐにオリジナルの内容に復元します。

◎IDSの導入時の注意事項

ネットワーク型IDSではネットワーク上のすべてのパケットを解析するため、処理量がかなり大きくなります。したがって、処理能力の低下による検出の遅れなどに注意が必要です。

また、ホスト型IDSでもインストールした機器の一部を使用するため、リソースやCPUなどを消費してしまい、処理能力の低下が問題になる場合があるので注意しなければなりません。

◎侵入防止システム(IPS)

IDSは、あくまで不正アクセスなどの侵入の検知を目的とします。一方、ファイアウォールと連携して不正アクセスの遮断を動的に行うのが**侵入防止システム**（**IPS**：Intrusion Prevention System）です（**図Ⅲ-4-5**）。IPSには、IDSと同様にホスト型とネットワーク型があります。

▼**図Ⅲ-4-5 IPSの概要**

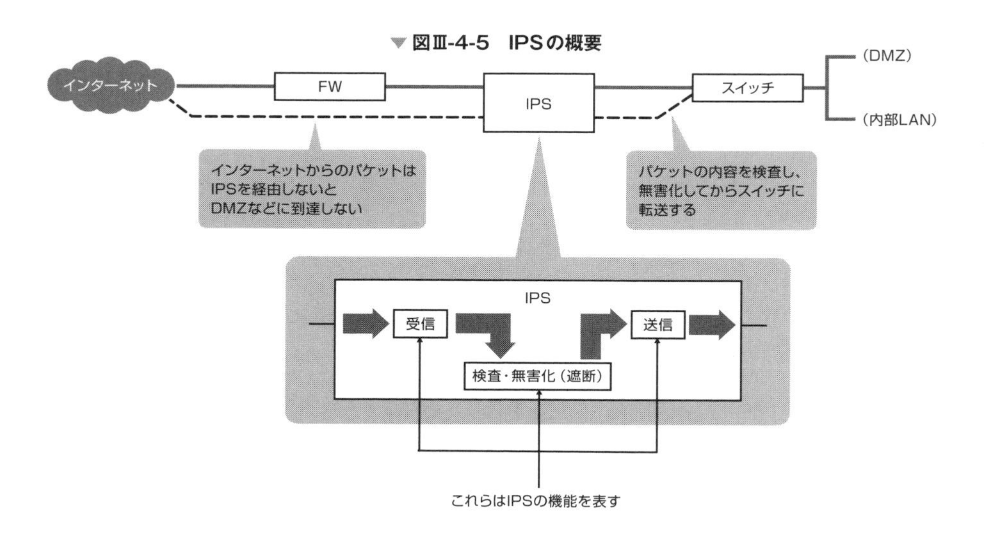

◎フェールオープン(Fail-Open)機能

上図の「検査・無害化（遮断）」の機能が故障して、内容によらずすべてのパケットを遮断されてしまうようになると、正常な通信のパケットもIPSで遮断されてしまい、インターネットからDMZなどへのアクセスができなくなってしまいます。

このような状況においても通信が遮断されないようにするために、一部の機能が故障した場合、IPSが受信したパケットをそのまま通過させる機能が備えられています。この機能を**フェールオープン機能**といいます（**図Ⅲ-4-6**）。

▼図Ⅲ-4-6　フェールオープン機能

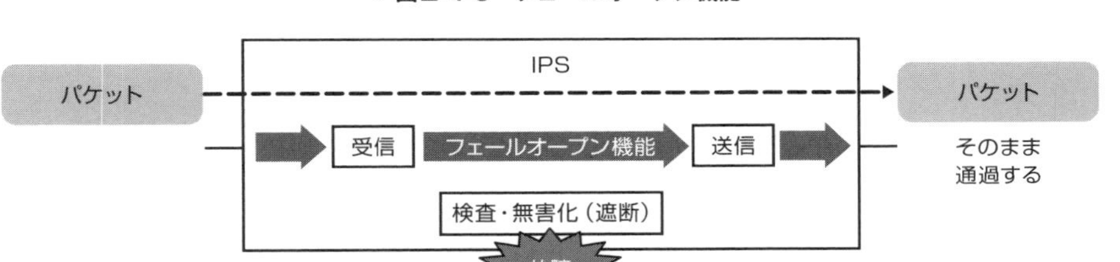

◎UTM

ファイアウォール、IDS/IPS、ウイルス対策など、複数の異なるセキュリティ機能を1つのハードウェアに統合し、集中的に脅威対策を行うこと、およびそれに対応した機器をUTM(Unified Threat Management：統合脅威管理)といいます。ネットワークやシステムの管理・運用にかかる負荷の低減することにもつながります。

鍵付きハッシュ関数

あらかじめハッシュ値とパスワードの対応表を用意するレインボー攻撃への対策として、**鍵付きハッシュ関数**を利用する方法があります。

鍵付きハッシュ関数は、入力データに秘密鍵を連結した文字列から生成したハッシュ値を出力します。

仮に、鍵付きハッシュ関数が出力したハッシュ値から元のデータを特定できたとしても、元のデータはパスワードそのものではなく、パスワードと秘密鍵とを連結したものです。秘密鍵の内容がわからない限り、ハッシュ値から求めた元のデータのどの部分がパスワードかを特定することはできません。

◎HMAC(Hash-based Message Authentication Code)

鍵付きハッシュ関数の1つで、元のデータに**ソルト**（パスワードに付加するラン

ダムな文字列）を合わせたもののハッシュ値を生成します（図Ⅲ-4-7）。

▼図Ⅲ-4-7　鍵付きハッシュ関数 HMAC

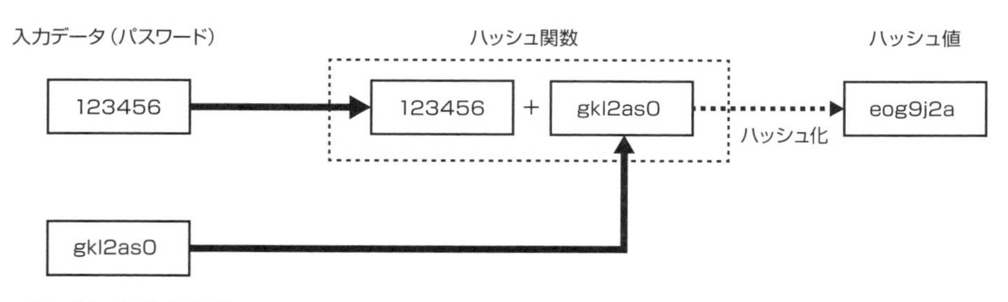

ソルトの内容がわからないと、ハッシュ値から求めた元のデータのどの部分がパスワードかを特定することはできません。また、パスワードにソルトを付加することで元のデータが長くなり、かつ文字の種類も多くなるため、攻撃者が用意しなければならない対応表（配列）の要素数が飛躍的に増加します。これにより、元のパスワードの特定を困難にします。

Ⅲ-5　電子媒体の利用に関する脅威

私たちは日常的にあらゆる電子媒体をデータの保存に利用します。ここでは、よく利用する電子媒体の種類と、それを利用する際に考えられる脅威について学びます。

KEYWORD

□磁気テープ	□LTO	□磁気ディスク
□ハードディスク	□フラッシュメモリ	□USBメモリ
□SDメモリカード	□SSD	□光ディスク
□CD-ROM	□CD-R	□CD-RW
□DVD-ROM	□DVD-R/DVD+R	□DVD-RW/DVD+RW
□BD-ROM	□BD-R	□BD-RE

電子媒体の種類

通常業務に利用する電子媒体には、磁気テープ、磁気ディスク、フラッシュメモリ、CD、DVD、BDなどがあります。

◎磁気テープ

磁気テープは、シーケンシャルな書き込みや読み取り専用に使用される外部記憶媒体です。他の外部記憶装置よりアクセス時間が遅いですが、ビットあたりの単価は安くなります。主に、データのバックアップなどの用途に使用されます。かつてはDLT（Digital Linear Tape）やDDS（Digital Data Storage）といったさまざまな磁気テープ装置が利用されていましたが、現在の主流は**LTO**（Linear Tape-Open）です。最新のLTO規格（第8世代）では、最大12TBのデータを記録することができます。

◎磁気ディスク（ハードディスク）

磁気ディスクは、磁気を使用してデータの書き込みや読み取りを行う外部記憶媒体で、ランダムなアクセスが可能です。また、記録密度を変化させているため、内側と外側のトラックで同じ量のデータを書き込むことができます。

ハードディスクは、多くのコンピュータに搭載されており、OS（プログラム）

やデータの格納に使用されます。外付タイプのハードディスクもあります。

◎フラッシュメモリ

フラッシュメモリは、読み取りと書き換えが可能であり、電源を切ってもデータが消えない不揮発性の半導体メモリです。ただし、書き換え回数が限られているため、注意する必要があります。

1. USBメモリ

USBメモリはインタフェースにUSBを用いてデータの読み書きを行う記憶装置です（**図Ⅲ-5-1左**）。USB Mass Storage Class対応の機器とOSがあれば、使用することが可能になります。

2. SDメモリカード

SDメモリカードは、デジタルカメラや携帯電話などに用いられるフラッシュメモリです（**図Ⅲ-5-1右**）。サイズの異なるminiSDカードやmicroSDカードなどがあります。

▼ **図Ⅲ-5-1　USBメモリ（左）とSDカード（右）の例**

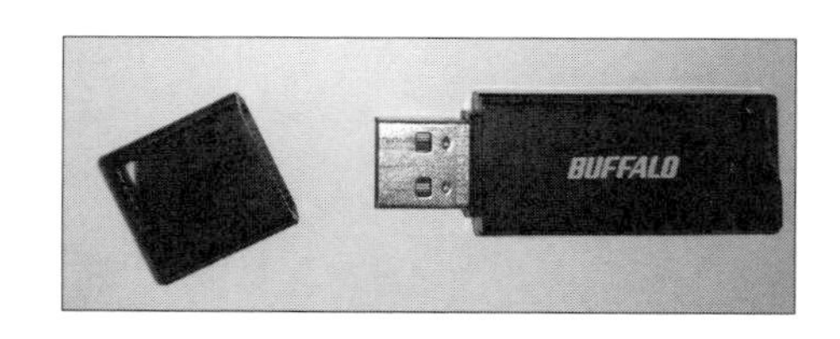

3. SSD

SSD（Solid State Drive）はUSBメモリなどと同様の半導体素子メモリを使ったドライブのことです。大容量のデータ保存にはハードディスクが使用されてきましたが、より小さく、読み書きが高速で衝撃に強く、発熱や消費電力が少ないSSDの大容量によって、ノートパソコンやタブレット端末を中心に普及しています。

◎光ディスク

大容量の光ディスク媒体には、CD、DVD、BDがあります。

1. CD

CD（Compact Disc）は、650Mバイトや700Mバイトなどの容量を持つディスク装置です。CDには、次のような種類があります。

- **CD-ROM**（CD-Read Only Memory）：音楽用のCDをコンピュータで扱えるようにした読み取り専用のCD
- **CD-R**（CD Recordable）：データを一度だけ書き込み可能（ライトワンス）にしたCD
- **CD-RW**（CD ReWritable）：データの読み取りや書き込みを複数回実行できるCD

2. DVD

DVD（Digital Versatile Disk）は、数Gバイト（4.7～9.4Gバイトなど）の容量を持つディスク装置です。DVDには、次のような種類があります。

- **DVD-ROM**（DVD-Read Only Memory）：音楽や映像用のDVDをコンピュータで扱えるようにした読み取り専用のDVD
- **DVD-R**または**DVD+R**（DVD Recordable）：データを一度だけ書き込み可能（ライトワンス）にしたDVD
- **DVD-RW**または**DVD+RW**（DVD ReWritable）：データの読み取りや書き込みを複数回実行できるDVD

3. BD

BD（Blu-ray Disc）は、25Gバイト（1層）、50Gバイト（2層）などの大容量を持つディスク装置です。青色レーザで読み書きを行います。

- **BD-ROM**（BD-Read Only Media）：読み取り専用のBD
- **BD-R**（BD-Recordable）：ライトワンスのBD
- **BD-RE**（BD-Rewritable）：読み書きを複数回実行できるBD

電子媒体に関する脅威

電子媒体に関しては、「利用や保管」「輸送」「廃棄」の際の脅威に注意しなければなりません。

◎利用や保管に関する脅威

機密情報を収めた電子媒体を外部に持ち出したりする場合には、**盗難**や**紛失**などの脅威があります。また、フラッシュメモリなどの小さな電子媒体はポケットなどにも入ってしまい、簡単にデータやプログラムをコピーすることができるため、**情報流失**の危険があります。携帯電話やスマートフォンに搭載されているデジタルカメラからの情報流出の可能性にも注意しなければなりません。

また、保管状態が悪い（高温、多湿、直射日光にさらされるなど）と、媒体の劣化が早く起きたり、磁気などに弱い媒体が強い磁気によって情報を消されてしまったりという可能性もあります。電子媒体には物理的な衝撃に弱いものが多いため、注意が必要です。

◎輸送に関する脅威

電子媒体を輸送する際は、郵送したり他人任せにしたりすると直接渡したい相手に届かないことがあります。そればかりか、郵便事故により紛失したり、ポストなどに長期間放置されたりといった可能性も考えられます。そのため、配送状況を追跡できる輸送手段を用いるなどの配慮が必要です。

また、保管の場合と同様に、物理的な衝撃に弱いものが多いため、輸送時には衝撃に強い入れ物に入れる、緩衝材を使うなどの対処をしておく必要があります。

◎廃棄に関する脅威

電子媒体を廃棄する際は、媒体を単に**フォーマット**（**初期化**）するだけでは不十分です。最近では、データを誤って消去してしまった人のために、復元ソフトウェアやデータの復元をサービスとするビジネスがあります。したがって、これらの技術を悪用して、フォーマットして消去したはずのデータが読み取られてしまう危険があります。

Ⅲ-6 電子媒体の不正利用の対策

電子媒体への脅威は、電子媒体を使用するところからそれを廃棄するまでの間存在します。その間、電子媒体の使用に制限をかけるなどのさまざまな対策が考えられます。

KEYWORD

□電子媒体 □フラッシュメモリ □施錠 □ラベル
□履歴 □パスワード □暗号化 □廃棄
□フォーマット □メディアシュレッダー

電子媒体の使用に関する対策

電子媒体には比較的サイズが小さいものが多く、**フラッシュメモリ**などの小さな電子媒体はポケットにも入れられます。そのため、持ち込まれたかどうかの判別がつかず、機密情報がひそかにコピーされるなどして情報が流失する危険があります。

このような事態を避けるためには、コンピュータでフラッシュメモリ自体を使用できないようにするといった対策が必要です。具体的には、電子媒体への書き込みを禁止するソフトウェアの導入などが考えられます。

電子媒体の管理に関する対策

重要な情報が収められた電子媒体は、ガラス張りではない（入っているものがわからない）、**施錠**可能な場所で管理する必要があります。また、その電子媒体に**ラベル**などをつけておくことも重要です。ラベルには、管理者の情報や機密度、作成（更新）年月日、保管期間などを記載しておくと、どのような情報が管理されているかがわかります。ラベルをつけて管理することを**ラベリング**といいます。

電子媒体を管理する場合は、重要性の高い情報を含むものはなるべく共有して管理しないことが望まれます。また、電子媒体を持ち出す場合には持ち出しの**履歴**がわかるように記録しておかなければなりません。

電子媒体のアクセス制限

重要な情報が収められた電子媒体にアクセスする場合には、紛失や盗難を防止する意味でも、読み取りを行う際に**パスワード**を要求するソフトウェアを導入したり、データを**暗号化**したりするといった対策も必要です。また、同様のことを電子媒体の輸送の際にも施しておくことが脅威への対策となります。

電子媒体の輸送と受け渡しに関する対策

電子媒体の輸送については、郵便事故による紛失や盗難という脅威があります。そのため、重要な情報を含む電子媒体を送付する際は、配送状況を追跡できる特定記録郵便や宅配便などを使用する必要があります。また、送付の前には相手に到着予定日を連絡し、到着予定日には相手が確かに受け取ったことを確認する、授受確認も大切です。

輸送途中に破損したりしないように、梱包についてもルールを決め、適切に行わなければなりません。

電子媒体の廃棄に関する対策

電子媒体を**廃棄**する際には、電子媒体を**フォーマット**するだけでは不十分です。確実にデータを消去できるソフトウェアなどを用いてデータを消去する必要があります。これは、フォーマットを行ってもデータを復元できる可能性があるからです。電子媒体を再利用せず廃棄物として処分する場合には、CDやDVDなどの電子媒体も**メディアシュレッダー**を利用して裁断するとよいでしょう。

また、パソコンなどを廃棄する際にもハードディスクを物理的に破壊したり、同様のソフトウェアで完全にデータを消去したりする必要があります。

Ⅲ-7 外部からの攻撃の脅威

コンピュータシステムをネットワークに接続していると、外部からさまざまな方法で攻撃を受ける可能性があります。攻撃の種類と脅威について理解しておきましょう。

KEYWORD

□辞書攻撃 □ブルートフォース攻撃 □リバースブルートフォース攻撃
□パスワードリスト攻撃 □DoS攻撃／DDoS攻撃 □SYN FLOOD攻撃
□LAND攻撃 □TEAR DROP攻撃 □Ping of Death攻撃
□無線LAN □MACアドレス □ESSID
□WPA2 □クロスサイトスクリプティング
□クロスサイトリクエストフォージェリ □クエリストリング
□ユーザの入力フォーム □ディレクトリトラバーサル
□SQLインジェクション □コンピュータウイルス
□踏み台 □不正中継 □DNSキャッシュポイズニング
□DNS amp（DNS リフレクション）攻撃 □バッファオーバフロー
□中間者攻撃（MITM：Man in the middle攻撃） □テンペスト攻撃
□セッションハイジャック □クッキー（Cookie）

ネットワークを使用した攻撃

コンピュータシステムをネットワークに接続している場合、外部からのさまざまな脅威が考えられます。代表的なものを説明します。

◎パスワードの推測

辞書攻撃は、辞書などに載っている単語を順にパスワードとして試していき、パスワードを推測する攻撃です。また、文字、数字、単語などのすべての組み合わせを順に試してパスワードを推測する**総当たり（ブルートフォース攻撃）**もあります。そのため、管理者用をはじめとする各種パスワードを推測しにくいものにすることはもちろん、定期的に変更することも必要です。また、最近ではありそうなパスワードを固定してIDを順に変えてアクセスする**逆総当たり（リバースブルートフォース）攻撃**でログインするケースもあります。

◎パスワードリスト攻撃

あるWebサイトから流出した利用者IDとパスワードのリストを用いて、他のWebサイトに対してログインを試行する攻撃のことです。

◎DoS攻撃／DDoS攻撃

DoS（Denial of Service）**攻撃**または**DDoS**（Distributed Denial of Service）**攻撃**とは、大量のパケットをサーバに送りつけてサーバが他の処理を実行できない状態にし、正規のユーザからのアクセスを受け付けられないようにする攻撃のことです。DoS攻撃にはSYN FLOOD、LAND、TEAR DROP、Ping of Deathなどがあります。

1. SYN FLOOD攻撃

TCPでは、接続の確立に**スリーウェイハンドシェイク**という方法を用います。まずクライアントからSYNパケットを送信し、サーバがクライアントにACK＋SYNパケットを返信します。最後にクライアントからACKパケットを返せば、接続が確立します。**SYN FLOOD攻撃**とは、クラインアントから最後のACKパケットを返さずにSYNパケットだけを大量に送りつける攻撃です。

2. LAND攻撃

LAND攻撃とは、攻撃者がSYNパケットを送信し、送信相手を無限ループに陥らせる攻撃のことです。SYNパケットを受信している間は他の処理が行えなくなるため、コンピュータが動作不能になります。

3. TEAR DROP攻撃

ネットワーク上にデータを送信するとき、ネットワークによって決められている大きさを超えるIPパケットは複数の小さなIPパケットに分割されます。分割されたそれぞれのIPパケットには、分割される前のパケットのどの部分であるかを示す情報が含まれています。分割されたIPパケットを受け取った側は、この情報をもとにIPパケットを組み立て、元のパケットを復元しようとします。

TEAR DROP攻撃では、IPパケットの順番を示す情報を偽造します。そのため、受け取った側では同じ情報を重複して含む不正なIPパケットを組み立てる処理でエラーが発生し、処理が停止してしまいます。

4. Ping of Death攻撃

TCP/IPでは、**pingコマンド**を使って相手機器との接続状態を確認することができます。**Ping of Death攻撃**では、pingコマンドを使って65,536バイトより大きなサイズのIPパケットを送信し、相手のサーバなどを動作不能にさせたりします。

無線LAN

最近では無線LANを使用するシステムが増加しており、その分セキュリティ上の脅威も大きくなっています。

◎無線LANの仕様

無線LANの主な仕様は、次のとおりです（**表Ⅲ-7-1**）。

▼表Ⅲ-7-1　無線LANの仕様

無線LANの規格	IEEE 802.11a	IEEE 802.11b	IEEE 802.11g	IEEE 802.11n	IEEE 802.11ac
周波数	5GHz	2.4GHz	2.4GHz	2.4GHz/5GHz	5GHz
最大実効速度	54Mbps	11Mbps	54Mbps	600Mbps	6.9Gbps
変調方式（物理層）	OFDM	CCK、QPSKなど	OFDM、PBCC	OFDM	OFDM
MAC層	CSMA/CA				

◎無線LANへの脅威

無線LANについては、次のような脅威が存在します。

1. MACアドレスの盗聴

無線LANでは、アクセスポイントに無線端末の**MACアドレス**を送信します。このとき、MACアドレスが暗号化されていないため、MACアドレスの盗聴によりなりすましが可能となってしまいます。

2. ESSIDの脅威

ESSID（Extended Service Set Identification）は、無線端末が接続できるアクセスポイントを識別するために使用するIDです。ESSIDも暗号化されていないために、盗聴の危険があります。また、ESSIDとして「ANY」を使用するとすべてのアクセスポイントに接続できます。これは、悪意のある第三者による不正アクセスを許すことになりセキュリティ上望ましくないため、「ANY」による接続を拒否する設定が必要です。

3. WPA2/WPA3

無線LANで使用される暗号化方式である**WEP**（Wired Equivalent Privacy）は、暗号化に用いるビット数が少なく、鍵を推測されやすいなどの理由で、現在では使用が推奨されていません。そこでこの脆弱性を改良するために作成された、無線LANの暗号規格やプロトコルなどの総称をWPA（Wi-Fi Protected Access）といい、現在ではそれをさらに改良したWPA2が使用されています。

また、2018年にはWPA2の後継規格であるWPA3が発表されました。WPA2のセキュリティを強化・拡張したもので、WPA2との互換モードも用意されているので、WPA2にのみ対応した機器とも通信をすることができます。

アプリケーションセキュリティ

Webサービスをはじめとするアプリケーションを作成し、運用していくと、内外からのセキュリティの脅威にさらされる可能性が非常に高くなります。

◎Webサーバへの脅威

外部への閲覧用に用意している**Webサーバ**は、外部からの不正アクセスによる脅威がいくつか考えられます。

1. 改ざん

Webサーバの管理者権限の奪取やなりすましにより、不正なコンテンツをアップロードされてしまうケースなどが考えられます。

2. DoS攻撃／DDoS攻撃

Webサーバ自体のサービスを停止または低下させるために大量のパケットが送りつけられる、**DoS攻撃**や**DDoS攻撃**が考えられます。

3. クロスサイトスクリプティング（XSS）

クロスサイトスクリプティングとは、脆弱なWebサイトをターゲットとして悪意のあるWebサイトからスクリプトをユーザに送り込み、ターゲットのWebサイトから個人情報（クッキー）の漏えいなどの被害をもたらす攻撃方法です（**図Ⅲ-7-1**）。

▼図Ⅲ-7-1　クロスサイトスクリプティングの例

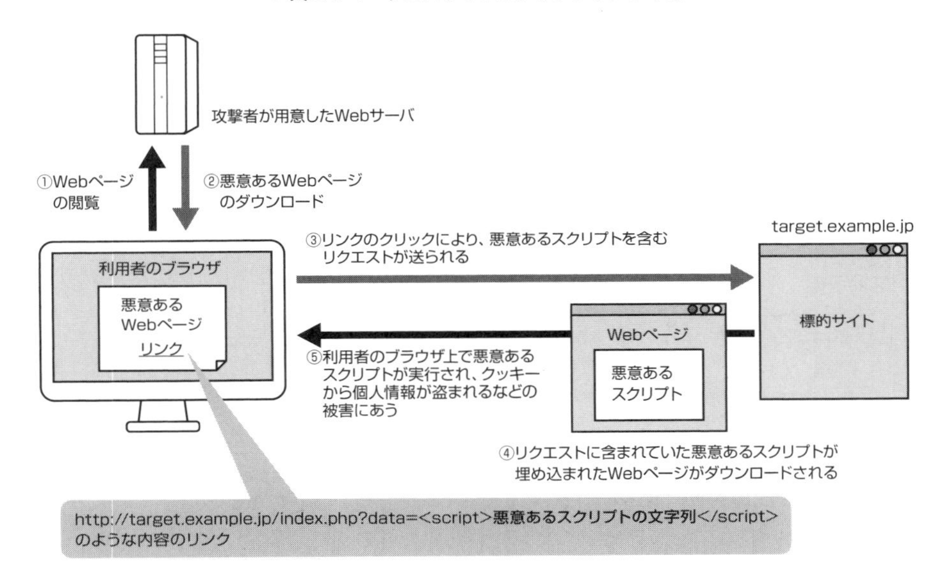

4. クロスサイトリクエストフォージェリ（CSRF）

標的サイト（SNSなど）にユーザがログイン中に、リンクやメールなどで別サイト（攻撃者が作成した）へアクセスさせて、標的サイトに偽のリクエストが送信・実行されてしまうという攻撃です（**図Ⅲ-7-2**）。標的サイト上のコメント欄や掲示板などを勝手に更新するなどの被害があります。

▼ 図Ⅲ-7-2 クロスサイトリクエストフォージェリ

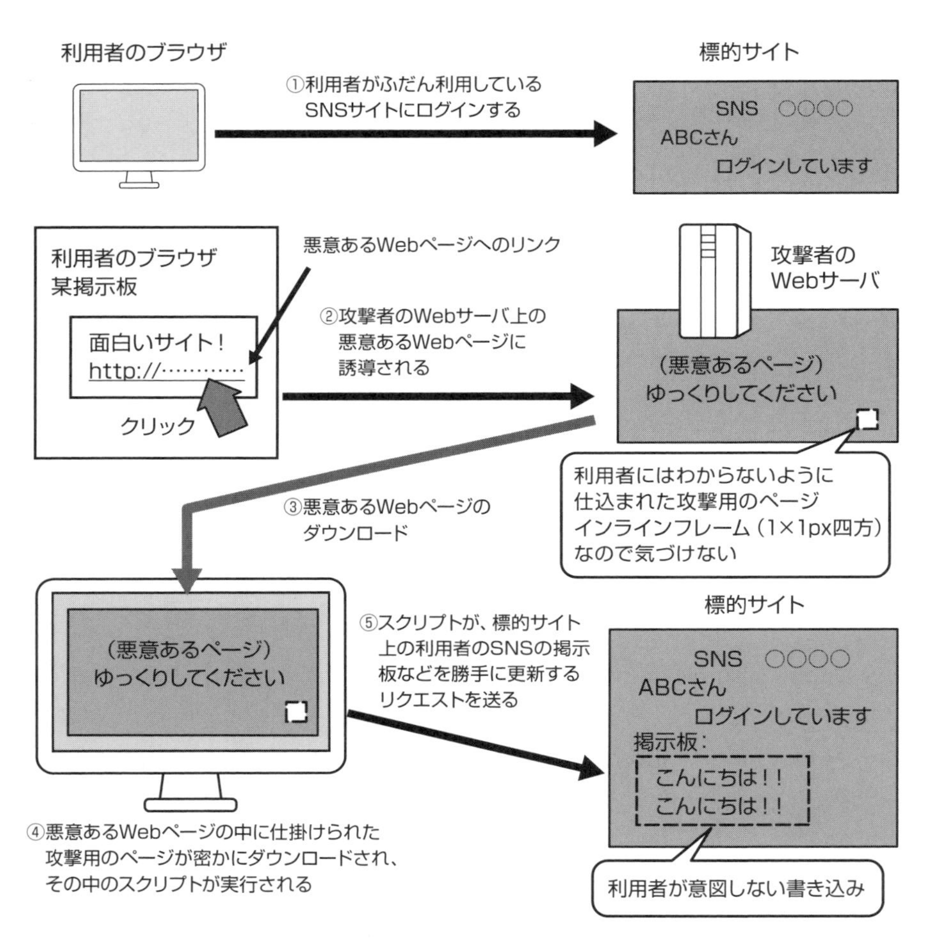

図のような攻撃を受けると、利用者が知らないうちに攻撃用のページがダウンロードされ、利用者のブラウザ上で不正なスクリプトが起動し、標的サイト上の利用者の掲示板などが勝手に更新されてしまいます。

5. ユーザの入力フォーム

Webサーバではアンケートなどの目的でHTMLで入力フォームを公開することがあります。入力フォームに入力されたデータは、**HTTP**というプロトコルの**GET**メソッドまたは**POST**メソッドのいずれかを利用して送信されます。GETメソッドを使用する場合には、入力されたデータがクエリストリングとして表示されて送られるため、情報が漏えいしてしまいます。

6. ディレクトリトラバーサル

Webページ上のファイル名を入力する欄に、「../passwd」などの不正な文字列を入力して、利用者がアクセスできないフォルダやファイルを不正に閲覧する攻撃手法です（図Ⅲ-7-3）。

▼ Ⅲ-7-3　ディレクトリトラバーサル

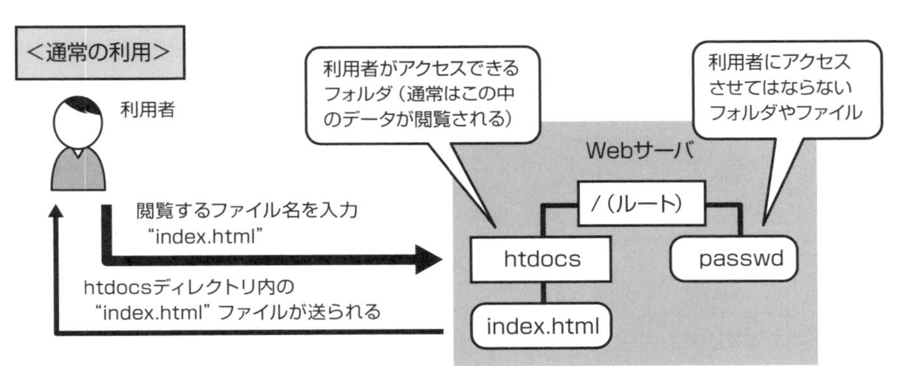

※一般に、ファイル名だけを指定した場合、
ルート直下のhtdocsというディレクトリ内のファイルが参照される設定になっている

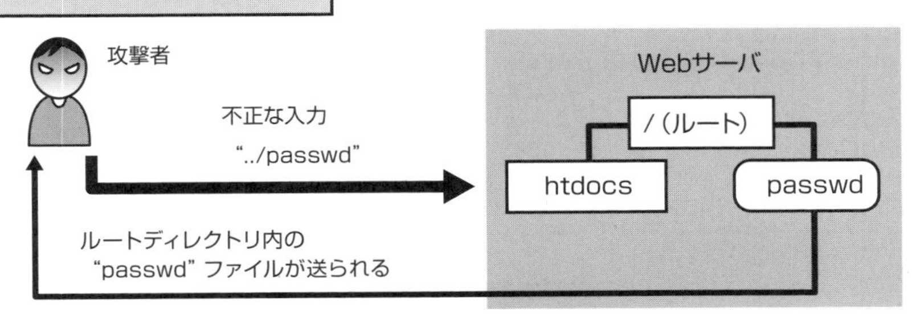

通常のアクセスで参照されるフォルダhtdocsの、1つ上「..」のフォルダ（ルート）の直下にある、ファイル「passwd」が閲覧されてしまいます。

Webページ間でデータの受け渡しを行いたい場合にはセッション変数を利用することができます。セッション変数はサーバ側で保持されるため、Webブラウザを経由することなくデータを受け渡すことが可能です。

◎データベースへの脅威

データベースに対しては、次のような脅威が考えられます。

1. SQLインジェクション

SQLインジェクションとは、データベースを使用した認証において、変数部分に別のプログラムを埋め込み、不正な処理を実行させるという攻撃のことです（**図III-7-4**）。

▼ **図III-7-4　SQLインジェクションの例**

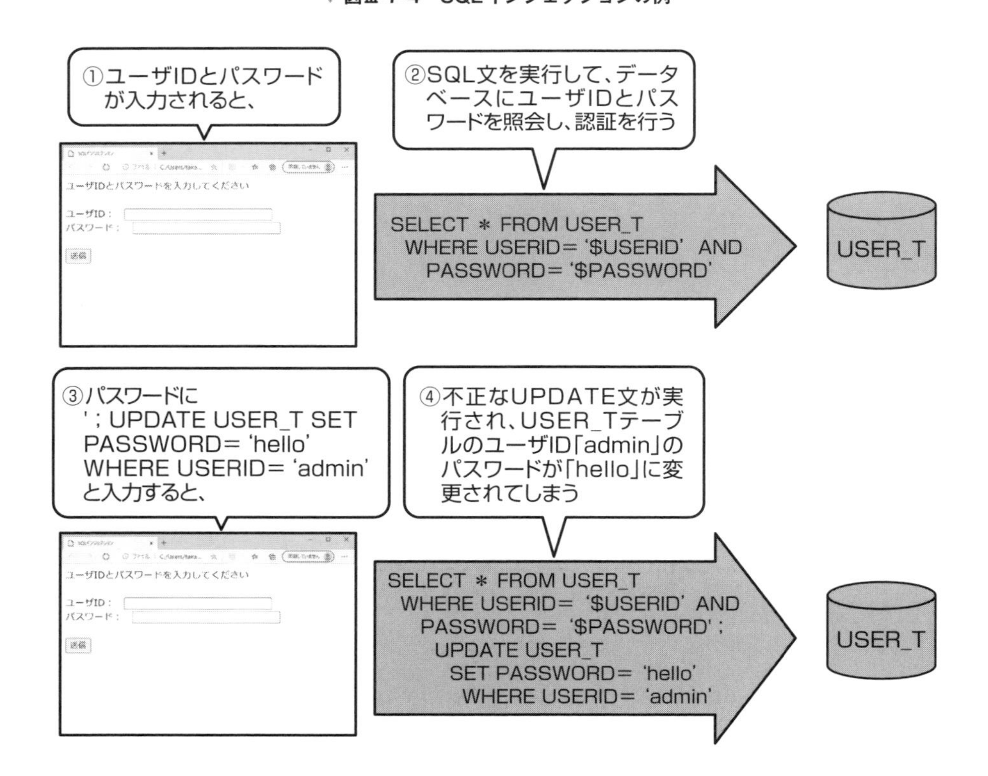

2. アクセス権限の奪取

データベースシステムに不要な**アクセス権限**が設定されていないかをチェックする必要があります。アクセス権限を奪われるとデータベースが不正に変更される可能性があります。特に、データベースを更新するINSERT、UPDATE、DELETEなどのアクセス権限については注意が必要です。

◎電子メールの脅威

内外から送付されてくる電子メールには、さまざまな脅威が発生します。

1. コンピュータウイルスへの感染

電子メールやその添付ファイルに**コンピュータウイルス**が埋め込まれていると、コンピュータがウイルスに感染し、不正な処理を行ったりデータを破壊したりする可能性があります。

2. 踏み台（不正中継）

踏み台とは、大量の迷惑メールやウイルスつきのメールを送る際に、送信元を偽装するためにまったく関係のない第三のメールサーバに中継させることです。

3. ドメインの偽装

電子メール本文ヘッダ部に書かれているFromやToのドメイン名やメールアドレスを偽装することによって、なりすましメールやフィッシングメールを送信されてしまいます。

4. 情報の漏えい

多数のユーザに宣伝やお知らせのメールを送る際には、メール配信システムやBccを使って受信者本人以外のアドレスをわからないようにします。しかし、誤ってToまたはCcにメールアドレスを指定し、すべてのユーザのアドレスが漏えいするケースがあります。

◎DNSサーバへの脅威

DNSサーバも公開されるサーバであるため、さまざまな脅威が存在します。

1. DNSキャッシュポイズニング

Webブラウザからホスト名をベースにWebサーバへのアクセス要求を出すと、

DNSサーバからホスト名に対応するIPアドレスが返され、IPアドレスによってWebサーバへのアクセスが行われます。DNSサーバ上のIPアドレスとホスト名の情報を不正に書き換え、クライアントに誘導したい不正なWebサイトの情報を渡してしまえば、クライアントは一定時間誤ったアドレスにアクセスしてしまいます(図Ⅲ-7-5)。

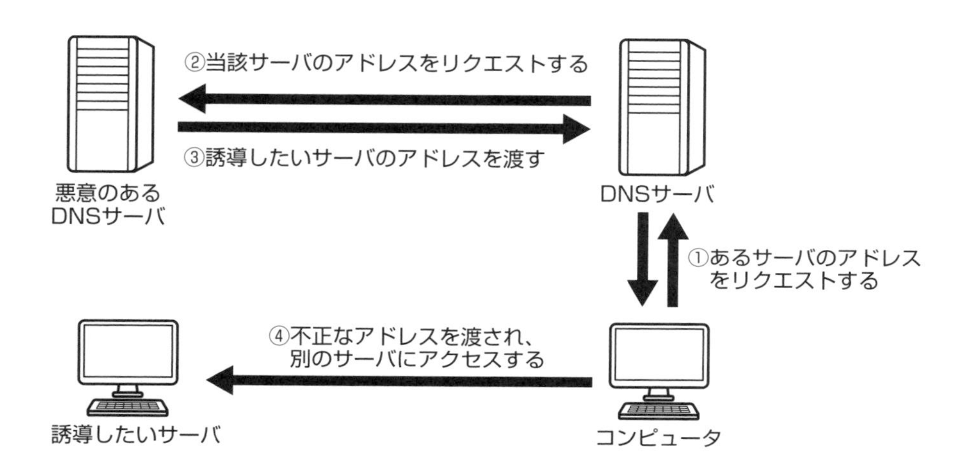

▼図Ⅲ-7-5 DNSキャッシュポイズニング

2. DNS amp（DNSリフレクション）攻撃

①攻撃者は、攻撃用DNSサーバにデータ量の多いレコード（以下、攻撃用レコードという）を記録しておき、インターネット上の多数のDNSサーバに、攻撃用レコードへの問い合わせを行う。インターネット上の各DNSサーバは、攻撃用DNSサーバに攻撃用レコードを問い合わせて、攻撃用DNSサーバから受け取った攻撃用レコードをキャッシュする（図Ⅲ-7-6）。

▼図Ⅲ-7-6　DNS amp（DNSリフレクション）攻撃①

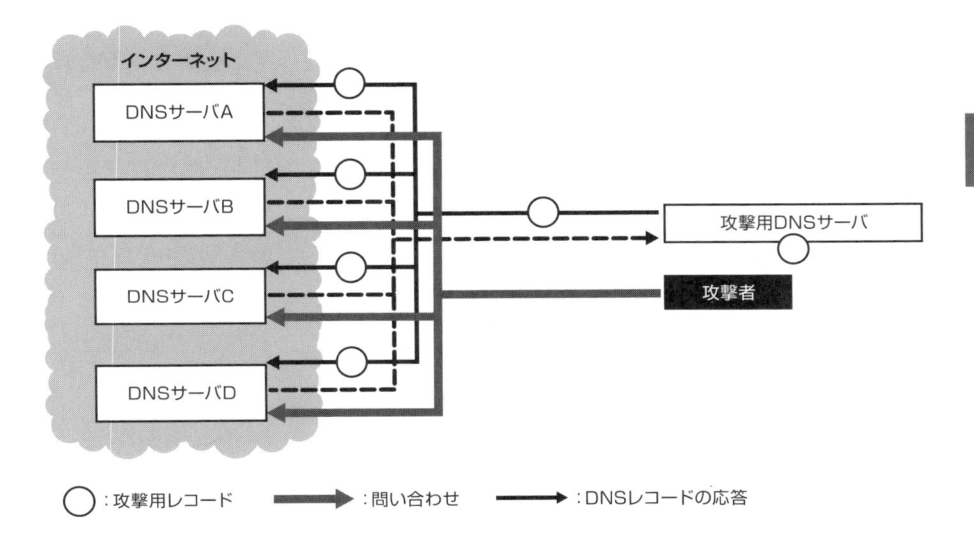

②攻撃者は、①のすべてのDNSサーバに対して、送信元IPアドレスを攻撃対象の機器のアドレスに偽造して、攻撃用レコードに関する問い合わせを行う（図Ⅲ-7-7）。

▼図Ⅲ-7-7　DNS amp（DNSリフレクション）攻撃②

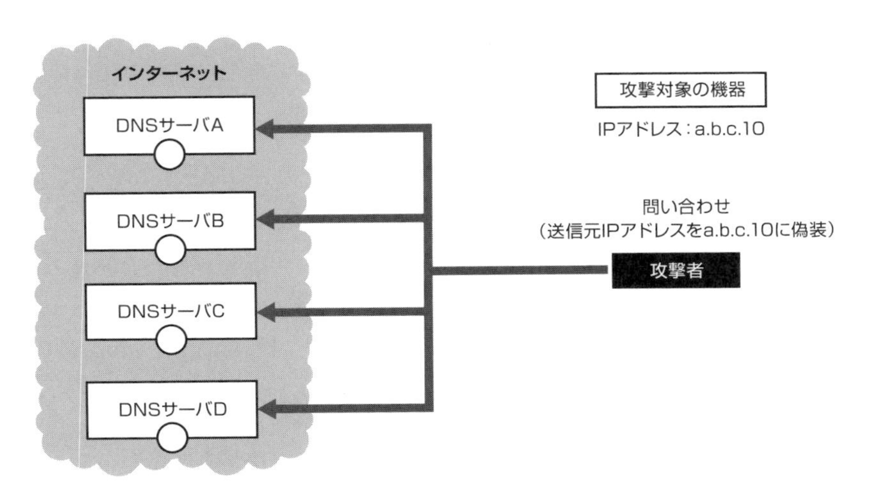

③ ①のすべてのDNSサーバは、攻撃対象の機器のIPアドレス宛てに攻撃用レコードを返答する。インターネット上の多数のDNSサーバから、攻撃対象の機器に対してデータ量の多いレコードが大量に送信されてくるので、攻撃対象の機器の負荷が増大し、サービスができなくなる（図Ⅲ-7-8）。

▼図Ⅲ-7-8　DNS amp（DNSリフレクション）攻撃③

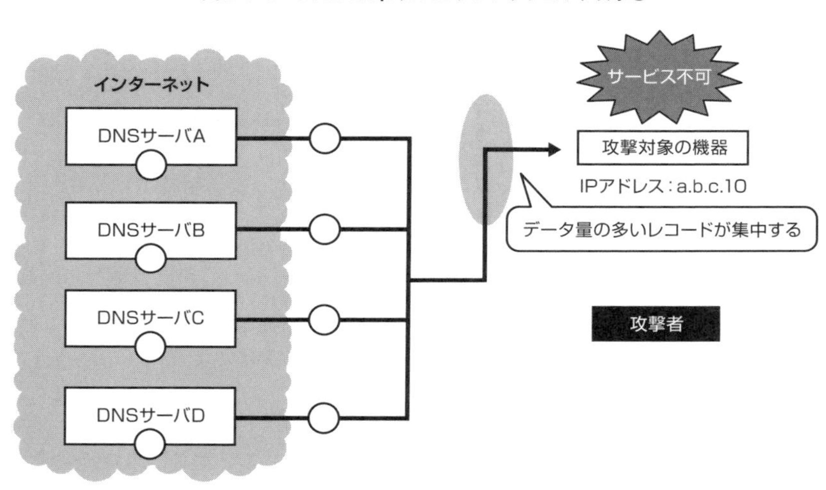

◎その他の脅威

Webサイトでアプリケーションを利用する場合には、その他にも次のような脅威が存在します。

1. バッファオーバフロー（BOF）

C言語やC++言語などでは、関数内でのみ使用される自動変数（その関数の中でのみ使用可能で、関数の終了時にメモリから失われる変数）については、通常の変数も配列もすべてスタック領域に確保されます。スタック領域には自動変数の他に、関数の戻りアドレス（関数の終了時に、その関数の呼び出し元に処理を戻すために記録しておくアドレス）や、関数呼び出しのパラメタ（関数に与えられた引数）なども記録されます。なお、スタック領域では一般的に変数や配列がメモリ上の先のアドレスの側に、戻りアドレスなどが後のアドレスの側に配置されます。

スタック領域に確保されていた配列に、その配列の大きさを超える長さのデータを書き込むと、配列の直後に位置する別の変数または戻りアドレスの領域が上書きされて**バッファオーバフロー**が発生します（**図Ⅲ-7-9**）。C言語やC++言語では配列の大きさを超える範囲にデータが書き込まれても、チェックやエラー処理などが行われないためです。

▼ **図Ⅲ-7-9　バッファオーバフローの例**

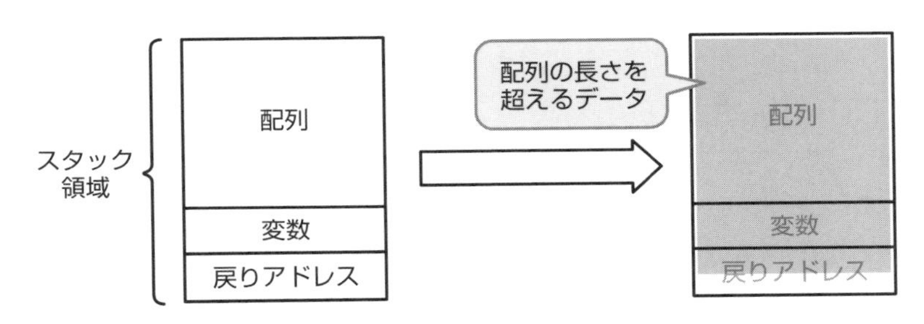

バッファオーバフローの結果、関数中で使用している変数の値や戻りアドレスの値が不正に書き換えられて関数が誤動作させられたり、攻撃者がしかけた不正なプログラムの存在する番地の値に戻りアドレスが書き換えられたりすることになります。バッファオーバフローを突く攻撃方法により、最悪の場合には攻撃者がしかけた不正なプログラムを管理者権限で実行されてしまう可能性もあります。

2. 中間者攻撃（MITM：Man in the middle攻撃）

AとBがインターネット上で通信を行っているときに、攻撃者がAとB間に割り込んで公開鍵などをすりかえることで、やり取りされているデータを横取りしたり盗聴・改ざんしたりする攻撃手法のことです（**図Ⅲ-7-10**）。

▼ **図Ⅲ-7-10　中間者攻撃（MITM）①**

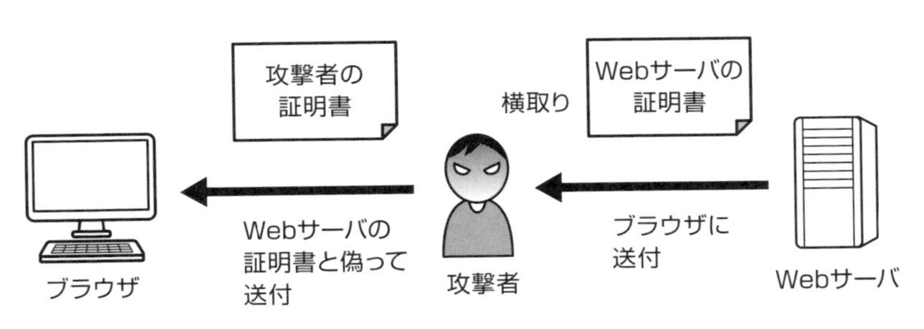

上の図では、HTTPS通信を行うために、Webサーバからブラウザに送付したWebサーバの証明書を攻撃者が途中で窃取し、その代わりに攻撃者の証明書をブ

ラウザに送付しています。ブラウザ側でWebサーバの証明書の正当性を確認せずに、正当なWebサーバの証明書として扱ってしまうと、攻撃者の証明書に含まれる攻撃者の公開鍵で暗号化したデータを、ブラウザはWebサーバに送信してしまいます（**図Ⅲ-7-11**）。

▼ **図Ⅲ-7-11　中間者攻撃（MITM）②**

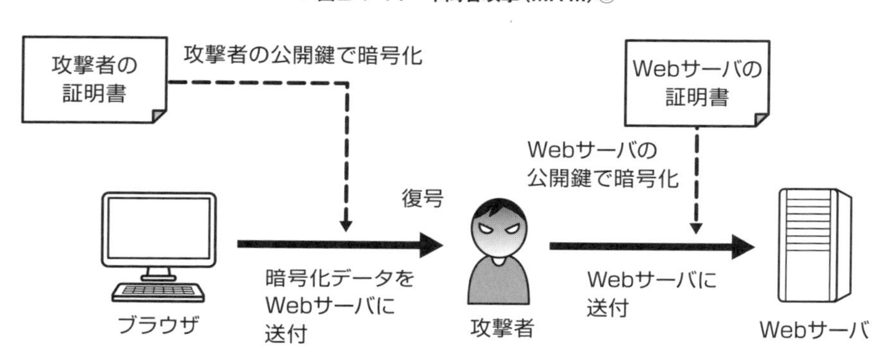

攻撃者は、暗号化されて送信されたデータを密かに受信し、攻撃者の秘密鍵で復号して内容を盗聴した上で、横取りしていたWebサーバの証明書に含まれるWebサーバの公開鍵でデータを再び暗号化して、Webサーバに送ります。Webサーバの公開鍵で暗号化されたデータが送付されてきたので、Webサーバは途中でデータが盗聴されたことを検知できないことになります。

3. テンペスト攻撃

テンペスト攻撃とは、パソコンなど、電磁波を発する機器から漏れる電磁波を拾って離れた場所からパソコンなどの表示画面を再現する攻撃方法のことです。これによって情報が漏えいする可能性があります。

4. ブラインドハイジャック攻撃

ブラインドハイジャック攻撃は、通信中のクライアントとサーバの間に割り込み、クライアントになりすまし、不正なコマンドを挿入してサーバに送信する攻撃です。また、先に解説した中間者攻撃やブラインドハイジャック攻撃のように、あるユーザがWebサイトへのアクセスを開始してから終了するまでの一連のやりとりに対し、不正に介入する攻撃を**セッションハイジャック**といいます。

クッキー(Cookie)

クッキー(Cookie)とは、アクセスを行ったWebサイトからブラウザに送信されるデータのことです。送られたクッキーは、クライアントに保存されます。その内容は、接続日時や訪問回数などさまざまですが、再度同じWebサイトを訪れた場合にその情報が使用されます(**図Ⅲ-7-12**)。そのため、セッション管理にも使用されます。クロスサイトスクリプティングなどの攻撃によりクッキーが詐取されると、情報の漏えいにつながる可能性があります。

▼ **図Ⅲ-7-12　クッキーの例**

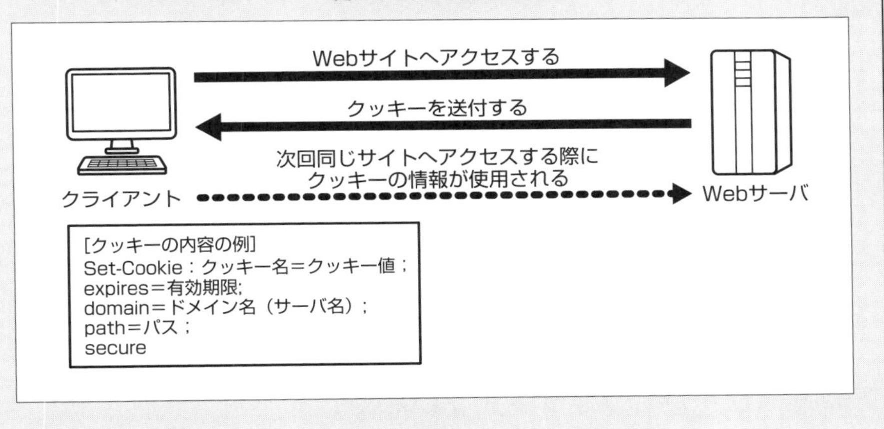

Ⅲ-8 ネットワーク攻撃対策

ネットワークに接続しているコンピュータシステムは、外部からさまざまな方法で攻撃を受ける可能性があります。攻撃の種類と脅威に応じた対策について学習します。

KEYWORD

□プロキシ	□フォワードプロキシ	□URLフィルタリング機能
□リバースプロキシサーバ	□IEEE 802.1X	□IEEE 802.11i
□TKIP	□AES	□WPA2/WPA3
□CCMP	□GCMP	□サニタイジング処理
□クエリストリング	□POP before SMTP	□APOP
□SMTP-AUTH	□OP25B	□送信ドメイン認証
□SPF	□DKIM	□DMARC
□エスケープ処理	□バッファオーバフロー	□ファジング
□テンペスト攻撃	□セッションハイジャック	□secure属性

プロキシサーバ（フォワードプロキシ）

インターネット上のサーバに組織内のコンピュータが直接アクセスすると、そのコンピュータのIPアドレスなどが外部に判明してしまい、不正アクセスなどの危険性が増加します。そこで、組織内に外部とのアクセスを中継するサーバを設置し、そのサーバが外部のサーバに代理でアクセスし、コンピュータに返す方法を取ります。このために設置するサーバを**プロキシサーバ**といいます（**図Ⅲ-8-1左**）。

この方法によって、プロキシサーバのIPアドレスだけが外部に判明するため、安全性が高まります。また、プロキシサーバには、一度アクセスしたWebコンテンツをキャッシュする機能もあるため、同じ組織内の別のコンピュータが同じページにアクセスした場合、プロキシサーバに保存されているページの内容が結果として返されます。これによって、アクセス速度の高速化を図れます。

◎URLフィルタリング機能

プロキシサーバには、URLフィルタリングやキーワードフィルタリング機能が備えられています。設定したURLやキーワードへのアクセスを禁止したり、設定したURLへのアクセスだけ許可し、他のURLへのアクセスをすべて禁止したりすることができます。

リバースプロキシサーバ

主にDMZ上に設置されるサーバで、外部から社内のWebサーバに対して到達するアクセスをいったん受け取り、そのアクセスをWebサーバに割り振る役割をします（**図Ⅲ-8-1右**）。利用するメリットは次のとおりです。

- Webサーバが外部からのアクセスに直接さらされなくなるので、安全性が向上する。
- 複数のWebサーバに、平均的にアクセスを分けることで負荷分散が実現できる。

▼ **図Ⅲ-8-1　フォワードプロキシとリバースプロキシの例**

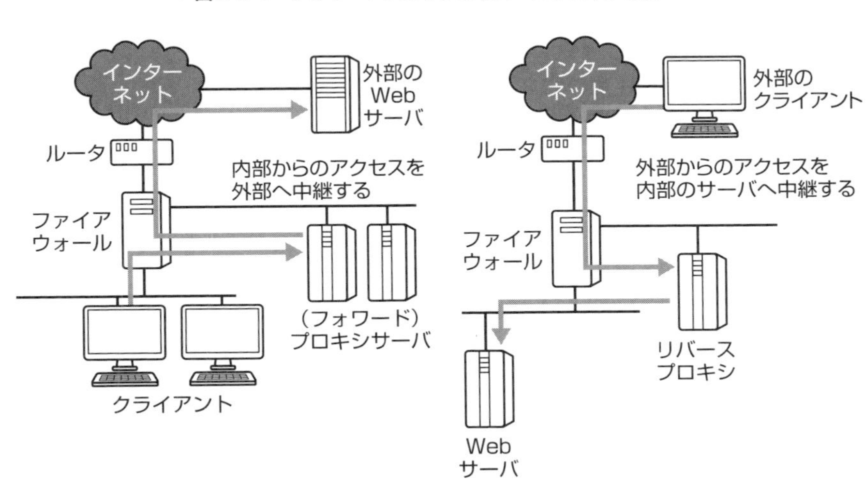

無線LANの対策

無線LANでは、脅威への対策としてMACアドレスのフィルタリングやESSIDを使用した認証などが考えられます。また、以前は暗号化にWEPが使われていましたが、WEPには暗号化のかぎ長が短いなどの問題があるため、現在では主に次の技術が利用されています。

◎IEEE 802.1X

IEEE 802.1Xは、認証サーバ(RADIUSなど)を用いてEAP(Extensible Authentication

Protocol）をベースに認証を行うための規格です。

◎IEEE 802.11i

IEEE 802.11iは認証にIEEE 802.1Xを、暗号に**TKIP**（Temporal Key Integrity Protocol）および**AES**（Advanced Encryption Standard）を使用するセキュリティ技術です。AESを使用するため、専用のハードウェアが必要となります。

◎WPA

WPA（Wi-Fi Protected Access）は、IEEE 802.11iをベースとしたセキュリティ技術です。認証にIEEE 802.1Xを、暗号化方式にTKIPを使用しますが、IEEE 802.11iのように特別な機器を必要としません。

◎WPA2

WPAを改良した**WPA2**では暗号化方式に**CCMP**（Counter Mode with Cipher Block Chaining Message Authentication Code Protocol）を、暗号化アルゴリズムにAESを採用しています。

◎WPA3

WPA2の後継である**WAP3**では、暗号化方式にCCMPに加え**GCMP**（Galois/Counter Mode Protocol）を採用しています。

Webサーバの脅威への対策

外部に公開されている**Webサーバ**は数多くの脅威が存在します。Webサーバで利用しているWebアプリケーションに脆弱性が存在すると、容易に攻撃の対象となってしまいます。Webサーバの主な対策は、次のとおりです。

- セキュリティパッチの適用
- サンプルプログラムの削除
- 認証の強化
- 不必要なアクセス権限やアカウントの付与の回避
- IDSやIPSの設置
- WAF（Webアプリケーションファイアウォール）の導入

WAFは、Webアプリケーションの脆弱性を悪用する攻撃・侵入を検知・防止してWebサイトを保護するためのシステムです。

アカウント管理においては、Webサーバ管理を行う端末に使用していないアカウント（とくに開発・テスト工程で使用していたアカウントなど）が残っていないか確認し、不要なものは必ず削除します。

◎サニタイジング処理

Webサイトでは**クロスサイトスクリプティング**の脅威が考えられます。クロスサイトスクリプティング対策には、スクリプトから危険な文字を削除したり置き換えたりすることで脅威をなくしていきます。これを**サニタイジング処理**といいます。

サニタイジング処理では、HTMLなどのタグ属性部分にデータを埋め込む場合、HTMLの生成時に次のようにタグを置き換えます（**表Ⅲ-8-1**）。

▼ **表Ⅲ-8-1　サニタイジング処理の例**

処理前	処理後
&	& amp;
<	& it;
>	& gt;
"（二重引用符）	& quot;
'（単一引用符）	& # 39;

◎クエリストリングによる情報の漏えいの対策

HTMLでは、ユーザの入力フォームに入力されたデータを送信するメソッドとして「GET」または「POST」を利用します。GETを利用すると、ユーザの入力フォームに入力された値はそのまま**クエリストリング**として送られるため、URLに表示されてしまいます。POSTを使用するとデータとして送られるため、表示されません。そのため、ユーザの入力フォームを送信する際にはPOSTを使用すると安全です。

メールサーバの脅威への対策

メールサーバにも、Webサーバと同様に対策を講じる必要があります。

- セキュリティパッチの適用
- パターンファイルやワクチンソフトのインストール（コンピュータウイルスの対策）
- 不正中継（第三者中継）の禁止
- ブラックリストによる不要メールの拒否

不正中継は、次の方法で禁止します（図Ⅲ-8-2）。

▼ 図Ⅲ-8-2　不正中継の禁止

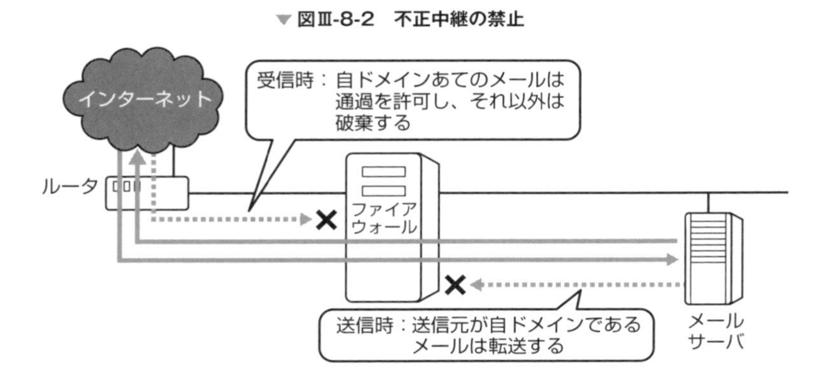

　また、スパムメールを誤って正規のメールとして認識してしまう**フォールスネガティブ**や、正常なメールをスパムメールとして認識してしまう**フォールスポジティブ**などが発生する可能性があるため、設定には十分な注意が必要です。

　その他にも、拒否したメールのリストを**ブラックリスト**として用いることで、ユーザごとにメールを遮断することが可能となります。

◎POP before SMTPとAPOP

　メールの送信やメールサーバ間でのメールの転送を行うSMTPには、認証機能がありません。そのため、自由にメールを送信することが可能であるため、メールサーバがスパムメールや迷惑メールの踏み台にされる危険があります。

　そこで、メールの受信のためのプロトコルであるPOPで用いるパスワードを利用し、SMTPでメールを送信する前にPOPによる認証を行い、認証されたユーザのみに一定時間SMTPによるメールの送信を許可しようというのが**POP before SMTP**という手法です（図Ⅲ-8-3）。

▼ 図Ⅲ-8-3　POP before SMTPの例

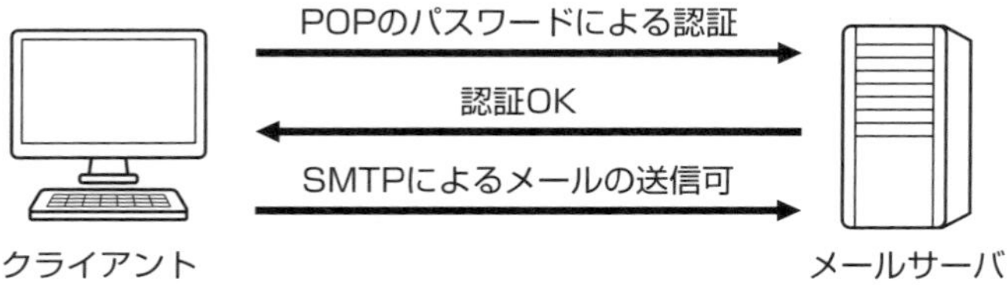

POPのパスワードによる認証
認証OK
SMTPによるメールの送信可
クライアント
メールサーバ

ただし、POPでは認証の際にパスワードが平文のままネットワークに流れてしまうため、盗聴によるなりすましが可能となってしまいます。そのため、セキュリティを向上するためにパスワードを暗号化して送信する**APOP**（Authenticated POP）を使用する場合もあります。

◎SMTP-AUTH

POP before SMTPは、一定時間だけSMTPによるメールの送信を許可する手法です。あくまでも一時的なものであり、一定時間をすぎるとそのつど認証を行わなければなりません。そのため、SMTPに認証機能を持たせる**SMTP-AUTH**というプロトコルを利用することができます。

◎OP25B

メールを送信する際には、利用しているプロバイダのメールサーバを介さずにSMTPを使用して直接送信先のメールサーバあてに送信することが可能です。これを利用し、自作のメールサーバなどを使用してIPアドレスを偽装したりボットを用いたりして、スパムメールや迷惑メールの送信が行われることがあります。

そのため、送信時にプロバイダのメールサーバを利用しないメールを送信できないように設定することがあります。自プロバイダ以外はSMTPのポート番号25をブロックするように設定する手法を**OP25B**（Outbound Port 25 Blocking）といいます（**図Ⅲ-8-4**）。

▼図Ⅲ-8-4　OP25Bの例

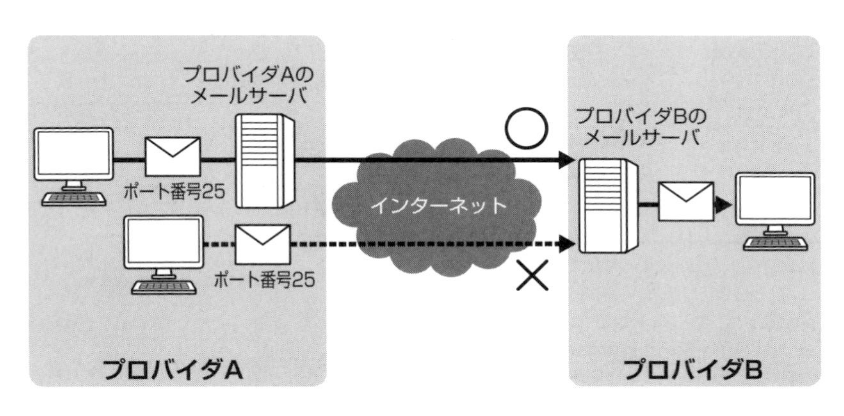

ただし、OP25Bにより他のプロバイダのメールサーバを利用してメールを送信することができなくなる可能性があります。自プロバイダ以外のメールサーバを利用したい場合にはサブミッションポートである、SMTP-AUTH（ポート番号587）を用いて認証を行うなどの対応が必要です。

◎送信ドメイン認証

送信ドメイン認証とは、電子メールが正規なメールサーバから送られてきたものであることを証明する技術の総称です。送信ドメイン認証には以下のようなものが存在します。

・SPF（Sender Policy Framework）

この方法では、SMTPサーバが所属する組織のゾーン情報を管理しているDNSサーバに、SMTPサーバに対応するIPアドレスの情報を登録しておくことで、その組織のSMTPサーバの正しいIPアドレスを他の組織のSMTPサーバから確認できるようにしています（**図Ⅲ-8-5**）。

▼ **図Ⅲ-8-5　SPFの例**

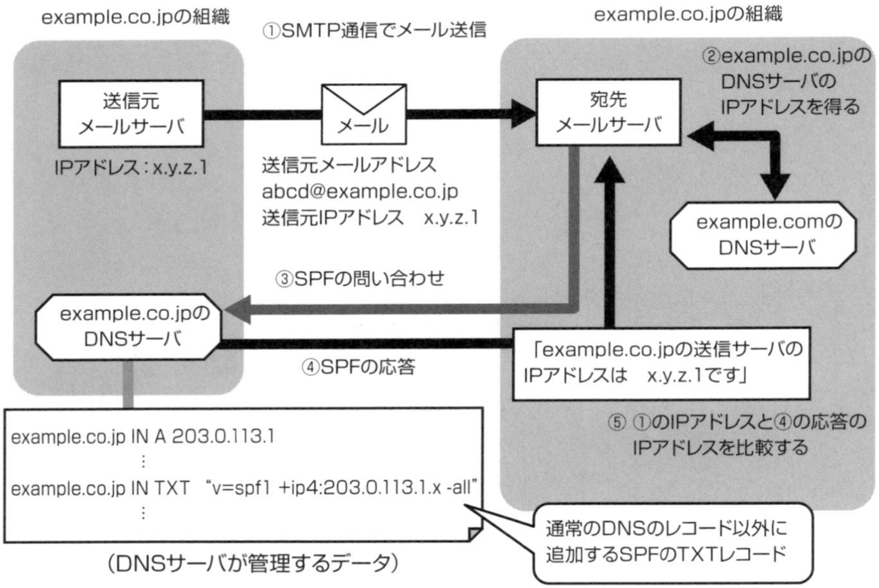

example.co.jpの組織
①SMTP通信でメール送信
example.co.jpの組織
②example.co.jpのDNSサーバのIPアドレスを得る
送信元メールサーバ
メール
宛先メールサーバ
IPアドレス：x.y.z.1
送信元メールアドレス abcd@example.co.jp
送信元IPアドレス　x.y.z.1
example.comのDNSサーバ
③SPFの問い合わせ
example.co.jpのDNSサーバ
「example.co.jpの送信サーバのIPアドレスは　x.y.z.1です」
④SPFの応答
⑤ ①のIPアドレスと④の応答のIPアドレスを比較する

```
example.co.jp IN A 203.0.113.1
          ⋮
example.co.jp IN TXT  "v=spf1 +ip4:203.0.113.1.x -all"
          ⋮
```

（DNSサーバが管理するデータ）
通常のDNSのレコード以外に追加するSPFのTXTレコード

たとえば、「abcd@example.co.jp」という送信元メールアドレスのメールを受信した（①）宛先メールサーバは、example.co.jpのDNSサーバのIPアドレスを、自組織のDNSサーバに問い合せて得ます（②）。その後、example.co.jpのDNSサーバに問い合わせを行って（③）、当該ドメインの送信サーバの情報を入手します（④）。その情報の中に記載された送信サーバのIPアドレスと、送信元メールサーバのIPアドレスとを比較して（⑤）、両者が一致していれば正しいメールサーバからのメールとして受信します。一致していなければ、他のIPアドレスのメールサーバから送信されてきたメールであるため、拒否します。

SPFでは、次の形式のTXTレコードをDNSサーバに追加します。

［<ドメイン名> IN TXT "v=spf1
<識別子およびIPアドレス>, <識別子およびIPアドレス>, ……"］

- <ドメイン名>：自組織のドメイン名
- "v=spf1"という記述：SPFのバージョンを示す定型句
- <識別子およびIPアドレス>："+ip4:203.0.113.x" や "-ip4:203.0.113.y" のような語句が入る

先頭の「+」記号は自組織のSMTPサーバに対応するIPアドレス、先頭の「-」記号は自組織のSMTPサーバに対応しないIPアドレスを表します。攻撃者が使用する不正なSMTPサーバのIPアドレスを指定して、そのIPアドレスからのメールを拒否してもらうために用います。<識別子およびIPアドレス>が複数あるときは左側から先に解釈されます。

<識別子およびIPアドレス>の「ip4」という記述はIPv4（バージョン4）のIPアドレスを表します。「all」という語句を用いると、すべてのIPアドレスを指定できます。

・DKIM（DomainKeys Identified Mail）

公開鍵暗号方式とDNSの仕組みを応用して、電子メールの送信者認証および改ざんの検出を可能とする技術です。DKIM利用時の手順は次のとおりです。

①デジタル署名の作成と送信

送信側メールサーバは電子メールの内容のハッシュ値を求め、それを自ドメインの秘密鍵で暗号化してデジタル署名を作成します。作成したデジタル署名を電子メールのヘッダに付与して、受信側メールサーバに送ります。

②電子メールの検証

受信側メールサーバは、送信側メールサーバが所属するドメインのDNSサーバに問い合わせて、そのドメインの公開鍵を入手してデジタル署名を復号することで、正当なメールサーバから電子メールが送信されてきたかどうかを検証します。

ここで、あるドメインのメールアドレスを偽って、不正な利用者がスパムメールを送信したとすると、この利用者は当該ドメインの秘密鍵を利用できません(公開鍵暗号方式では、個人または組織が秘密として管理している秘密鍵を、他人や他の組織は利用できないため)。そのスパムメールにはDKIMの正当なデジタル署名を作成して付与することができないので、送信されてきた電子メールのディジタル署名の正当性を検証することで、その電子メールが正当なメールかスパムメールかを区別できます。

・**DMARC (Domain-based Message Authentication, Reporting and Conformance)**

SPF、DKIMでは、認証に失敗した場合のルールが定められておらず、すべて受信者に任せられています。そこで、送信者がどのようにメールを処理すればよいかを事前に設定できる仕組みのことを**DMARC**といいます(図Ⅲ-8-6)。

▼図Ⅲ-8-6 DMARCの例

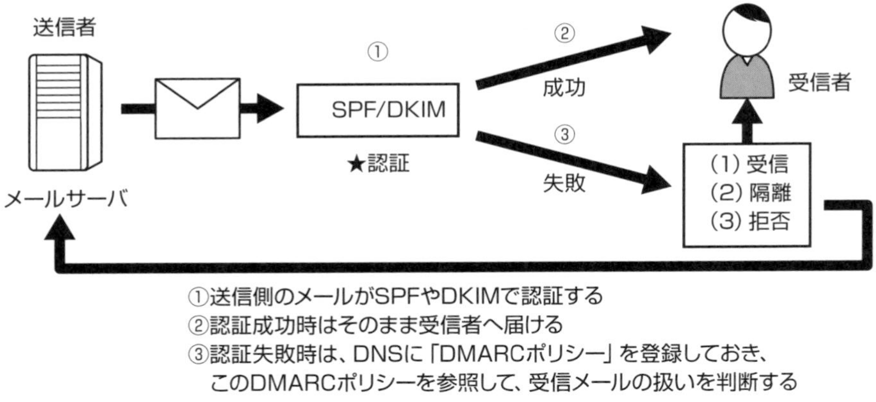

送信者
メールサーバ
①
SPF/DKIM
★認証
②
成功
③
失敗
受信者
(1) 受信
(2) 隔離
(3) 拒否

①送信側のメールがSPFやDKIMで認証する
②認証成功時はそのまま受信者へ届ける
③認証失敗時は、DNSに「DMARCポリシー」を登録しておき、
このDMARCポリシーを参照して、受信メールの扱いを判断する

DNSサーバの脅威への対策

Webサーバやメールサーバと同様に、DNSサーバにも対策を講じる必要があります。

- セキュリティパッチの適用
- デジタル署名を使用した認証の導入（DNSSEC）
- DNSサーバの分割（外部用と内部用など。図Ⅲ-8-7）

▼図Ⅲ-8-7　DNSサーバの分割の例

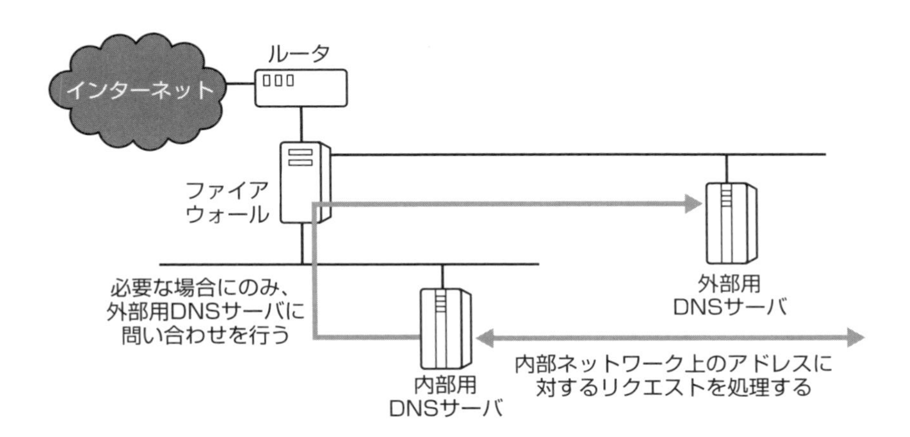

その他の脅威への対策

その他の脅威については、次のような対策を講じます。

◎SQLにおけるエスケープ処理／プレースホルダ

SQLで特殊文字を扱う場合には、悪意のある第三者によって任意のSQL文に改ざんされないように特殊文字を別の文字に置き換える**エスケープ処理**を施す必要があります。エスケープ処理では、たとえば「'」を「''」に、「¥」を「¥¥」に置き換えます。また、SQL文を記述する際、パラメータ部分などにプレースホルダと呼ばれる記号を使うことで、SQLインジェクション対策を行います。

◎データベースのアクセス権限

データベースシステムに不要な**アクセス権限**が設定されていないかどうかをチェックする必要があります。特に、INSERT、UPDATE、DELETEなどについては注意が必要です。

SQLでは、GRANT文によってSELECT、INSERT、UPDATE、DELETEの各SQL文を実行する権限が与えられます。

◎バッファオーバフローの対策

バッファオーバフローを突く攻撃を受けると、最悪の場合には攻撃者がしかけた不正なプログラムを管理者権限で実行されてしまう可能性があります。したがって、Webアプリケーションなどのプログラミング時には、バッファの境界値のチェックやバッファサイズの指定などの対処が必要です。

◎テンペスト攻撃の対策

テンペスト攻撃では、機器から発せられる電磁波が情報の漏えいの原因となります。そのため、サーバなどから放射される電磁波を外部に漏らさないために、電磁波が遮断される部屋に機器を設置する必要があります。

◎セッションハイジャック攻撃の対策

セッションハイジャック攻撃の対策としては、セッション管理情報を盗用されないためにその内容を暗号化してわかりにくくしたり、クッキーに必ずsecure属性を指定したりするなどの方法が考えられます。また、再認証を定期的に実施することも有効です。

◎ファジング

ソフトウェアなどの脆弱性を事前に調査することも必要です。たとえば**ファジング**と呼ばれる手法では、対象ソフトウェアに問題を引き起こしそうなデータ（ファズ）を大量に送り込み、その応答や挙動を監視することで脆弱性を検出します。

Ⅲ-9 暗号化技術

重要なデータのやり取りをする際やデータを書き込む際などに暗号を用いて機密性を高める必要があります。暗号にはさまざまな種類が存在しますが、まずは汎用的に扱われるものを理解しておきましょう。

KEYWORD

- □暗号
- □共通鍵暗号方式
- □公開鍵暗号方式
- □ブロック暗号
- □ストリーム暗号
- □DES
- □AES
- □RC
- □RSA
- □楕円曲線暗号方式
- □DSA
- □S/MIME
- □PGP
- □デジタル署名
- □MAC
- □ハッシュ関数
- □SHA-2
- □MD5
- □暗号の危殆化

共通鍵暗号方式

共通鍵暗号方式は、暗号化と復号に同じ鍵を用いる暗号方式です（図Ⅲ-9-1）。**秘密鍵暗号方式**または**慣用暗号方式**などとも呼ばれます。

▼ 図Ⅲ-9-1　共通鍵暗号方式の特徴

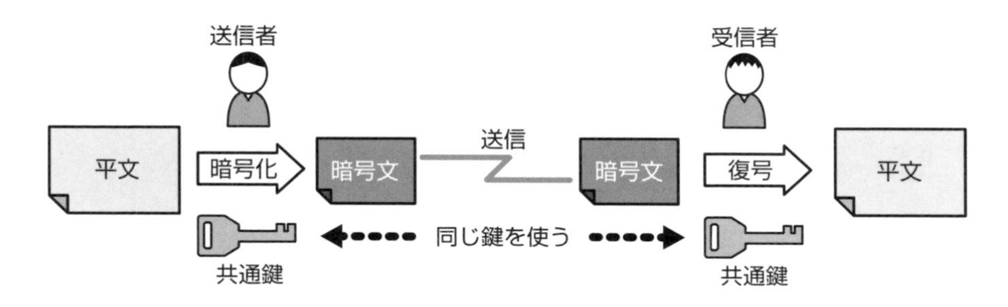

共通鍵暗号方式では、送信者と受信者が同じ鍵を管理する必要があります。そのため、送信者ごとに異なる鍵を持たなければなりません（図Ⅲ-9-2）。

▼図Ⅲ-9-2 共通鍵暗号方式で利用する鍵の数

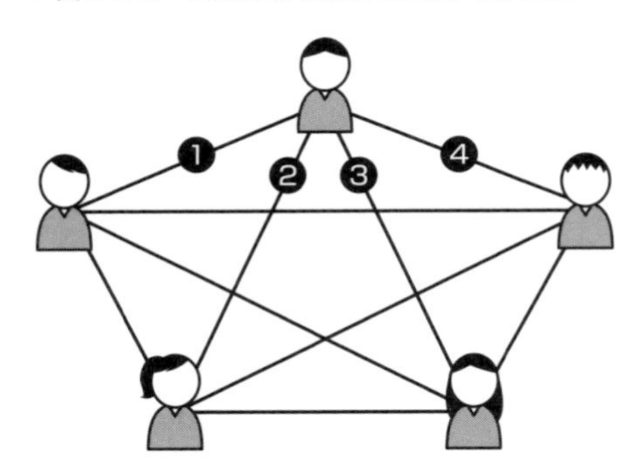

したがって、n人の間で使用するネットワークではn（n − 1） ÷ 2個の鍵が必要になります。このとき、それぞれのユーザが管理する鍵の数は自分の分を除く（n − 1）個です。共通鍵暗号方式には、鍵をランダムに生成できる、高速に処理できる、などの特徴があります。

共通鍵暗号方式には、ブロック暗号とストリーム暗号があります。

1. ブロック暗号

データをブロック単位で暗号化または復号する共通鍵暗号方式です。決められた一定の長さのデータを、ブロックといいます。主なブロック長は、64ビット、128ビット、192ビット、256ビットなどです。代表的なブロック暗号として暗号文ブロック連鎖（CBC：Cipher Block Chaining） モード、 フィードバック（Output Feedback）モードなどがあります。

2. ストリーム暗号

データを1ビット単位で暗号化または復号する共通鍵暗号方式です。ストリーム暗号には、同期式と非同期式があります。

- **同期式暗号（外部同期式暗号）**：平文（暗号化する前のデータ）や暗号文（暗号化した後のデータ）の内容と関係なく独立した形で乱数を発生させ、それによって暗号化を行う。平文や暗号文とは別に乱数を発生させるため、ビットの誤りが発生してもその後の処理に影響を与えない。ただし、暗号化と復号の際に同期がとれない場合には復号できない。

- **非同期式暗号（自己同期式暗号）**：平文や暗号文の系列に合わせた形で乱数を生成させ、それによって暗号化を行う。レジスタに暗号文のデータをためておき、それをもとに乱数を発生させるため、ビットの誤りが発生するとレジスタ内のデータが一巡するまで誤りが続く。ただし、同期がずれてもレジスタが一巡すれば、データは回復する。

共通鍵暗号方式の種類

共通鍵暗号方式を利用する暗号には、さまざまなものがあります。ここでは、代表的な暗号を挙げます。

1. DES

DES（Data Encryption Standard）は、1977年に米国政府が標準化した56ビットのブロック暗号の規格です。強度に問題があるため、DESを応用して強度を上げた**トリプルDES**という暗号もあります。

2. AES

AES（Advanced Encryption Standard）は、強度が低くなったDESの代わりに、2001年に新たに制定された米国政府標準のブロック暗号の規格です。128ビット、192ビット、256ビットの長さの鍵を選択できるという特徴があります。無線LANの暗号化規格WPA2で使用されています。

3. RC

RC（Rivest's Cipher）はDESより高速な処理が可能な暗号化の規格の総称で、ブロック単位で暗号化や復号を行うRC2やRC5、ビット単位で暗号化や復号を行うRC4などがあります。

公開鍵暗号方式

公開鍵暗号方式は、暗号化と復号に異なる鍵を用いる暗号方式です（図Ⅲ-9-3）。**非対称鍵暗号方式**などとも呼ばれます。

▼図Ⅲ-9-3　公開鍵暗号方式の特徴

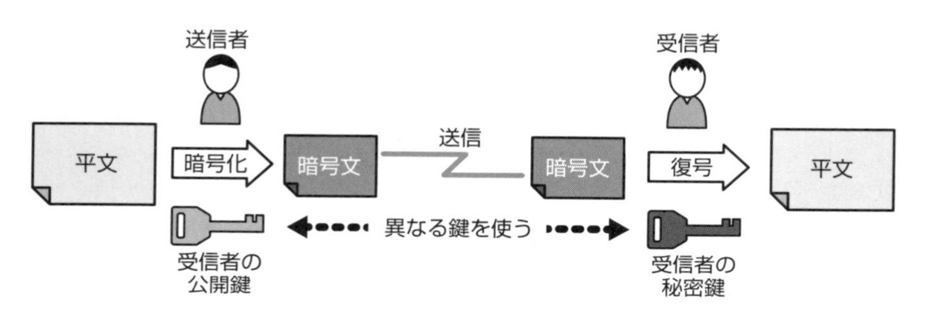

公開鍵暗号方式では、暗号化する鍵（**公開鍵**）と復号する鍵（**秘密鍵**）が異なるため、複数の送信相手に対して同じ鍵で暗号化を行い、データを送信することができます（図Ⅲ-9-4）。

▼図Ⅲ-9-4　公開鍵暗号方式で利用する鍵の数

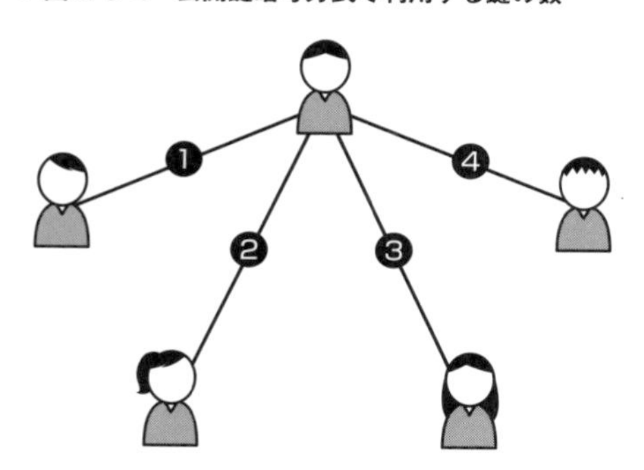

各ユーザは自分の公開鍵と秘密鍵で異なる相手とやりとりできる

必要な鍵の数＝2n個

公開鍵暗号方式の場合、n人の間で使用するネットワークでは2n個の鍵が必要になります。このとき、各ユーザが管理する鍵の数は2個です。

公開鍵暗号方式の種類

公開鍵暗号方式には、いくつかの種類があります。

1. RSA

RSA（Rivest Shamir Adleman）では、暗号を解読するのに非常に大きな数の素因数分解を行う必要があります。そのため、効率的な解読方法は発見されていません。公開鍵暗号方式では、最も代表的な暗号方式として知られています。鍵に使用できるビット長には、512ビット、1,024ビット、2,048ビットなどがあります。

2. 楕円曲線暗号方式

楕円曲線暗号方式は、楕円曲線という特殊な計算を行って暗号化する方式です。この方式では、RSAより短い長さの鍵で暗号化を行うことができます。そのため、ICカードなどのハードウェアで使用されることがあります。

3. DSA

DSA（Digital Signature Algorithm）は、エルガマル署名を改良して作られた暗号方式です。鍵長が1,024ビット以下で、署名鍵の生成などを特定の方法で運用するデジタル署名に利用されます。

電子メールの暗号化

電子メールでよく使用される代表的な暗号化方式には、次のものがあります。

1. S/MIME

S/MIMEは、電子メールの代表的な暗号化方式の1つで、電子メールの暗号化とデジタル署名に関する国際規格です。メッセージの暗号化とデジタル署名の機能を持ち合わせています。暗号化には公開鍵暗号方式のRSAを利用しており、送信者はメッセージを受信者の公開鍵で暗号化し、受信者は自分の秘密鍵で復号します。したがって、認証局が発行したデジタル証明書が必要となります。

2. PGP

PGP（Pretty Good Privacy）とは、米国で作られた電子メールの暗号化ソフトのことです。インターネット上から無償でダウンロードでき、さまざまな環境で動作します。PGPも公開鍵暗号方式を利用しており、暗号化とデジタル署名の機能を持ちます。

デジタル署名

公開鍵暗号方式を使用しても暗号化を行った人物が本人である保証はありません。そこで、なりすましや改ざんが行われていないかどうかを検知する方法として**デジタル署名**（図Ⅲ-9-5）や**MAC**（メッセージ認証コード）などを利用することができます。

▼図Ⅲ-9-5　デジタル署名

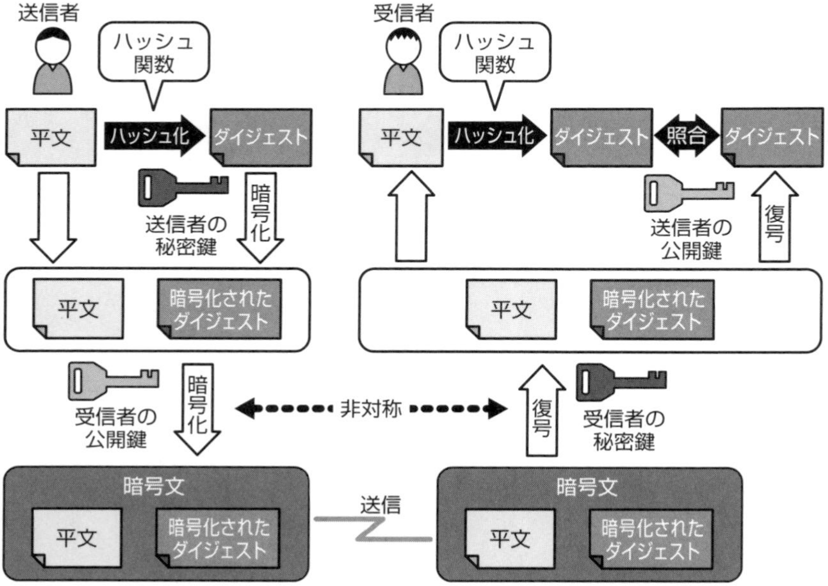

MAC（メッセージ認証コード）もデジタル署名と同様に送信者の認証と改ざんの検知を可能にする手法です。デジタル署名は公開鍵を用いることで誰でも作成または検証できますが、MACでは送信者と受信者の間で決めておいた共通鍵を共有する必要があります。また、MACはデジタル署名より高速な処理が可能です。

ハッシュ関数

ハッシュ関数とは、任意のデータを入力して固定のデータを出力する関数のことです。出力したデータから入力したデータを導き出すことができない一方向性や、異なる入力データから同じ出力結果が得られる可能性が非常に低い耐衝突性といった特徴を備えています。

1. SHA-2

SHA-2（Secure Hash Algorithm 2）は米国政府標準のハッシュ関数です。SHA-224、SHA-256、SHA-384などがあり、それぞれ224ビット、256ビット、384ビットのハッシュ値を出力します。

2. MD5

MD5（Message Digest 5）は、任意のデータを入力すると128ビットのハッシュ値を出力します。このハッシュ値をメッセージダイジェストやフィンガープリントなどと呼ぶ場合もあります。

暗号の危殆化

暗号の危殆化（きたい）とは、暗号アルゴリズムに問題が見つかった場合、暗号を利用したシステムにおける運用上の問題が生じた場合など、特定の暗号技術やそれを使ったシステムなどの安全性が危ぶまれる事態のことを指す用語です。

参考

・SHA-1
アメリカ国立標準技術研究所（NIST）が公表したハッシュ関数。160ビットのハッシュ値を生成する。安全性に問題があり、現在はSHA-2などに切り替えることが推奨されている。

・SHA-224、SHA-256
$2^{64}-1$以内の任意の長さをもつデータから、SHA-224は224ビット、SHA-256は256ビットの固定長のハッシュ値を出力する。入力ビット列の長さがハッシュ値の長さ未満であっても、ハッシュ値の長さは必ず224ビットまたは256ビットになる。

・SHA-384、SHA-512
$2^{128}-1$以内の任意の長さをもつデータから、SHA-384は384ビット、SHA-512は512ビットの固定長のハッシュ値を出力する。

Ⅲ-10 公開鍵基盤

暗号化の強度やその内容を担保するために、認証局という組織があります。認証局を含んだ情報セキュリティ基盤を学習しましょう。

KEYWORD

□公開鍵基盤	□PKI	□認証局	□CA
□登録局	□RA	□発行局	□IA
□X.509	□公開鍵証明書	□SSL	□TLS
□HTTPS			

PKI（公開鍵基盤）

公開鍵を使って暗号化を行う場合、配布されている公開鍵が「確かに送信元の公開鍵である」ことを証明する必要があります。公開鍵の正当性を証明するための機関が、**認証局**（**CA**：Certificate Authority）です。認証局の中の**登録局**（**RA**：Registration Authority）がユーザからの申請を受けて登録を行い、証明書の情報をリポジトリに格納します。

証明書を所有しているユーザは、暗号化したデータと一緒に公開鍵の証明書を送ります。証明書を受け取った相手は、リポジトリから証明書の情報を取得してその公開鍵の正当性を確認することができます。

公開鍵暗号方式を利用するための周辺技術や概念などを、**PKI**（Public Key Infrastructure：**公開鍵基盤**）と呼びます（**図Ⅲ-10-1**）。PKIはTLS（Transport Layer Security）やS/MIMEなどで利用されています。

▼ 図Ⅲ-10-1 PKI

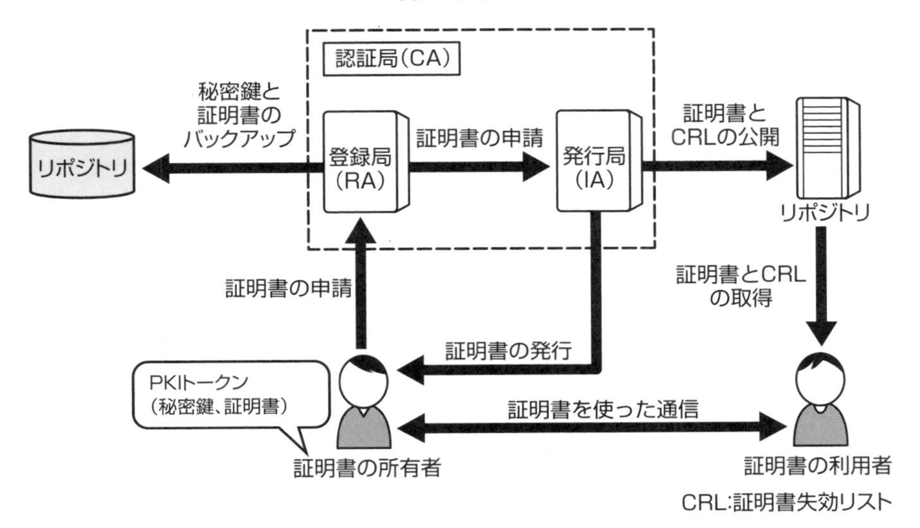

X.509公開鍵証明書

X.509公開鍵証明書は、ITU-Tが策定した公開鍵証明書の国際基準です(**図Ⅲ-10-2**、**表Ⅲ-10-1**)。最新はバージョン4ですが、主にバージョン3が使用されています。

▼ 図Ⅲ-10-2 X.509公開鍵証明書の例

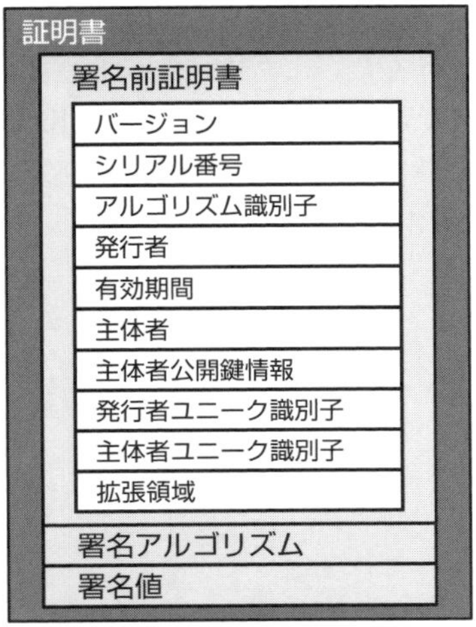

証明書
- 署名前証明書
  - バージョン
  - シリアル番号
  - アルゴリズム識別子
  - 発行者
  - 有効期間
  - 主体者
  - 主体者公開鍵情報
  - 発行者ユニーク識別子
  - 主体者ユニーク識別子
  - 拡張領域
- 署名アルゴリズム
- 署名値

▼表Ⅲ-10-1　X.509公開鍵証明書の項目

フィールド	説明
バージョン	証明書のバージョン（v1では「0」、v3では「2」）
シリアル番号	認証局が割り当てる証明書の識別番号
アルゴリズム識別子	発行者による署名のアルゴリズムの識別番号
発行者	証明書を発行した認証局の名前
有効期間	証明書の有効期間
主体者	証明書の所有者の名前（ユーザ名またはサーバ名）
主体者公開鍵情報	証明書主体者の公開鍵に関する情報（公開鍵アルゴリズム、主体者の公開鍵）
発行者ユニーク識別子	発行者名の再利用時に使われる発行者識別子（省略可能）
主体者ユニーク識別子	主体者名の再利用時に使われる主体者識別子（省略可能）
拡張領域	拡張領域
署名アルゴリズム	発行者による署名のアルゴリズム
署名値	発行者のデジタル署名

SSL/TLS

SSL（Secure Socket Layer）とは、ネットスケープ・コミュニケーションズ社が開発した、インターネット上で情報を暗号化して送受信するためのプロトコルです。**TLS**（Transport Layer Security）とは、SSLの後継として策定されたインターネット上で情報を暗号化して送受信するためのプロトコルのことです。TLSでは、公開鍵暗号方式や共通鍵暗号方式、デジタル証明書、ハッシュ関数などのセキュリティ技術を組み合わせて、データの盗聴や改ざん、なりすましを防ぐことができます。そのため、サーバ認証はもちろんクライアント認証も可能になります。

現在セキュリティ関連のプロトコルとしてよく利用されているHTTPSは、Webサーバとブラウザ間でデータをやりとりするためのHTTPにTLSの暗号化機能を付加したものです（**図Ⅲ-10-3**）。

▼ 図Ⅲ-10-3 TLSの例

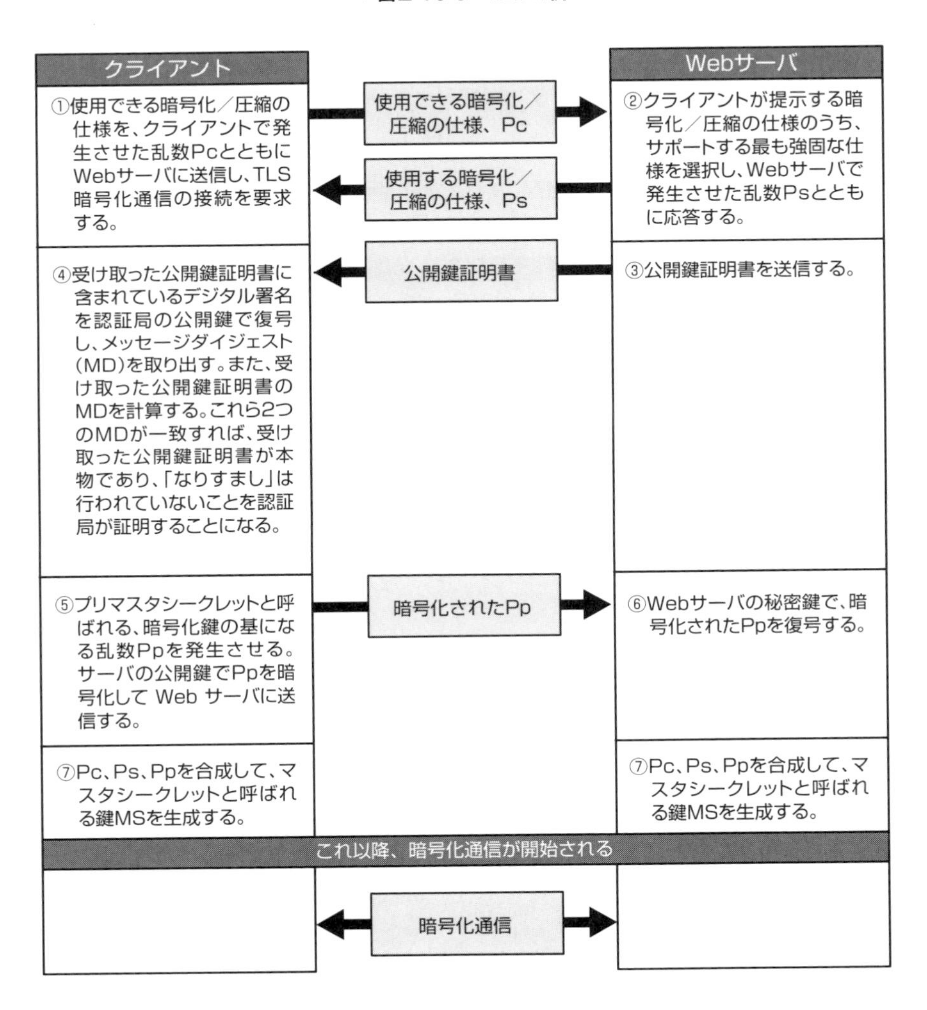
クライアント
Webサーバ
①使用できる暗号化／圧縮の仕様を、クライアントで発生させた乱数Pcとともに Webサーバに送信し、TLS暗号化通信の接続を要求する。
使用できる暗号化／圧縮の仕様、Pc
②クライアントが提示する暗号化／圧縮の仕様のうち、サポートする最も強固な仕様を選択し、Webサーバで発生させた乱数Psとともに応答する。
使用する暗号化／圧縮の仕様、Ps
③公開鍵証明書を送信する。
公開鍵証明書
④受け取った公開鍵証明書に含まれているデジタル署名を認証局の公開鍵で復号し、メッセージダイジェスト(MD)を取り出す。また、受け取った公開鍵証明書のMDを計算する。これら2つのMDが一致すれば、受け取った公開鍵証明書が本物であり、「なりすまし」は行われていないことを認証局が証明することになる。
⑤プリマスタシークレットと呼ばれる、暗号化鍵の基になる乱数Ppを発生させる。サーバの公開鍵でPpを暗号化して Web サーバに送信する。
暗号化されたPp
⑥Webサーバの秘密鍵で、暗号化されたPpを復号する。
⑦Pc、Ps、Ppを合成して、マスタシークレットと呼ばれる鍵MSを生成する。
⑦Pc、Ps、Ppを合成して、マスタシークレットと呼ばれる鍵MSを生成する。
これ以降、暗号化通信が開始される
暗号化通信

Ⅲ-11　認証技術

認証には、本人であることを担保するほかに、その内容が変更されていないことを担保したり、そのデータが存在するかを担保したりとさまざまなものがあります。

KEYWORD

□ユーザ認証　□パスワード認証　□ワンタイムパスワード
□認証プロトコル　□PPP　□PAP
□CHAP　□メッセージ認証　□メッセージダイジェスト
□デジタルタイムスタンプ　□CRL

ユーザ認証

ユーザ認証とは、利用者自身が本人であるかどうかを認証することです。

1. パスワード認証

パスワードは、最もよく使用されるユーザ認証の手段です。

パスワードの管理の手間を軽減するために、アクセスごとにパスワードを変更する**ワンタイムパスワード**を利用することができます（**図Ⅲ-11-1**）。

▼ 図Ⅲ-11-1　ワンタイムパスワードの例

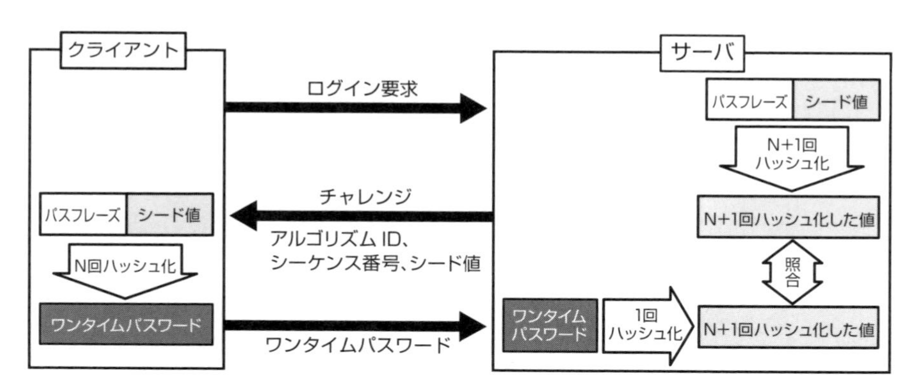

2. 認証プロトコル

外部からダイヤルアップ接続方式でネットワークに接続する際に使用するプロトコルに、**PPP**（Point-To-Point Protocol）があります。PPPを使った接続では、PAPやCHAPを使ってユーザ認証を行います。

PAP（Password Authentication Protocol）は、ユーザIDとパスワードの組み合わせだけで認証を行うプロトコルです（**図Ⅲ-11-2**）。

▼ **図Ⅲ-11-2　PAP**

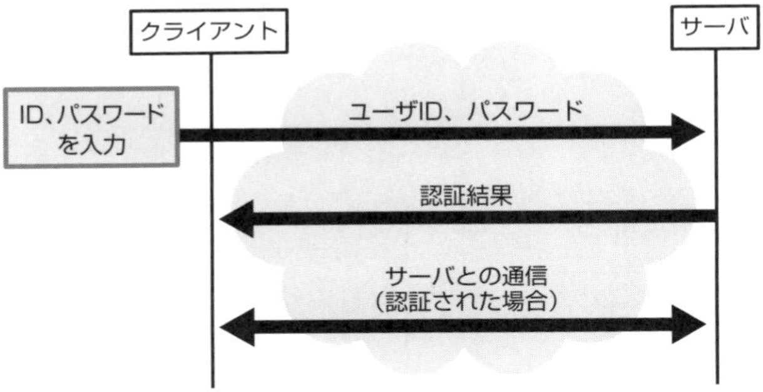

クライアント
サーバ
ID、パスワードを入力
ユーザID、パスワード
認証結果
サーバとの通信（認証された場合）

CHAP（Challenge Handshake Authentication Protocol）では、認証サーバから送られた**チャレンジコード**をクライアント側に送信します。クランアントがチャレンジコードにパスワードを付加したデータをハッシュ化して**レスポンスコード**を作成し、認証を行います（**図Ⅲ-11-3**）。

▼ **図Ⅲ-11-3　CHAP**

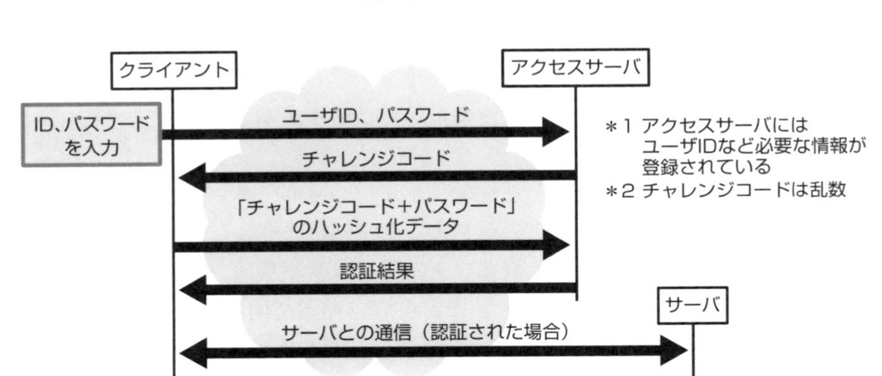

メッセージ認証

メッセージ認証は、情報が正当なものであり改ざんされていないことを確認するための技術です。

1. メッセージダイジェスト

メッセージダイジェストは、任意のメッセージからハッシュ関数を使用してハッシュ値を生成してメッセージに付加して送信することで、メッセージの改ざんの検知を可能にします（**図Ⅲ-11-4**）。ハッシュ関数から作成されたハッシュ値は乱数のようになり、同じメッセージからは必ず同じハッシュ値が作成されます。

▼ 図Ⅲ-11-4　メッセージダイジェストの例

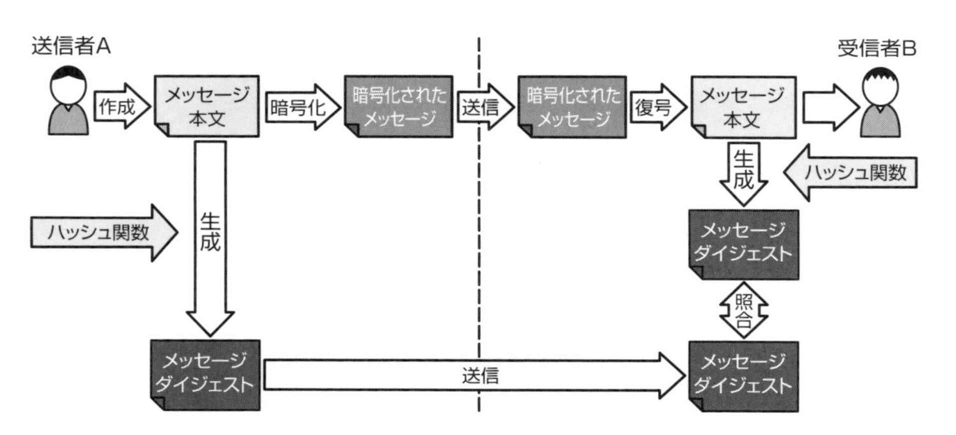

デジタルタイムスタンプ

デジタル署名を用いることで、作成者以外によるデータの偽造や改ざんを防止できます。しかし、「作成者以外は偽造・改ざんできない」ということは、「作成者は偽造・改ざんが可能である」ことを意味します。つまり、デジタル署名では、作成者の悪意によって行われるデータの改ざんなどを防げません。

作成者以外の信頼できる第三者機関（タイムスタンプ機関：TSA）によって、「そのデータがその日時以前において確かに存在し（存在証明）」かつ「作成された時刻以降にそのデータが改ざんされていないこと（原本保証性）」を証明してもらうことで、作成者によるデータの偽造や改ざんを防止します。TSAが証明のために作成するデータを、**デジタルタイムスタンプ**または**タイムスタンプトークン**といいます。

デジタルタイムスタンプ（以下、タイムスタンプという）の取得（**図Ⅲ-11-5**）や検証（**図Ⅲ-11-6**）の手順は次のとおりです。

◎タイムスタンプの取得

①タイムスタンプを取得する組織など（以下「取得者」）は、データから求めたハッシュ値（ハッシュ値1とする）をTSAに送付する。

②TSAでは、ハッシュ値1と受け取り時の日時データを合わせたデータから求めたハッシュ値（ハッシュ値2とする）を、TSAの秘密鍵で暗号化してタイムスタンプを生成する。

③TSAは、タイムスタンプと受け取り時の日時データを取得者に返送する。

▼ **図Ⅲ-11-5　タイムスタンプの取得**

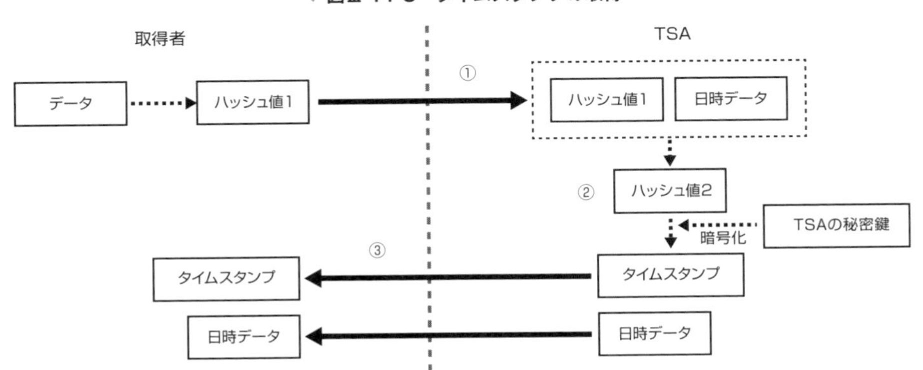

◎タイムスタンプの検証

①取得者がデータの存在証明と原本保証性を確認したい場合、タイムスタンプの取得時にTSAが行った手順と同様にして、ハッシュ値1と受け取り時の日時データを合わせたデータから、ハッシュ値2を得る。

②取得者は、TSA証明書（TSAの公開鍵証明書）に格納されているTSAの公開鍵でタイムスタンプを復号し、暗号化前のデータ（すなわちハッシュ値2）に戻す。

③①で求めたハッシュ値2と、②で求めたハッシュ値2とを比較し、同じ値であれば改ざんなどはなく、データの存在証明と原本保証性が確認できる。

▼ 図Ⅲ-11-6 タイムスタンプの検証

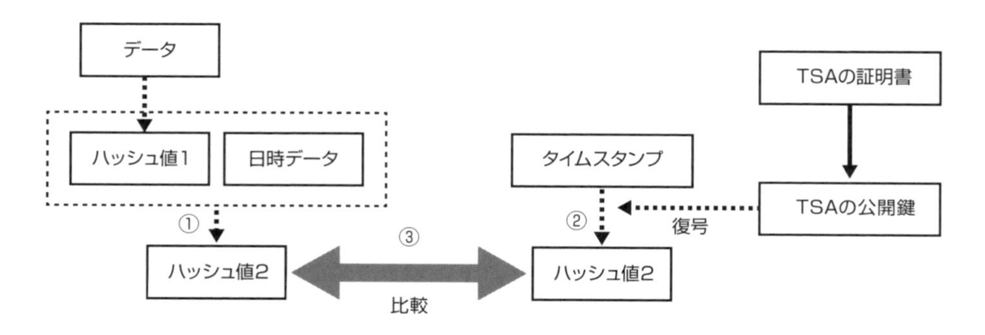

タイムスタンプの取得後に、作成者によってデータが改ざんされた場合、ハッシュ関数の性質から、タイムスタンプの検証時にデータから生成されるハッシュ値1は、タイムスタンプ取得時のハッシュ値1とは異なります。ハッシュ値1と日時データから生成されるハッシュ値2も、タイムスタンプの取得時と検証時とではそれぞれ値が異なります。このようにして、データの作成者が作成後に当該データを改ざんしたときに、それを検出できます。

◎アーカイブタイムスタンプ

TSA証明書の有効期間は10年間なので、この有効期間が経過するまでは、TSA証明書を発行した認証局がTSAの公開鍵証明書の失効情報（後述するCRLなど）を公開しています。よって、タイムスタンプを検証するときに、TSAの公開鍵が有効かどうかを失効情報を参照して確認できます（**図Ⅲ-11-7**）。

▼ 図Ⅲ-11-7 TSA証明書の確認（有効期間内の場合）

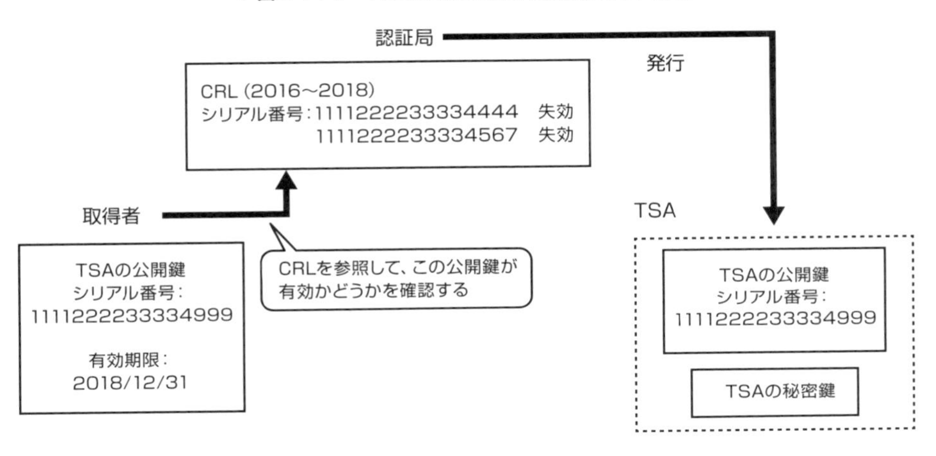

TSAの公開鍵が有効ならTSAの秘密鍵も有効なので、TSAの秘密鍵で暗号化したタイムスタンプの有効性も証明されます。

しかし、公開鍵証明書の有効期間が経過すると、認証局は失効情報の公開を停止します。TSA証明書の有効期間が経過すると、TSAの公開鍵の失効情報が公開されなくなるので、TSAの公開鍵の有効性を確認できなくなり、TSAの秘密鍵で暗号化したタイムスタンプの有効性も証明されなくなります（**図Ⅲ-11-8**）。

▼ 図Ⅲ-11-8 TSA証明書の確認（有効期間が過ぎた場合）

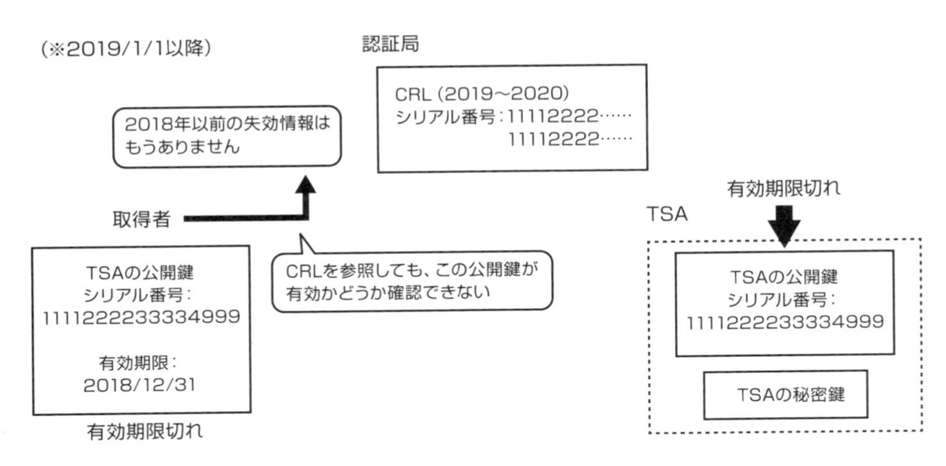

タイムスタンプの有効期限が切れる前に、電子ファイルとタイムスタンプ、およびタイムスタンプを検証するための情報（TSA証明書や失効情報など）をまとめて、それに対して新しいタイムスタンプを付与することで、タイムスタンプの有効期限よりも長い間、タイムスタンプの有効性および電子ファイルの存在証明などを保証し続けることができます。このようなタイムスタンプのことを**アーカイブタイムスタンプ**といいます。

たとえば、病院で利用されている電子カルテ管理システムにおいて、長期間保存する必要がある電子カルテにタイムスタンプを施す必要があるときに、アーカイブタイムスタンプが利用されます。

◎CRL（Certificate Revocation List）

有効期限内に無効になった（失効した）公開鍵証明書のシリアル番号を掲載したリストです。

公開鍵証明書は、利用者が規約違反行為を行って資格を失うなどの理由で無効となることがあります。相手から受け取った公開鍵証明書を使う時、現在もその公開鍵証明書が有効かを判定する必要があります。公開鍵証明書とCRLとを突き合わせることで、証明書が有効かどうかを判断できます。

Ⅲ-12 その他の技術的セキュリティ対策

脅威に対しては、そのリスクの起こる頻度と優先度に合わせて対策を取る必要があります。Ⅲ-11までに記載できていなかった技術的セキュリティ対策をいくつか紹介します。

KEYWORD

- □マルウェア
- □パターンファイル
- □緊急時対応計画
- □暗号ペイロードヘッダ
- □インターネットVPN
- □ゼロデイウイルス
- □コンピュータウイルス
- □アンチウイルスソフト
- □IPsec
- □カプセル化
- □SSL-VPN
- □スパイウェア
- □コンティンジェンシープラン
- □認証ヘッダ
- □VPN
- □トンネリング

マルウェアの対策

マルウェアの対策として、コンピュータウイルスやスパイウェアの検知や除去を行うソフトウェアを導入します。マルウェアの検知を行うためには、既知のウイルスなどのそれぞれの特徴をパターンファイルに登録しておき、**パターンファイル**の特徴と実際のファイルの内容を照合し、それがウイルスやスパイウェアかどうかを判断する方法があります。そのため、パターンファイルを自動的に更新し、常に最新の状態にしておくような仕組みを構築しておくことが大切です。

また、ユーザに対して**アンチウイルスソフト**をメモリに常駐させておくとともに、パソコン自体の設定を変更できないようにしておくことで、マルウェアの脅威を軽減することができます。

◎マルウェアの感染時の対応

マルウェアの感染に見舞われた場合は、まずネットワークから感染したコンピュータを切り離さなければなりません。その後に対処のための作業を行っていきます。このような場合に準備しておくべき一連の対策を**コンティンジェンシープラン**（**緊急時対応計画**）にまとめ、日頃から訓練などを行う必要があります。

◎復旧時の手順

マルウェアに感染した後は、コンピュータを元の状態に復旧させる必要があります。復旧作業は、どの部分（ファイル）にマルウェアが混入したかによって異なります。特に、トロイの木馬のようなものに感染した場合は、マルウェアが発病せずに潜伏している可能性があるので注意が必要です。これらの一連の流れも、コンピュータ復旧手順書にまとめておくとよいでしょう。

◎マルウェアの対策における注意点

パターンファイルを利用する場合、対象となるファイルが暗号化されていると内容をチェックすることができません（**図Ⅲ-12-1**）。

▼ **図Ⅲ-12-1　パターンファイルと暗号化されたファイル**

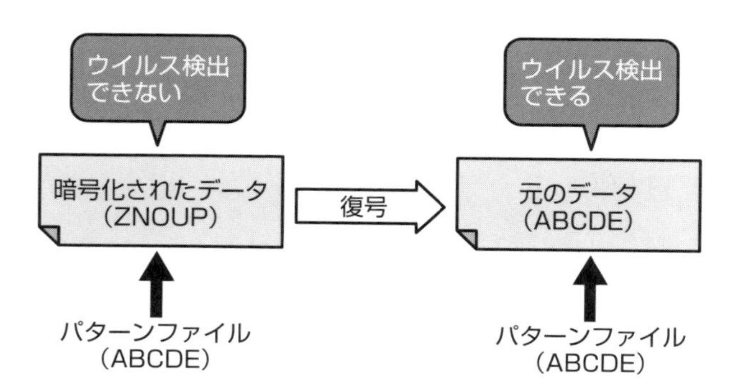

そのため、チェックの対象となるファイルが暗号化されている場合は、復号してからパターンファイルとの照合を行う必要があります。

また、パターンファイルは未知のウイルス（**ゼロデイウイルス**）については効果がありません。そこで、日頃から「不審なWebサイトへはアクセスしない」「送信元がわからないメールやその添付ファイルは開かない」といったことをユーザに教育する必要があります。

セキュアな通信技術

ネットワークでは、セキュリティを保つためにさまざまなプロトコルが使用されています。OSI基本参照モデルあるいはTCP/IPの各層で使用される代表的なプロトコルを理解することで、求められるセキュリティレベルに対し、どの層でどのプロトコルを使うのが最適かという判断が可能になります。

◎IPsec

IPsec（IP security）とは、TCP/IPベースのネットワークにセキュリティ機能を付加するためのプロトコルの枠組みのことです。IP層における暗号化技術として標準化されています。IPsecには、AHやESPなどのプロトコルがあります。IPsecでは、リプレイ攻撃をAHやESPにあるシーケンス番号を検証することによりチェックすることができます。

1. 認証ヘッダ（AH）

認証ヘッダ（**AH**：Authentication Header）とは、IPパケットの完全性の保証と認証のためのしくみのことです（**図Ⅲ-12-2**）。認証ヘッダでは、データは平文で送信されます。

▼図Ⅲ-12-2　認証ヘッダ（AH）のパケット

トンネルモード	新IPヘッダ	AHヘッダ	IPヘッダ	TCPヘッダ	データ
トランスポートモード	IPヘッダ	AHヘッダ	TCPヘッダ	データ	

認証範囲

認証ヘッダでは、次のように処理が行われます。

① 送信側の利用者IDとあて先アドレスから、認証ヘッダで使用する認証用アルゴリズムや認証鍵などを決定する。
② 認証データICV（Integrity Check Value）を計算する。
③ ②で計算した認証データを認証データフィールドに挿入する。
④ 通信を行う。
⑤ 受信者は、認証ヘッダを見て、使用されている認証用アルゴリズムや認証鍵からパケット全体の認証データの計算を行う。
⑥ ⑤の計算結果と認証データフィールドに入っていた値を比較する。

2. 暗号ペイロードヘッダ（ESP）

暗号ペイロードヘッダ（**ESP**：Encapsulating Security Payload）は、IPパケットのデータを暗号化し、盗聴、改ざん、偽造を防止します（**図Ⅲ-12-3**）。

▼図Ⅲ-12-3　暗号ペイロードヘッダ(ESP)のパケット

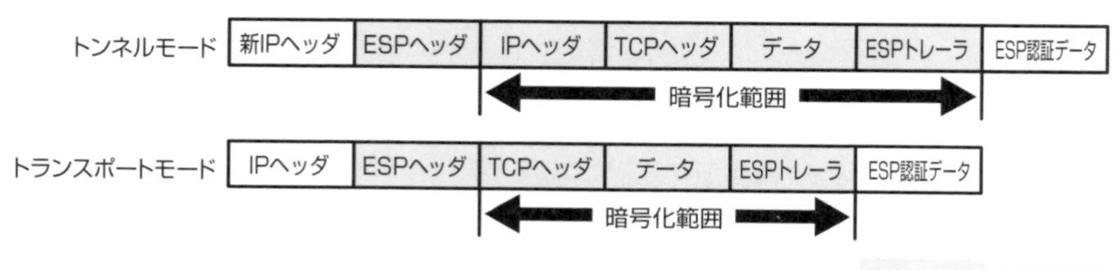

3. カプセル化

VPN（Virtual Private Network）とは、インターネットなどのオープンなネットワーク上に仮想的なプライベートネットワークを構築し、専用通信回線のようにエンドツーエンドでの通信を可能にする技術のことです。VPNでは異なるプロトコルを利用するネットワーク間での通信を可能にするために、送受信データに別のヘッダを追加する**カプセル化**が行われます（**図Ⅲ-12-4**）。

▼図Ⅲ-12-4　カプセル化の例

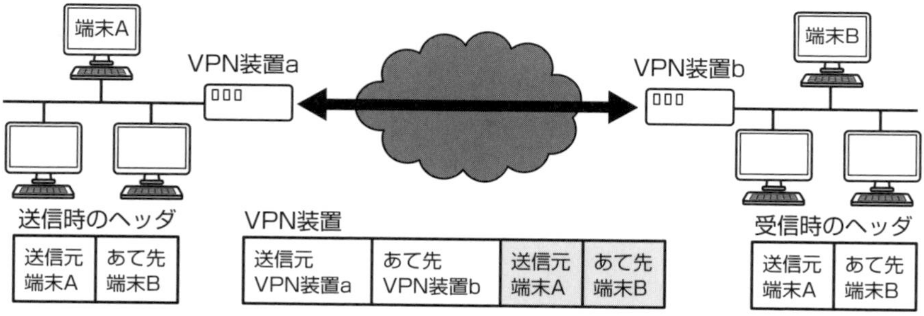

インターネット上のVPNを**インターネットVPN**といいます。インターネットVPNではデータの暗号化とカプセル化にIPsecを利用します。IPsecには、カプセル化を行うモードとしてトランスポートモードとトンネルモードの2つがあります。

トランスポートモードでは、ホストがIPパケットを送信する際にIPsecを使用し、IPヘッダを暗号化せずにデータ部のみが暗号化されます（**図Ⅲ-12-5**）。そのため、エンドツーエンドでの通信に使用されます。

内部ネットワークでプライベートアドレスを使用している場合は、インターネット経由で通信することができないことがあります。また、トンネルモードと比較するとヘッダが短いため、スループットは向上します。

▼図Ⅲ-12-5　トランスポートモードの例

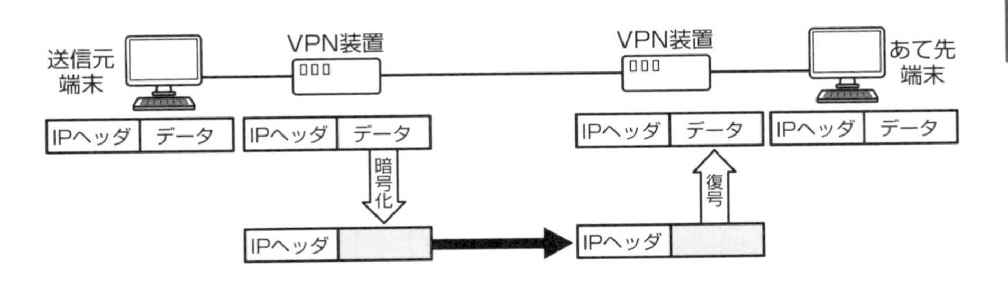

一方、**トンネルモード**では、IPsecを使用してIPパケット全体が暗号化され、そこに新しいIPヘッダが付加されて送信されます（**図Ⅲ-12-6**）。

内部ネットワークでプライベートアドレスを使用している場合でも、インターネット経由の通信が可能です。また、パケットが長くなるため、フラグメントによりレスポンスが悪くなったり、スループットが低下する場合があります。

▼図Ⅲ-12-6　トンネルモードの例

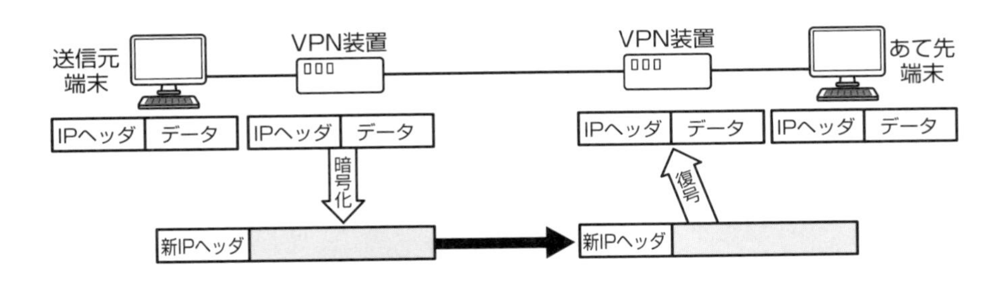

◎SSL-VPN

SSLの技術を応用してVPNを実現したものが**SSL-VPN**です（**図Ⅲ-12-7**）。インターネットVPNでは、クライアントにIPsec対応のソフトウェアを用意する必要があります。しかし、SSL（TLS）を使用すれば、新規のアプリケーションを導入しなくてもブラウザさえあればセキュアな通信が可能となります。

ただし、アドレス指定の問題が生じるため、リバースプロキシ方式やポートフォワーディング方式などでアドレス指定の問題を解決する必要があります。

SSL-VPNでは、クライアントに新規のアプリケーションを導入する必要がなく、ブラウザさえあればセキュアな通信が可能になります。

▼図Ⅲ-12-7 SSL-VPNの例

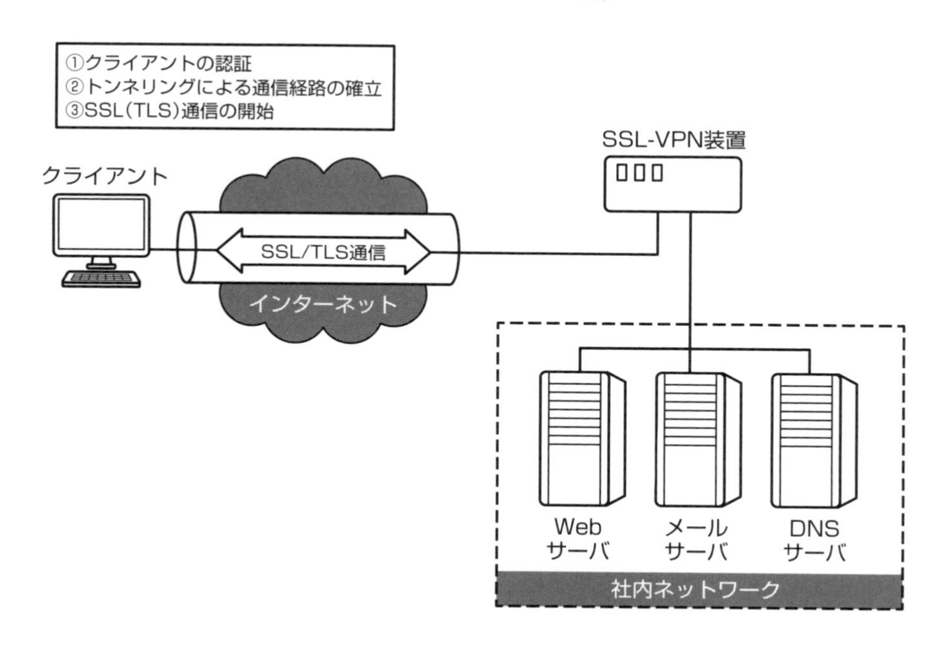

トンネリングとは、たとえば、2台の端末がインターネットを介して送受信を行う際に、本来使用しているプロトコルのパケットをTCP/IPのパケットにカプセル化することにより、インターネット上に仮想的にトンネルのような経路を作って通信を行う技術のことです。

演習問題

1 **以下の文章は、情報セキュリティに関するさまざまな知識を述べたものです。正しいものは○、誤っているものは×としなさい。**

1. 暗号の危殆化とは、鍵の選択の余地を増やしたり、欠陥が発見されていないアルゴリズムを用いることによって、暗号の解読を難しくすることである。

2. 大量のパケットをターゲットのサーバに送り付け、そのサーバが他の処理を実行できない状態にして、正規のユーザからのアクセスを受け付けられないようにする攻撃をDoS攻撃と呼び、さらに分散した複数の端末から一斉に仕掛けるDoS攻撃をDDoS攻撃と呼ぶ。

3. X.509とは、デジタル証明書および証明書失効リストのデータ形式を定めた標準規格であり、記載される項目として、証明書のシリアル番号や証明書の発行者、証明書の有効期間などがある。

4. WAFは、Webアプリケーションの脆弱性を悪用する攻撃や侵入を検知・防止することにより、不正アクセスなどからWebサイトを保護するシステムである。ファイアウォールなどとは異なり、Webアプリケーションに特化した防御対策となる。

5. ファジングとは、検査対象のソフトウェアなどにファズと呼ばれる問題を引き起こしそうなデータを大量に送り込み、その応答や挙動を監視することで脆弱性を検出する手法であり、外部からの攻撃に関する脆弱性が存在しないかを調査する際にも用いられる場合がある。

6. シングルサインオンとは、関連する複数のアプリケーションなどにおいて、いずれかで認証手続を一度だけ行えば、関連する他のサーバやアプリケーションにもアクセスできること、またはそれを実現するための機能をいう。

7. RAIDとは、複数の磁気ディスク装置を組み合わせて管理することにより、データの信頼性の向上や処理時間の高速化を図る方法のことである。その1つであるRAID 0は、複数台のハードディスクにデータを分散して書き込むものであり、ストライピングといわれている。

8. S/MIMEは、電子メールの暗号化とデジタル署名に関する国際規格であり、メッセージの暗号化とデジタル署名の機能を併せ持っている。利用する際は、送信者と受信者との両方がS/MIMEに対応するメールソフトを使用している必要がある。

9. ハッシュ関数には、異なる入力データから常に同じ出力結果が得られる一方向性といった特徴がある。

10. セキュリティ侵犯のパターンを解析するために、あえて脆弱なシステムをおとりとして用意しておき、そこに不正侵入者をおびきよせる、ルートキットという手法がある。

2 **以下の文章を読み、( ) 内のそれぞれに入る最も適切な語句の組み合わせを、選択肢（ア～エ）から１つ選びなさい。**

1. 共通鍵暗号方式・公開鍵暗号方式を利用した代表的な暗号とその特徴を、以下の表に示す。

暗号方式	暗号	特徴
共通鍵	(a)	米国政府が標準化した56ビットのブロック暗号の規格である。強度に問題があるため、(a)を応用して強度を上げたトリプル (a) という暗号もある。
	(b)	(a)よりも高速な処理が可能な暗号化の規格の総称である。ブロック単位で暗号化・復号を行うものや、ビット単位で暗号化・復号を行うものがあり、SSLや無線LANなどに (b) が利用されている。
公開鍵	(c)	暗号を解読するのに非常に大きな素因数分解を行う必要があるため、効率的な解読方法は発見されていない。使用できる鍵の長さには、512ビット、1,024ビット、2,048ビットなどがある。
	(d)	エルガマル署名を改良して作られた暗号方式であり、鍵長が1,024ビット以下で、署名鍵の生成などを特定の方法で運用するデジタル署名などに利用される。

ア：(a) DES　(b) RC　(c) RSA　(d) DSA

イ：(a) DES　(b) RC　(c) ECC　(d) 楕円曲線暗号方式

ウ：(a) RC　(b) DES　(c) RSA　(d) 楕円曲線暗号方式

エ：(a) RC　(b) DES　(c) ECC　(d) DSA

2. なりすましや改ざんなどへの対策に関する内容を、以下の文章に示す。

認証サーバの1つである（ a ）サーバは、(a) プロトコルを用いて、ユーザ認証だけではなくデバイス認証も行う。以前は、ダイアルアップでリモートアクセスする際のユーザ認証に使われていたが、現在では、無線LANにおける認証などに使われている。(a) サーバでは、（ b ）や（ c ）でユーザ認証を行うが、製品によってはIEEE802.1x／EAPに対応したものもある。 また、(b) は、認証の際はユーザID・パスワードを暗号化せずにサーバに送信するが、(c) は、ユーザID・パスワードなどの認証情報を暗号化するため、(b) よりも安全性は高い。

ア：(a) RADIUS　(b) PAP　(c) CHAP

イ：(a) RADIUS　(b) CHAP　(c) PAP

ウ：(a) Tableau　(b) PAP　(c) CHAP

エ：(a) Tableau　(b) CHAP　(c) PAP

3. （ a ）とは、あるユーザがWebサイトへのアクセスを開始してから終了するまでの一連のやりとりに対し、不正に介入する攻撃であり、その手法として（ b ）や（ c ）などがある。(b) とは、通信中の2人のユーザ間に第三者が割り込み、通信者もしくは受信者またはその両方になりすまして、ユーザに気づかれないうちに通信の傍受や不正制御などをする攻撃である。一方、(c) とは、通信中のクライアントとサーバの間に割り込み、クライアントになりすまし、不正なコマンドを挿入してサーバに送信する攻撃である。

ア：(a) セッションハイジャック
　　(b) 中間者攻撃
　　(c) ブラインドハイジャック

イ：(a) セッションハイジャック
　　(b) BOF
　　(c) インジェクション攻撃

ウ：(a) リフレクター攻撃
　　(b) 中間者攻撃

(c) インジェクション攻撃

エ：(a) リフレクター攻撃
(b) BOF
(c) ブラインドハイジャック

4. なりすましやデータの改ざんを防止する対策の1つとして、デジタル署名が挙げられる。デジタル署名のイメージを、以下の図に示す。

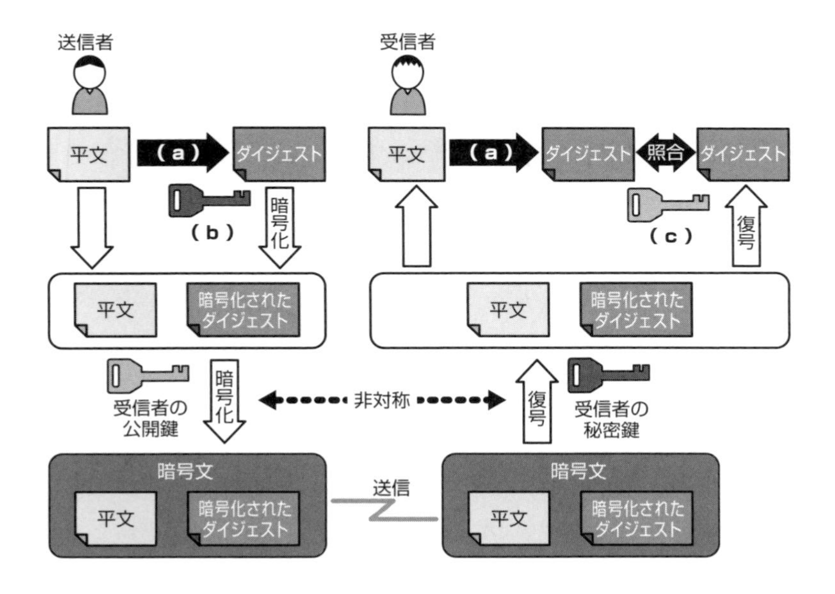

ア：(a) コーディング	(b) 送信者の秘密鍵	(c) 送信者の公開鍵
イ：(a) コーディング	(b) 送信者の公開鍵	(c) 送信者の秘密鍵
ウ：(a) ハッシュ化	(b) 送信者の公開鍵	(c) 送信者の秘密鍵
エ：(a) ハッシュ化	(b) 送信者の秘密鍵	(c) 送信者の公開鍵

5. （ a ）とは、脆弱なWebサイトをターゲットとして、悪意のあるWebサイトからスクリプトをユーザに送り込み、（ b ）や個人情報を窃取して漏えいさせたり、ファイルを破壊するなどの攻撃を行うものである。なお、(b) とは、アクセスを行ったWebサイトからクライアントに送信される情報であり、セッション管理にも使用されるものである。(a) の対策として、（ c ）処理が挙げられる。(c) とは無害化とも呼ばれ、スクリプトから危険な文字を削除したり置き換えたりすることである。たとえば、HTMLなどのタグ属性部分にデータを埋め込む場合、HTMLの生成時に「"」を「"」に置き換えを行う。

ア：(a) CSRF　(b) Cookie　(c) クローニング

イ：(a) CSRF　(b) MHTファイル　(c) サニタイジング

ウ：(a) XSS　(b) Cookie　(c) サニタイジング

エ：(a) XSS　(b) MHTファイル　(c) クローニング

6. 権限取得の段階では、事前調査で情報を収集した結果、侵入可能と判断した場合、操作や処理を実行するための権限を不正に取得する。その方法として、パスワードクラッキングや盗聴によるパスワード奪取などがある。パスワードクラッキングの手法として、次のようなものが挙げられる。

・（ a ）攻撃：(a) に載っている単語、あるいはパスワードになりそうな文字列を順番に当てはめていき、パスワードを推測する手法である。

・（ b ）攻撃：パスワードの文字列として考えられるすべての組み合わせを試行する攻撃である。また、パスワードを固定し、ユーザIDを変えて攻撃を試みるリバース (b) 攻撃という手法もある。

・（ c ）攻撃：パスワードを格納しているファイル、もしくはパスワードがかけられているファイルを入手して、それを攻撃者のコンピュータにコピーしてパスワード破りを試みる手法である。

ア：(a) ホットリスト　(b) ブルートフォース　(c) APT

イ：(a) ホットリスト　(b) レインボー　(c) オフライン

ウ：(a) 辞書　(b) ブルートフォース　(c) オフライン

エ：(a) 辞書　(b) レインボー　(c) APT

7. (a) 攻撃とは、ターゲットとなるユーザが普段アクセスするWebサイトを改ざんし、そのサイトを閲覧しただけで不正プログラムに感染するように仕掛ける手口である。これは、(b) 攻撃を (c) 攻撃に応用した手口である。

ア：(a) 水飲み場型
(b) ドライブバイダウンロード
(c) 標的型

イ：(a) 水飲み場型
(b) HTTPヘッダインジェクション
(c) 標的型

ウ：(a) 標的型
(b) ドライブバイダウンロード
(c) 水飲み場型

エ：(a) 標的型
(b) HTTPヘッダインジェクション
(c) 水飲み場型

3 以下の文章の ( ) に当てはまる最も適切なものを、選択肢（ア～エ）から1つ選びなさい。

1. ネットワークを構成するセグメントの1つである非武装セグメントは、(ア：アロケーション　イ：フィラー　ウ：OSPF　エ：DMZ) とも呼ばれ、ある程度セキュリティを保ちながら外部に公開するセグメントであり、多くの場合、Webサーバやメールサーバなどを設置する。

2. ボットとは、(　) プログラムである。

ア：感染したコンピュータ内のデータやデスクトップ画面などを、ユーザの意図

に反してP2Pソフトの公開用フォルダにコピーし、P2Pネットワーク上に流出させてしまう不正な

イ：技術的な検証を目的として試験的に作成されたコンピュータウイルスであり、感染してもコンピュータに障害をもたらす危険性が低いものが多い

ウ：表計算ソフトやワープロソフトなどのファイルに組み込まれて実行される、簡易プログラムの仕組みを悪用した不正な

エ：感染したコンピュータを、インターネットを通じて外部から操ることを目的として作られた不正な

3. Wi-Fi Allianceにより規格化されている（ア：SFTP　イ：WPA2　ウ：WAF　エ：IMAP4S）とは、無線LANクライアントとアクセスポイントの接続に関する認証方式および通信内容の暗号化方式を包含した規格で、128～256ビットの可変長鍵を利用した暗号化が可能となっている。

4. （　）ことを、シングルサインオンという。

ア：関連する複数のサーバやアプリケーションなどにおいて、いずれかで認証手続きを行えば、関連する他のサーバやアプリケーションにもアクセスできる

イ：システムにログインする際、通常のIDとパスワードに加え、短時間かつ一度きりしか使えないパスワードを発行する

ウ：パスワードを平文のまま送るのではなくハッシュ化して送ることで、伝送路上での盗み見、漏えいを防止する

エ：初期パスワードでログインした際に、別のパスワードへの変更を促す

5. ネットワーク経由での不正侵入において、（　）の段階で、ポートスキャンなどが行われる。

ア：攻撃のために必要な情報の事前収集を行う「事前調査」

イ：操作や処理を実行するための権限を不正に取得する「不正取得」

ウ：盗聴や破壊、改ざん、なりすまし、不正プログラムの埋込みなどを行う「不正実行」

エ：ログの消去などにより、侵入の形跡を消すための隠蔽工作を行う「後処理」

6. SQLインジェクションの対策の1つとして、（　）。

ア：SQL文の組み立てはすべてプレースホルダで実装する

イ：エラーメッセージをそのままブラウザに表示する

ウ：Webアプリケーションに渡されるパラメータにSQL文を直接指定する

エ：エスケープ処理をしないようにする

4 以下の文章を読み、（ ）に入る最も適切なものを、下の選択肢（ア～エ）から1つ選びなさい。

1. デジタルフォレンジクスとは、一般的に、（　）手段や技術の総称である。

ア：検査対象のソフトウェアなどに問題を引き起こしそうなデータを大量に送り込み、その応答や挙動を監視することで脆弱性を検出する

イ：ネットワーク経由での不正侵入を行う際、ターゲットのコンピュータに侵入可能な弱点があるかどうかを事前に調べる

ウ：ターゲットとなるネットワーク内に順番にpingパケットを送り、応答が返ってくる機器のIPアドレスを調査する

エ：不正アクセスや情報の漏えいなどのコンピュータに関する犯罪や法的紛争が生じた際、状態を詳細に調査し、法的な証拠性を明らかにする

2. UTMとは、（ ）である。

ア：複数の異なるセキュリティ機能を1つのハードウェアに統合した機器の総称、またはそのような機器を導入して、統合的・包括的に対策を行うこと

イ：Webサイトの提供者が、Webブラウザを通じてアクセスしてきたユーザのコンピュータに、一時的にデータを書き込んで保存させる仕組み、またはそのデータのこと

ウ：暗号化アルゴリズムにはRC4を採用している、無線LANで使用される暗号化技術

エ：通信中の二者間に不正な手段を用いて割り込み、通信内容の盗聴や改ざんを行う攻撃手法

3. 以下の文章は、不正アクセスへの対策に関する記述である。（ ）に該当する用語は、次のうちどれか。なお、それぞれの（ ）には、すべて同じ用語が入るものとする。

通常のプロキシサーバは、外部へのアクセスを一度中継してから接続を行うが、（ ）は、外部からのアクセスを中継して目的のサーバなどに接続をする。（ ）を利用することによって、セキュリティの保持に加え、サーバの負荷の軽減や、通信回線の帯域の制御などが可能となる。

ア：トランスペアレントプロキシ

イ：公開プロキシ

ウ：リバースプロキシ

エ：フォワードプロキシ

5 **次の問いに対応するものを、選択肢（ア～エ）から1つ選びなさい。**

1. Webサーバへの対策として、誤っているものはどれか。

ア：Webサーバ上で不要なサービスが起動している場合、そのサービスが悪用されることがあるため、最低限必要なサービス以外は停止する。

イ：Webサーバを管理する端末に現在使用していないアカウントが登録されている場合、悪用されるおそれが高まるため、必要のないものは削除する。ただし、開発工程やテスト環境で使用していたアカウントは、残しておかなければならない。

ウ：OSやサーバソフトウェアなどをバージョンアップした場合、これまで動作していたWebアプリケーションが正常に動作しなくなる場合があるので、事前の検証を行ってからバージョンアップする。

エ：システムログやデータベース操作ログなどのログファイルを確認することにより、事故や故障を発見することができるだけではなく、原因を追究するための重要な情報源となるため、必要に応じて適切にログを管理して、定期的に確認する。

2. パスワードリスト攻撃に対し、サービス運営側における対策として最も適切なものは、次のうちどれか。

ア：ユーザ登録の際は、住所と電話番号の入力を必須とする。

イ：ログインからログオフまでの時間の上限を設ける。

ウ：ユーザID・パスワードの認証に加え、認証コードを用いたログインシステムを導入する。

エ：固定パスワードと使い捨てパスワードの双方で、空白文字を含めないようにする。

3. BYODを採用した場合、リスクとして想定されることは、次のうちどれか。

ア：端末の購入費やアプリケーションの導入費用だけではなく、通信料金が別に発生するため、運用コストが増加する。

イ：個々の端末に対し、導入するアプリケーションの種類や設定に関して、企業側において完全に管理することは難しいため、不正プログラムの感染や情報漏えいが発生しやすくなる。

ウ：不慣れな端末を使うことによる誤操作で、情報の消失や情報漏えいなどが発生しやすくなる。

エ：多くの社員が同一の通信回線を利用するため、通信速度が極端に低下する。

解答・解説

1

1. ×　2. ○　3. ○　4. ○　5. ○　6. ○
7. ○　8. ○　9. ×　10. ×

解説

1. 暗号の危殆化とは、暗号アルゴリズムに問題がある場合や、暗号を利用したシステムにおける運用上に問題が生じた場合などの局面が該当し、暗号の安全性が危ぶまれる事態のことをいいます。

5. ファズテストと呼ばれる場合もあります。

9. 一方向性とは、出力したデータから入力したデータを導き出すことができない特徴をいいます。

10. 問題文の解説は、ハニーポットに関する解説文です。

2

1. ア　2. ア　3. ア　4. エ　5. ウ　6. ウ
7. ア

解説

1. 共通鍵には、DESやAES、RCといったものがあります。また、公開鍵にはRSAやDSA、楕円曲線暗号などがあります。

2. 認証サーバの代表的なものの1つとしてRADIUSがあり、ユーザ認証以外にもアクセスしてきたデバイスの認証も可能です。

3. 中間者攻撃はMITMとも呼ばれ、BOFはバッファオーバーフローとも呼ばれます。

4. デジタル署名は、署名の元となるデータ（平文）をハッシュ関数を使ってハッシュ値を作成し、その署名を付けた送信者の秘密鍵で暗号化します。

5. XSS（クロスサイトスクリプティング）は、悪意のあるWebサイトにアクセスさせて、ブラウザにあるクッキーなどを搾取します。この対策には、'<'や'>'などの文字を置き換える必要があります。これをサニタイジングといいます。

6. パスワードでありそうな文字列を当てはめて推測することを辞書攻撃、すべての文字列を試す攻撃をブルートフォース（総当たり）攻撃といいます。

7. 標的型攻撃の1つに、水飲み場型攻撃があります。これは、よく閲覧するWebサイトにアクセスしただけでそのユーザだけがマルウェアに感染するドライブバイダウンロード攻撃の手口です。

3 **1. エ　2. エ　3. イ　4. ア　5. ア　6. ア**

解説

1. 非武装セグメントは、DMZ（DeMilitarized Zone）と呼ばれます。
2. アは暴露ウイルス、イはコンセプトウイルス、ウはマクロウイルスに関する解説文です。
3. 無線LANの暗号化／認証技術にはWPAやWPA2があります。
4. イはワンタイムパスワードの説明です。ウとエはパスワードに関する内容で、シングルサインオンとは関係ない記述です。
5. ポートスキャンは、ポート番号を0～65535まで順に変更しながら通信可能なポートを探すことをいいます。
6. SQLインジェクション対策には、'（シングルクォート）を"（ダブルクォート）などに置き換えるエスケープ処理や、プレースホルダを使用するバインド機構などがあります。

4 **1. エ　2. ア　3. ウ**

解説

1. アはファジング、イはバナーチェック、ウはアドレススキャンの説明です。
2. イはクッキー（Cookie）、ウはWEP、エはMITM（中間者攻撃）の説明です。
3. 通常のプロキシサーバのことを「フォワードプロキシ」といいます。

5 1. イ　2. ウ　3. イ

解説

1. Webサーバを管理する端末に現在使用していないアカウントが登録されている場合、悪用されるおそれが高まるため、アカウントの一覧を見直して、最低限必要なものを除き、削除します。とくに、開発工程やテスト環境で使用していたアカウントは、削除せずに放置されている場合があるため、必ず確認し、削除し忘れないようにします。

2. パスワードリスト攻撃とは、別のサービスやシステムから流出したアカウント情報を用いるなど、何らかの方法で事前に入手したアカウント情報を流用し、それらのユーザIDとパスワードを入力することで、ログインに成功するかどうかを試みる手法です。ユーザID・パスワードの認証に加え、認証コードを用いた認証方法は、2段階認証やツーファクタ認証とも呼ばれます。

3. BYODとは、従業員が個人で所有しているスマートフォンなどの、私物の端末を業務に活用する形態のことです。

CHAPTER

コンピュータの一般知識

ここではコンピュータや情報化に関する基本的な知識を学びます。

Ⅳ-1 OS・アプリケーションに関する知識

コンピュータを利用するためにはオペレーティングシステム（OS）が必要です。広く利用されているOSの種類や特徴について理解しましょう。また、パソコンでよく利用されるアプリケーションの基本についても学びます。

KEYWORD

□オペレーティングシステム（OS）　□Windows　□UNIX
□Linux　□macOS　□iOS　□Android
□ワープロソフト　□表計算ソフト　□PDF　□OSS
□GPL

オペレーティングシステム

私たちが利用するコンピュータを動かすためには、オペレーティングシステムが必要になります。**オペレーティングシステム（OS）**とは、多くのアプリケーションソフトウェアで共通して利用される基本機能を提供し、コンピュータシステム全体を管理するソフトウェアのことです。基本ソフトウェアとも呼ばれます。広く利用されているOSには、Windows、UNIX、Linuxなどがあります。

◎Windows

1986年にマイクロソフト社から発売された**Windows**は、1992年発売のWindows 3.1でPC/AT互換機用の標準OSとして処理速度や信頼性が向上したことにより飛躍的に普及しました。

さらに、1995年には、使いやすいGUI、プリエンプティブなマルチタスク処理、プラグアンドプレイのサポートなどの機能を備えたWindows 95が発売されます。Windowsは、パソコン用のOSとしての地位を確立しています。現在の最新版は、Windows 10が使用されています。

◎UNIX

UNIXは、1968年に米国のAT＆T社のベル研究所においてC言語というハードウェアに依存しないプログラミング言語により開発されたOSです。AT＆Tで開発されたV7系のUNIXの他、カリフォルニア大学のバークレー校で開発されたBSD系UNIX、サン・マイクロシステムズ社（現オラクルコーポレーション）のSolaris、IBM社のAIXなど、さまざまなプラットフォームに移植されています。

一般に、UNIXは完全なマルチタスク機能を搭載しており、ネットワーク機能や安定性にも優れ、高度なセキュリティを持つように設計されています。

◎Linux

Linuxは、1991年にフィンランドの学生によって開発されたUNIXによく似たOSです。GPLというライセンス体系に基づいて、誰でも自由に改変し、再配布することができます。また、Linuxは必要最小限の機能を実装していることから、他のOSに比べると低い性能のコンピュータでも動作しやすく、ネットワーク機能やセキュリティにも優れています。

◎macOS（Mac OS X）

macOS（Mac OS X）は、アップル社製のコンピュータMacintosh（Mac）用のOSです。1984年に最初のMacintoshとともに発売され、GUIによる操作のしやすさから広く普及しています。2001年に発売されたMac OS X以降はUNIXをベースとし、Aquaというユーザインタフェースを採用しています。

◎iOS

アップル社が提供している携帯機器用のOSで、同社の製品であるiPhoneやiPadなどに搭載されています。

◎Android

グーグル社が開発したLinuxベースの携帯端末向けOSで、各種のスマートフォンやタブレットPCに搭載されています。

アプリケーションソフト

パソコンではさまざまなアプリケーションソフトを利用します。

◎ワープロソフト

文章を作成することのほか、表や図形などを組み合わせて各種の文書を作成する機能を持つソフトウェアです。

◎表計算ソフト

縦横に並んだ複数のセルから構成されるワークシート上に、各種の数値や計算式などを記述することで、集計処理やグラフの作成などを実行できる機能を持つソフトウェアです。

◎PDF

PDF（Portable Document Format）は、Adobe（アドビ）社が開発した電子文書の規格です。他のアプリケーションソフトと比較して編集されにくく、見やすいという特徴があるため、さまざまな用途（官公庁の文書や申請書、メーカのカタログや取扱説明書など）で使用されています。

OSS（Open Source Software:オープンソースソフトウェア）

プログラムのソースコードを無償で公開し、その改良や再配布などを自由に行うことのできるように定められたソフトウェアのことです（表Ⅳ-1-1）。

▼表Ⅳ-1-1　代表的なOSS

名称	概要
Apache	Apacheソフトウェア財団によって公表され、オープンソース化されている、Webサーバプログラム。Apacheに関するライセンスApache Licenseでは、利用者がApacheの使用や修正などを行うことを制限せず、利用者がApacheを利用して新しいソフトウェアを作ることなどが可能。
BIND	Berkeley Internet Name Domainの略で、インターネット上で最も広く用いられているDNSサーバプログラム。Internet Systems Consortium（ISC）によって公表されている。
Postfix	オープンソースのメールサーバ。
Eclipse	IBMが開発した、プログラムやシステムの開発を支援するためのエディタなどの各種ソフトウェアを統合したシステム（統合開発環境）。

◎OSSの定義

OSSの正確な定義については、1998年に発足した非営利組織OSI（Open Source Initiative）が公表している文書であるOSD（Open Source Definition）に示されています。

1. 再頒布の自由（OSSのソースコード自体を無償で入手できるだけでなく、他のソフトウェアの一部としてOSSのソースコードを利用すること、及びOSSのソースコードを利用して作成された別のプログラムを頒布（無償配布も、有償で販売することも含む）を認めなければならない）

> 2. ソースコードの配布（プログラム本体と一緒に、ソースコードも配布されなければならない）
> 3. 派生ソフトウェア（元のOSSのソフトウェアを改良して作成された派生的なソフトウェアの頒布を許可しなければならない）
>
> 出典：OSDによる「オープンソース」の定義より

◎GPL（GNU General Public License）

ソフトウェアの使用者に対して、ソフトウェアの実行、ソフトウェアの再配布およびその改変の自由を認めているライセンスです。GPLのソフトウェアについては、ソフトウェアのソースコードを公開することが前提とされており、当該ソフトウェアの使用者はソースコードの入手や改善を自由に行うことができます。

このライセンスでは、次のプログラムに対して、ソースコードを公開しなければならないとしています。

- GPLのソースコードを修正して作ったプログラム
- GPLのライブラリに静的にリンクした（そのライブラリを組み込んでコンパイルした）プログラム
- GPLのライブラリに動的にリンクした（実行時にそのライブラリを読み込んで処理を実行する）プログラム

◎LGPL（GNU Lesser General Public License）

フリーソフトウェア財団の提唱しているソフトウェアライセンスで、GPLと同様に、ソフトウェアの使用者に対してソフトウェアの実行などを認めるものです。このライセンスでは、次のプログラムに対して、ソースコードを公開しなければならないとしています。

- LGPLのソースコードを修正して作ったプログラム
- LGPLのライブラリに静的にリンクしたプログラム（LGPLのライブラリに動的にリンクしたプログラムは、ソースコード公開の必要はない）

◎MPL（Mozilla Public License）

OSSのブラウザFirefoxなどを開発している、Mozilla Foundationが公表しているソフトウェアライセンスです。このライセンスでは、MPLのソースコードを修正して作ったプログラムに対してだけ、ソースコードを公開しなければならないとしています。

◎BSD(Berkeley Software Distribution)、BSDライセンス

カリフォルニア大学バークレー校の、コンピュータ・システムズ・リサーチ・グループという研究グループが配布した、UNIXシステムやソフトウェアなどのことです。

BSDのソフトウェアで採用されているBSDライセンスでは、著作権表示、ライセンス条文およびソフトウェアの使用に保証がないことをドキュメントに表示すれば、BSDライセンスのソフトウェアを改良したり、ライブラリを静的または動的に組み込んだりしても、ソースコードを公開する必要はありません。

マクロウイルス

ワープロソフトや表計算ソフトなどのアプリケーションには、マクロ機能を備えているものがあります。マクロ機能により、複数の操作を登録して一度に実行したり、簡単なプログラムを書いて複雑な入力や計算などの処理を自動化したりするなど、ユーザの操作を助け、簡易化することが可能です。

マクロウイルスは、マクロ機能を悪用したウイルスです。マクロウイルスが埋め込まれたワープロファイルや表計算ファイルを開くとマクロが実行され、コンピュータ上のファイルの改ざんや削除、情報の漏えいなどの被害が発生します。多くの場合、マクロウイルスはメールの添付ファイルとして送られてきます。ファイルを開いて実行しなければ感染しないため、不審な添付ファイルは開かないようにすることが大切です。

Ⅳ-2 ハードウェアに関する知識

コンピュータを構成する装置には、さまざまなものがあります。各装置の特徴を理解しておきましょう。

KEYWORD

□出力装置	□シリアルインタフェース		□USB
□IEEE 1394	□パラレルインタフェース		□SCSI
□IDE	□CPU	□制御装置	□演算装置
□クロック	□レジスタ群	□記憶装置	□主記憶装置
□半導体メモリ	□RAM	□SRAM	□DRAM
□ROM	□マスクROM	□ユーザプログラマブルROM	
□キャッシュメモリ	□メモリインタリーブ		
□補助記憶装置	□磁気テープ装置	□磁気ディスク装置	□光ディスク
□DVD	□フラッシュメモリ		

出力装置の種類と特徴

コンピュータで処理したデータは、用途に合わせてさまざまな形で出力する必要があります。そのため、出力方法に合わせてさまざまな**出力装置**を利用します（**表Ⅳ-2-1**）。

▼ **表Ⅳ-2-1　代表的な出力装置**

出力装置		説明
ディスプレイ		コンピュータ内のデータやプログラムを人間が見える形で表示する装置。
	液晶ディスプレイ	液晶を利用したディスプレイ。
	有機ELディスプレイ	有機化合物を用いた構造体に電圧をかけると発光する現象を応用したディスプレイ。
プリンタ		コンピュータ内のデータやプログラムを紙に出力する装置。ドットインパクト、熱転写式、感熱式、インクジェット、レーザなどの方式がある。
	シリアルプリンタ	ドットと呼ばれる点の単位や1文字単位に印字するプリンタ。
	ラインプリンタ	1行単位に印字するプリンタ。
	ページプリンタ	1ページ単位に印字するプリンタ。

プリンタ、コピー、FAXなどの複数の機能を持つプリンタ複合機も広く利用されています。

入出力インタフェース

入力装置と出力装置をまとめて入出力装置と呼びます。入出力装置はさまざまな装置とデータのやりとりを行うため、その方法について約束事が必要になります。これを**インタフェース**といいます。データの入出力に関係するインタフェースをとくに**入出力インタフェース**といいます。入出力インタフェースには、データの転送方法の違いによりシリアルインタフェースとパラレルインタフェースがあります。

◎シリアルインタフェース

シリアルインタフェースとは、1本の信号線で1ビットずつを順次送る直列データ転送方式のことです（**表Ⅳ-2-2**）。この方式では、一度に転送できるデータ量は少なくなりますが、しくみが単純であるため、データを高速に転送できるという特徴があります。

▼ 表Ⅳ-2-2　代表的なシリアルインタフェースの種類

名前	説明
USB (Universal Serial Bus)	バス形式でコンピュータと周辺機器（キーボード、マウス、プリンタなど）を接続するための規格。転送速度が12MbpsのUSB 1.1、480MbpsのUSB 2.0、5GbpsのUSB 3.0などがあり、給電にも使用されている。
IEEE 1394	IEEEが標準化した規格。転送速度が100Mbps、200Mbps、400Mbps、800Mbpsの規格がある。

◎SATA（Serial ATA）

コンピュータとハードディスクやドライブなどの記憶装置を接続するIDE（ATA）規格の1つです。最大転送速度は、SATA 1.0は150Mbps、SATA 2.0は300Mbps、SATA 3.0は600Mbpsになります。また、ノートパソコンなどにあるカード型SSDなどを装着するためのmSATAという規格もあります。

◎パラレルインタフェース

パラレルインタフェースとは、複数の信号線を用いて同時に複数ビットをまとめて送る並列データ転送方式のことです（**表Ⅳ-2-3**）。この方式では、一度に多くのデータを送ることができますが、同期をとる必要があるため、データを高速に転送することが難しくなります。

▼ 表Ⅳ-2-3　代表的なパラレルインタフェースの種類

名前	説明
SCSI（Small Computer System Interface）	ハードディスクやCD-ROMドライブなどの接続に利用される。転送速度が40Mbps～320Mbpsの規格がある。
IDE（Integrated Drive Electronics）	ハードディスクの接続に利用される。CD-ROMドライブなどの機器の接続にも利用できるように、IDEを拡張したEIDEもある。

CPU

CPU（**中央処理装置**）とは、各種装置の制御やデータの演算や加工を行う装置のことです。CPUは、入力装置や記憶装置からデータを受け取り、データの演算や加工を行い、出力装置や記憶装置にデータを渡します（図Ⅳ-2-1）。

▼ 図Ⅳ-2-1　CPUの役割

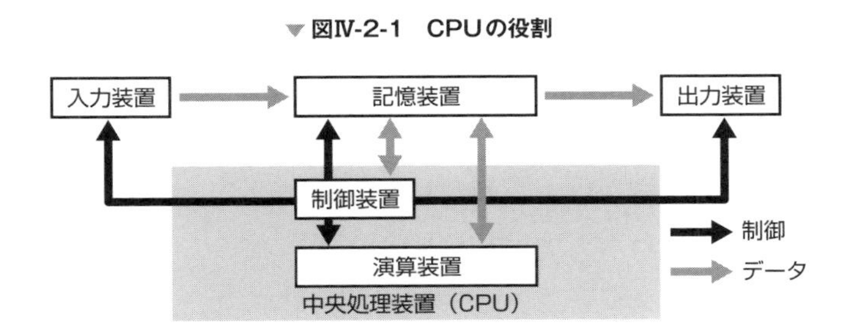

CPUは、**命令**という単位で処理を実行します。1つの命令は、「命令の取り出しと解読」および「演算の実行」によって処理されます。CPUは、「命令の取り出しと解読」および「演算の実行」を交互に繰り返し行うことによって命令を処理していきます。

◎CPUの構成要素

CPUは、**制御装置**、**演算装置**、**クロック**、**レジスタ群**から構成されます（図Ⅳ-2-2）。

▼図IV-2-2　CPUの構成要素

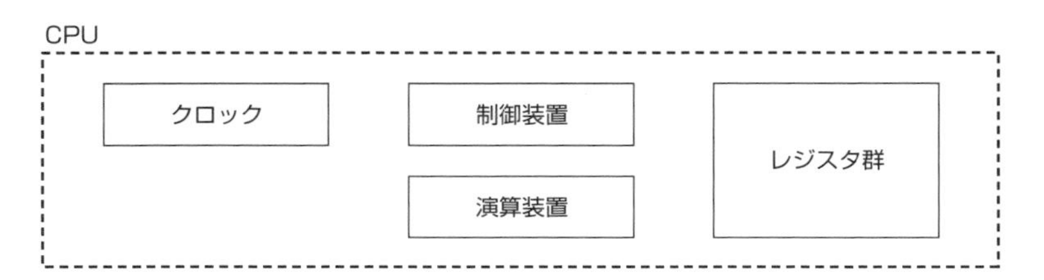

1. 制御装置

CPUを構成する装置の1つである**制御装置**は、記憶装置に記憶された命令を取り出して解読し、その結果に従って入力装置、記憶装置、演算装置、出力装置に必要な指示を送ります。

制御装置は、デコーダやさまざまなレジスタを使って各装置の制御を行います。まず、**命令アドレスレジスタ（PC：プログラムカウンタ）**の内容を記憶装置へ送り、記憶装置から送られてきた命令を**IR（命令レジスタ）**に格納します。次に**DEC（デコーダ）**によりこの命令を解読して実行内容を決定し、演算装置へ指示を送ります。演算にデータが必要な場合には記憶装置へ指示を送り、記憶装置からデータを受け取ってレジスタに格納します（図IV-2-3）。

▼図IV-2-3　制御装置の構成

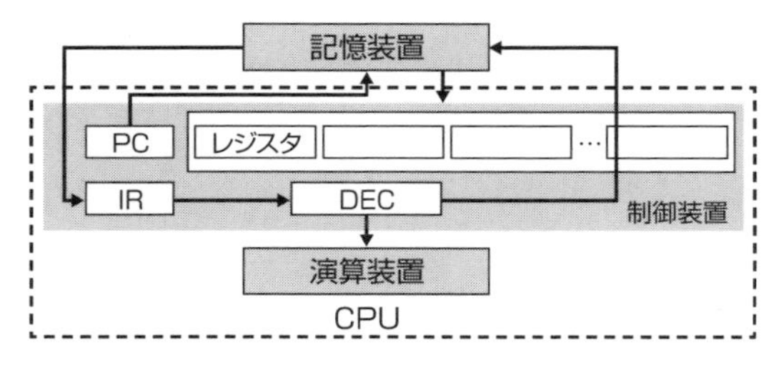

命令アドレスレジスタ(PC)
　命令を1つずつ順番に取り出す
IR(命令レジスタ)
　命令語を一時的に記憶する
DEC(デコーダ)
　命令を解読する

2. 演算装置

演算装置は、**ALU（算術論理演算装置）**とも呼ばれ、与えられたデータに対して加算などの四則演算を行う算術演算、論理和や論理積などの論理演算、大小や等価などの比較判断を行う比較演算、ビットデータを左右にずらすといった操作を行うシフト演算などの機能を持ちます。

演算装置は、制御装置からの指示に従い、演算回路で演算を行います。必要であれば、結果を一度汎用レジスタに保持します。演算結果は、制御装置からの指示に従い、制御装置内のレジスタまたは記憶装置に格納されます（図Ⅳ-2-4）。

▼図Ⅳ-2-4　演算装置の構成

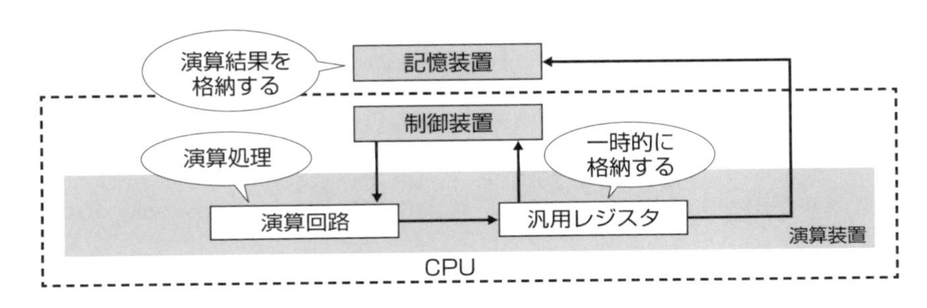

3. クロック

クロックとは、コンピュータ内の動作タイミングをとるために**パルス**（**クロック信号**）を発生させる回路のことです。クロックは、クロック周波数でその大きさを表現できます。その単位はHzです。CPUの基本動作は、クロックに合わせて行われます。

4. レジスタ群

レジスタ群とは、CPUに内蔵された小容量の記憶素子であるレジスタの集合体のことです。レジスタは、制御装置や演算装置の中に存在しています。

記憶装置

記憶装置とは、文字どおりデータを保持する装置のことです。記憶装置は、主記憶装置と補助記憶装置に大別されます（表Ⅳ-2-4）。

▼ 表Ⅳ-2-4　主記憶装置と主な補助記憶装置の種類

名前		説明
主記憶装置	レジスタ	CPUに内蔵された、小容量で高速に動作する記憶素子。
	キャッシュメモリ	レジスタに次いで高速に動作する半導体メモリで、CPU内の一時的な記憶装置として用いられる。主にSRAM（Static Random Access Memory）が利用される。
	主記憶装置	CPUが利用するデータやプログラムを記憶するための半導体メモリで、一般的にメモリと呼ばれる。主にDRAM（Dynamic Random Access Memory）が利用される。
補助記憶装置	磁気ディスク装置	データやプログラムの格納用に利用される装置。
	光ディスク装置	磁気ディスク装置に比べアクセス速度が遅く、主にデータの保存に用いられる。近年初期の再生専用型（ROM）に加え、追記型（Recordable）や書き換え型（Rewritable）がある。
	磁気テープ装置	大量のデータを保存するために用いられてきたが、アクセス速度が遅いため、近年は光ディスク装置などに移行しつつある。記憶単価が安価であることから、多数の媒体を自動交換するライブラリ装置などとして利用されている。

それぞれの記憶装置の容量、コスト、アクセス時間などを把握した上で、利用頻度、アクセス時間、必要の程度などに応じて適切な記憶装置を選択することが重要です（**図Ⅳ-2-5**）。

▼ 図Ⅳ-2-5　記憶階層

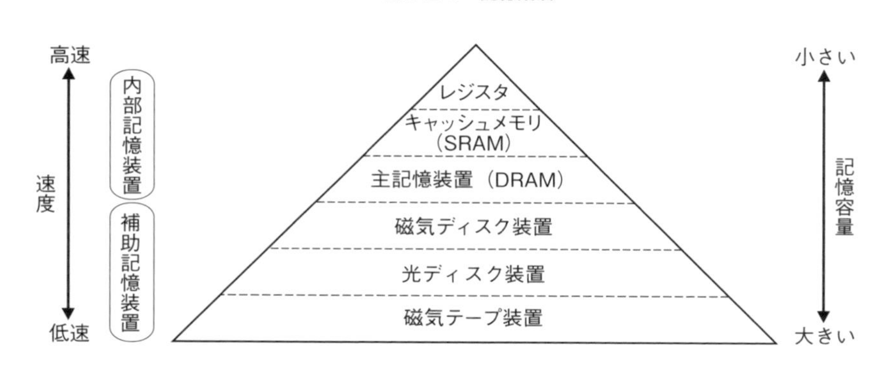

◎主記憶装置

主記憶装置とは、CPUがプログラムを実行する際に直接使用する記憶装置のことです。主記憶装置は、バス（データ用）によりCPUと直接接続されています。そのため、主記憶装置はCPUから高速にアクセスすることができます。主記憶装置は**メモリ**とも呼ばれます。

主記憶装置は、アドレス部、記憶部、制御部から構成されます。

- **アドレス部**：CPUから送られた命令アドレスレジスタの内容を解読する。
- **記憶部**：命令やデータを格納する。
- **制御部**：主記憶装置とCPUの間でさまざまな制御を行う。

アドレス

CPUは、主記憶装置内の任意の場所に格納されたデータやプログラムに対し、効率的に読み書きを行う必要があります。そのため、主記憶装置内にはアドレスと呼ばれる番号が割り振られています（図Ⅳ-2-6）。

CPUは、このアドレスを使用してデータやプログラムの読み書きを行います。

▼図Ⅳ-2-6　主記憶装置のしくみ

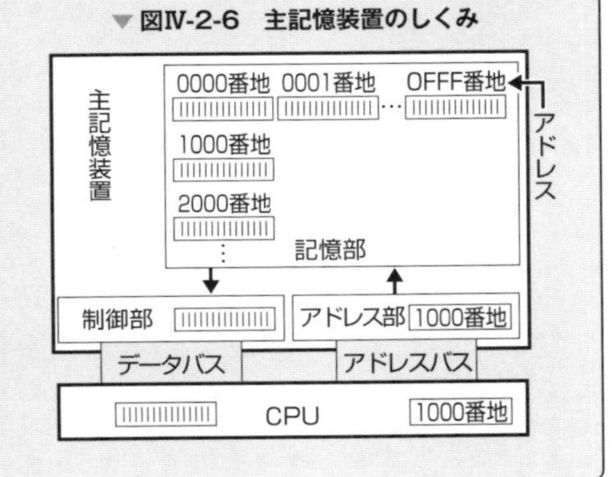

◎半導体メモリ

主記憶装置は、主に**半導体メモリ**で構成されます。半導体メモリは壊れにくい上、高速な読み書きが可能であるという特性を持つためです。半導体メモリとは、半導体で作成された、読み書き可能な記憶媒体であり、ICメモリとも呼ばれています。

半導体メモリは、RAMとROMの2種類に分類することができます。

1. RAM

RAM（Random Access Memory）は、命令の実行により自由にデータの読み書きを行うことができますが、電源を切断すると記憶内容が失われます。このような性質を揮発性といいます。

RAMにはSRAM（Static Random Access Memory）とDRAM（Dynamic Random Access Memory）の2種類があります。

SRAMは、メモリ内の記憶内容を定期的に書き直す動作（リフレッシュ）を必要としないため、アクセス速度が速くなります。このため、キャッシュメモリなどに使われますが、非常に高価です。

DRAMは、コンデンサと呼ばれる部品の電荷の状態を利用して作られています。時間の経過とともに電荷が減少するため、数ミリ秒ごとに**リフレッシュ**が必要です。

したがって、アクセス速度はSRAMに比べて遅くなります。一方で、回路が単純であることから、低価格でかつ大容量の記憶装置を作ることができ、主記憶装置に多く使われています（**表IV-2-5**）。

▼ **表IV-2-5　RAMの種類と特徴**

<table>
<tr><th colspan="2">種類</th><th>リフレッシュ</th><th>容量</th><th>速度</th><th>価格</th><th>消費電力</th><th>用途</th></tr>
<tr><td rowspan="2">SRAM</td><td>バイポーラ型</td><td>不要</td><td>小</td><td>高</td><td>高</td><td>大</td><td>キャッシュメモリ</td></tr>
<tr><td>MOS型</td><td>不要</td><td>小〜中</td><td>中</td><td>やや高</td><td>やや大</td><td>主記憶装置</td></tr>
<tr><td colspan="2">DRAM</td><td>要</td><td>大</td><td>低</td><td>低</td><td>小</td><td>主記憶装置</td></tr>
</table>

2. ROM

ROM（Read Only Memory）は、電源を切断しても記憶内容が保持されるという性質を持ちます。この性質を不揮発性といいます。ROMは、この性質を生かして主にデータの保存用に利用されます（**表IV-2-6**）。

ROMには、マスクROMとユーザプログラマブルROMの2種類があります。

マスクROMは読み取り専用のメモリです。メーカの出荷時にはすでに記憶内容が書き込まれており、ユーザが記憶内容を書き加えたり消去したりすることができません。

一方、**ユーザプログラマブルROM**は、利用者側で内容を書き加えたり消去したりすることが可能です。ユーザプログラマブルROMは、内容の消去方法や特徴の違いにより、PROM、EPROM、EEPROM、フラッシュEEPROMの4種類に分けられます。

▼ **表IV-2-6　ROMの種類と特徴**

<table>
<tr><th colspan="2">種類</th><th>データの書き込み</th><th>データの消去</th><th>特徴</th></tr>
<tr><td colspan="2">マスクROM</td><td>マスクの作成時に作り込む。</td><td>不可</td><td>漢字データなどの変更の不要な固定データの記録に有効である。</td></tr>
<tr><td rowspan="4">ユーザプログラマブルROM</td><td>PROM</td><td>一度だけ自由なデータを記録できる。</td><td>不可</td><td>ユーザが任意にデータを記録することができる。</td></tr>
<tr><td>EPROM</td><td rowspan="3">データを複数回書き換えることができる。</td><td>紫外線照射による一括消去</td><td>消去には専用のROM Eraserが必要である。</td></tr>
<tr><td>EEPROM</td><td>電気信号による消去</td><td>ビット単位での書き換えが可能である。</td></tr>
<tr><td>フラッシュEEPROM</td><td>電気的に数ビット単位で消去</td><td>数ビット単位での書き換えが可能である。USBメモリなどで利用されている。</td></tr>
</table>

フラッシュEEPROMは、デジタルビデオ、デジタルカメラなどの画像記録媒体で、大容量で取り外し可能な記憶媒体として使用されています。

◎主記憶アクセスの高速化

CPUの処理速度は高速化の一途をたどっており、最近ではメモリへのアクセス速度を大きく上回ります。しかし、演算の対象となるデータがなければ、処理は不可能です。そこでコンピュータの処理能力を向上させるためには、主記憶へのアクセスをいかに高速化するかが重要となります。

コンピュータの処理能力向上のための主記憶アクセスの高速化の方法には、キャッシュメモリによる階層化と、メモリの読み出し方法を改善するメモリインタリーブがあります。

1. キャッシュメモリによる階層化

主記憶装置では、容量やコストの面からDRAMが多く用いられます。DRAMのアクセス速度は数十～数百ns（ナノ秒）です。CPUと比較すると非常に低速です。

メモリへのアクセス速度が遅いことが、コンピュータ全体の処理速度に大きく影響してしまいます。DRAMの代わりにSRAMを用いれば速度の問題を解決することは可能ですが、コストが上昇し、実用的ではありません。

そこで、コスト面で負担とならない程度のSRAMを主記憶装置とCPUの間に置いています。これを**キャッシュメモリ**と呼びます。キャッシュメモリに、主記憶装置内のデータの一部をあらかじめ転送しておき、CPUがデータを取得する際に主記憶装置へのアクセスを不要とすることで高速化を図る手法です（**図Ⅳ-2-7**）。

▼**図Ⅳ-2-7　キャッシュメモリのしくみ**

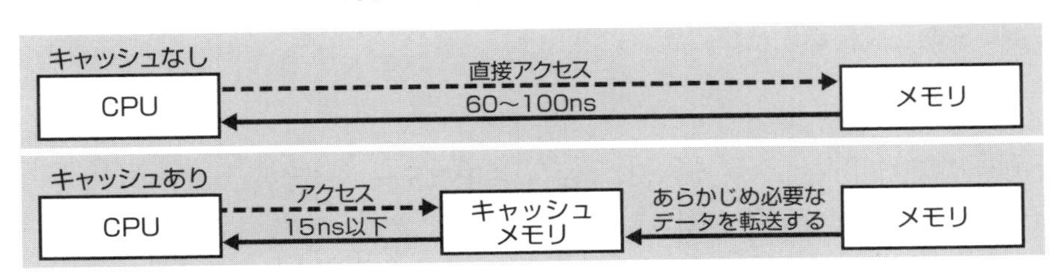

ただし、キャッシュメモリの容量は小さいため、CPUが必要とするデータがキャッシュメモリ内に存在しない場合もあります。この場合は、主記憶装置にアクセスしてデータを取得するため、処理速度が低下します。したがって、CPUがデータを

キャッシュメモリから取得する回数を増やし、主記憶装置へアクセスする回数を減らす必要があります。つまり、**ヒット率**（必要なデータがキャッシュメモリに存在する確率）をいかに高めるかが重要です。

2. メモリインタリーブ

メモリインタリーブとは、1つのメモリブロックを複数の**バンク**に分け、各バンクの読み取りのタイミングを少しずつずらして並列的に処理することにより高速化を実現する方法です（図Ⅳ-2-8）。バンクとはメモリを管理する単位のことで、バンク数をwayと呼び、2wayから32wayまでがよく利用されています。

メモリインタリーブは、連続したデータの読み取り速度の向上に大きな効果があります。

▼ 図Ⅳ-2-8　メモリインタリーブのしくみ

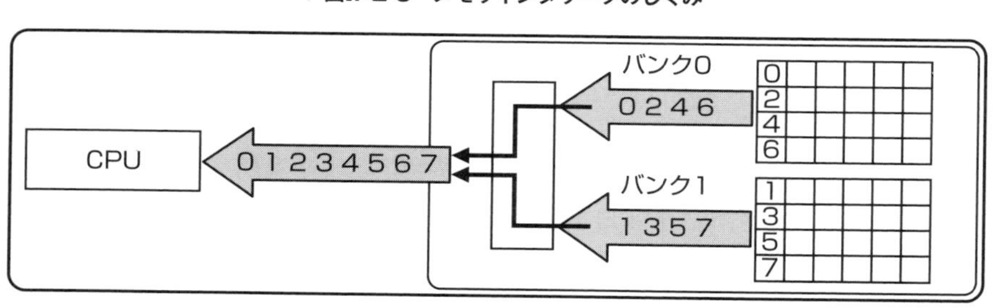

◎補助記憶装置

主記憶装置はCPUからの高速なアクセスが可能な記憶装置ですが、コストが高く実装できる容量も限られます。そこで、主記憶装置の容量を補い、データの保管などに**補助記憶装置**が使われます。

1. 磁気テープ装置

補助記憶装置として古くから使われている**磁気テープ装置**は、1ビットあたりの価格が他の補助記憶装置に比べて安価であることから、磁気ディスク装置などのデータのバックアップに利用されています。アクセス速度は非常に遅く、シーケンシャル（逐次）アクセスのみが可能です。

2. 磁気ディスク装置（ハードディスク）

磁気ディスク装置は、記録媒体として表面が磁性体である円盤を用います。1台の装置には1～数枚の円盤があり、モータにより高速に回転します。

円盤の各面には1個の磁気ヘッドがあり、半径方向に移動します。円盤の回転と磁気ヘッドの移動により、円盤上の任意の場所に磁気ヘッドを位置づけることが可能です。

データの読み書きは、円盤上に仮想的な円を描くことにより行います。この円を**トラック**と呼びます。磁気ディスク装置は円盤の各面にトラックが存在するため、全体で見ると仮想的な円柱が形成されます。これを**シリンダ**と呼びます。トラックは面全体で半径方向に扇形に分割された形になります。これを**セクタ**と呼びます（図Ⅳ-2-9）。

磁気ディスク装置ではデータの読み書きをセクタ単位で行うため、バイト単位で読み書きを行うより高速になります。また、シリンダを用いることにより、任意の場所に位置づけた磁気ヘッドを動かすことなく、より多くのデータの読み書きが可能になります。

▼ **図Ⅳ-2-9　磁気ディスク装置のセクタ、トラック、シリンダ**

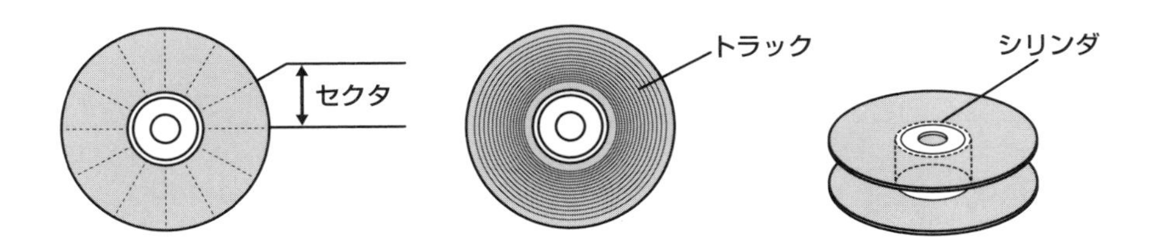

3. その他の補助記憶装置

磁気テープや磁気ディスク以外にも次のような補助記憶装置があります（**表Ⅳ-2-7**）。

▼表Ⅳ-2-7　その他の補助記憶装置

記録方式	種類	特徴	容量
光ディスク	CD	レーザの光の反射によりデータを読み込む。読み取り専用のCD-ROM、データの書き込みが可能な追記型のCD-R、書き換えが可能なCD-RWがある。	650Mバイト、700Mバイト
	DVD	CDよりも大容量の媒体である。DVD-Video、DVD-ROM（読み取り専用）、DVD-R（追記型）、DVD+R（追記型）DVD-RAM（書き換え可能）、DVD-RW（書き換え可能）、DVD+RW（書き換え可能）がある。	135分（DVD-Video）、3.9Gバイト（DVD-R）、4.7Gバイト（DVD-ROM、DVD-RW）、両面5.2Gバイト（DVD-RAM）、両面6Gバイト（DVD+RW）
	BD	DVDよりも大容量の媒体で、青色レーザで読み書きする。BD-ROM（読み取り専用）、BD-R（追記型）、BD-RE（書き換え可能）などがある。	25Gバイト（1層）、50Gバイト（2層）
半導体ディスク	フラッシュメモリ（フラッシュEEPROM）	フラッシュメモリを利用した装置で、コンパクトフラッシュ、スマートメディア、メモリースティック、SDメモリカードなどがある。	数Mバイト～百数Gバイト
	SSD	大容量のフラッシュメモリを組み合わせて構築された、磁気ディスクの代替となる記憶装置である。磁気ディスクと同様のインタフェースを持つ。	数百Gバイト

Ⅳ-3　スマートデバイスに関する知識

毎日の生活に欠かすことのできなくなっている、スマートフォンをはじめとするスマートデバイスですが、日々進化し続けています。ここでは、そのスマートデバイスについて学びます。

KEYWORD

- □スマートデバイス
- □IoT
- □ウェアラブルデバイス
- □ロボティクス
- □組込みシステム
- □エンベデッドシステム
- □TOFセンサ
- □コネクティッドカー
- □情報リテラシ
- □デジタルディバイド

スマートデバイス

われわれの身近な場所で多くのコンピュータが使われています。目に見えているパソコンやスマートフォンのような機器以外にも家電品などにも組込まれていて、日々の生活を豊かに、そして安全にしてくれています。

ただ、そのような機器を購入、利用できる人たちがいる反面、環境や個人によっては使用が簡単にできない問題もあります。

◎IoT

IoT（Internet of Things）は、電化製品や計測機器などをインターネットに接続して、事業者のサーバなどとの間で通信できるようにし、情報交換や自動制御などを行うことです。**モノのインターネット**とも呼ばれています。電力会社のスマートメータなどがIoTの例です。

◎ウェアラブルデバイス

ウェアラブルデバイスとは、人間が身に着けるもの（時計／眼鏡／イヤホンなど）にコンピュータを内蔵して、歩数や心拍数など身体に関する情報を計測したり、知識の共有を図るIoT機器です。

◎ロボティクス

ロボティクス（ロボット工学）とは、ロボットの手足を稼働させるための動作機構や、外部の状況を確認するためのカメラやセンサ、およびロボットを自律的に動作させるためのソフトウェアや人工知能などを研究する学問です。

◎組込みシステム（エンベデッドシステム）

組込みシステムとは、家電製品や機械などに組込まれている特定の機能を処理するマイクロコンピュータシステムです。たとえば、電気炊飯器における火加減調節、電気洗濯機のさまざまな洗濯モードなど、われわれの身近にある家電品には必ずといっていいほどこのシステムは組込まれています。

◎TOFセンサ

TOF（Time Of Flight）センサは、光が対象物に反射した時間を計測し、その情報を基に三次元で測定する方式のセンサのことをいいます。他のセンサに比べ、明るくない場所などでも使用できます。自動車の自動ブレーキシステムやゲーム機などにも実用化されています。

◎コネクティッドカー

コネクティッドカーとは、インターネットに接続されている車を指します。緊急時に車からの通報を運転者がしなくても警察や消防などに自動的に行ってくれたりする機能や、車同士の通信により安全運転をサポートする機能などが期待できます。

◎情報リテラシ

情報リテラシは、情報を活用できる能力のことです。業務や生活に必要なデータを検索することや、分析や改善などの目的に合わせてデータを活用することが該当します。

◎デジタルディバイド

デジタルディバイドは、情報リテラシの有無やITの利用環境の相違などを原因として発生する、社会的または経済的格差のことです。デジタルディバイドの例としては、インターネット接続環境の有無が挙げられます。インターネットに接続できる環境がない人は、環境がある人と比較してインターネット上の重要な情報を入手できない可能性が高いため、情報の格差が生じます。この情報の格差が、社会的または経済的な格差につながるといわれています。

Ⅳ-4 その他コンピュータに関する知識

ここではコンピュータを扱うためのソフトウェアの基礎知識として、コンピュータの種類、コンピュータの内部でのデータ表現方法、2進数などについて説明します。また、基本的なシステム構成、信頼性を向上させるシステム構成、その信頼性を測る指標であるMTBFやMTTR、稼働率などについても理解しましょう。

KEYWORD

□コンピュータの種類　□ビット　□バイト　□2進数
□8進数　□16進数　□文字コード　□JPEG
□MPEG　□MP3　□集中型システム
□分散型システム　□クライアントサーバシステム
□クラウドサービス　□シンクライアント　□デュアルシステム
□デュプレックスシステム　□RASIS　□MTBF
□MTTR　□システムの稼働率

コンピュータの種類

コンピュータの種類には、汎用コンピュータ、オフィスコンピュータ、スーパコンピュータ、ワークステーション、パーソナルコンピュータ、マイクロコンピュータ、制御コンピュータなどがあります（**表Ⅳ-4-1**）。

▼ **表Ⅳ-4-1　代表的なコンピュータの種類**

コンピュータの種類	説明
汎用コンピュータ	事務処理から技術計算までさまざまな目的に利用される汎用性の高いコンピュータ。1960年代半ばからコンピュータの発展と活用の中心となってきた。メインフレームとも呼ばれる。
スーパコンピュータ	汎用コンピュータを大規模な科学技術計算に特化させたコンピュータ。
パーソナルコンピュータ	個人用に利用される比較的低価格なコンピュータ。ワードプロセッサや表計算などのソフトウェアが登場し、ビジネスの世界でも利用されている。
マイクロコンピュータ	家電製品や自動車、携帯電話などの機器に制御部品として組み込まれる小型のコンピュータ。
制御コンピュータ	コンビナートや交通管理、発電所、生産ラインなどの各種装置を制御するコンピュータ。

数値表現とデータ表現

コンピュータの内部では、データは0または1のビットの集合として表されます。**ビット**はコンピュータにおけるデータの最小単位です。通常は8ビットを1バイトとし、数値やデータを**バイト**単位で表現します。

コンピュータのデータは、数値データと非数値データに大別することができます。

- **数値データ**：数値演算に使用される。2進数や16進数によって表される。
- **非数値データ**：画像データ、音声データなど、数値以外の情報の表現で使用する。

◎2進数、8進数、16進数

データの最小単位であるビットは、0または1の2つの値をとります。そのため、数値データを扱う場合は、**2進数**、**8進数**、**16進数**で表すことになります（**表IV-4-2**）。

▼ 表IV-4-2　2進数、8進数、16進数

10進	2進	8進	16進
0	0000	0	0
1	0001	1	1
2	0010	2	2
3	0011	3	3
4	0100	4	4
5	0101	5	5
6	0110	6	6
7	0111	7	7
8	1000	10	8

10進	2進	8進	16進
9	1001	11	9
10	1010	12	A
11	1011	13	B
12	1100	14	C
13	1101	15	D
14	1110	16	E
15	1111	17	F
16	10000	20	10

文字コード

コンピュータで入出力される文字はすべて**文字コード**で処理されています。代表的な文字コードは、次のとおりです（**表IV-4-3**）。

▼表Ⅳ-4-3 よく使われる文字コード

名称	説明
ASCIIコード	ANSI（米規格協会）が制定した、1文字を7ビットで表現する文字コード。
EBCDIC	IBM社が制定した拡張2進化10進符号のこと。1文字を8ビットで表現する。
JISコード	JIS（日本工業規格）が制定したコード。数字・英字・各種記号・カタカナは1文字を8ビットで表現し、漢字は16ビットで表現する。
シフトJISコード	Microsoft社が制定した主にパソコンで使用されている文字コード。16ビットを使用して日本語で使用するほぼすべての文字を表現できる。
EUC	AT&Tが制定したUNIXなどで使用されている文字コード。日本語EUC（EUC-JP）は、2バイトで漢字も表現できる。
Unicode	ISOとIECが制定した、世界各国の言語体系に対応した文字コード。すべての国の文字を2バイト（16ビット）でほぼ網羅したUSC-2や、2バイトでは足りないために3バイト以上で表現するもの、4バイトで表現しているUSC-4などがある。

マルチメディアデータの標準化

◎画像や音声ファイル形式

画像や音声データを扱う場合、次のファイル形式がよく利用されます。

1. JPEG

JPEG（Joint Photographic Experts Group）とは、静止画像の圧縮方式を策定する組織およびその圧縮方式の名称のことです。JPEGでは、圧縮されたデータを元に戻すときに画質が低下する場合があり、忠実に画像を復元できるとは限りません。このような圧縮方式を非可逆圧縮といいます。

2. MPEG

MPEG（Moving Picture Experts Group）とは、動画像の符号化方式を策定する組織およびその符号化方式の名称のことです。MPEGによって策定された動画像の符号化方式にはいくつかの種類があります。

- MPEG1：転送速度が1.5Mビット／秒程度で、CD-ROMなどの蓄積メディアを対象とする。
- MPEG2：転送速度が数M～数十Mビット／秒で、DVDやデジタルテレビなどで使用される。
- MPEG4：携帯電話や電話回線など比較的速度が遅い回線でも使えるよう、動画と音声を高効率で圧縮する。HDビデオやBlu-rayでも使われている。

3. MP3

MP3（MPEG audio Layer-3）は、MPEG1の音声部分の圧縮アルゴリズムのうち、レイヤ3と呼ばれるアルゴリズムによって圧縮化される音声ファイルの名称です。

◎画像や音声を扱うマークアップ言語

画像ファイルや音声ファイルを扱うことのできるマークアップ言語には、**HTML**（HyperText Markup Language）の他に次のものがあります。

1. SGML

SGML（Standard Generalized Markup Language）は、文書の内容を構造化して記述するマークアップ言語です。SGMLでは文書中の要素（タイトル、注釈、見出し、段落など）がタグによりマークアップされ、明示されます。そのため、文書中の特定要素の検索やタイトルの一覧作成などの作業が容易になります。HTMLやXMLは、SGMLをもとに作成された言語です。

2. XML

XML（Extensible Markup Language）は、HTMLと同様にSGMLを拡張したマークアップ言語です。HTMLと同様にテキストベースでタグを使って文書の構造や見栄えを指定することができます。HTMLとは異なり、ユーザが独自のタグを定義できるため、マークアップ言語を作成するためのメタ言語ともいわれます。

システムの処理形態

コンピュータシステムは、集中型システムと分散型システム（垂直／水平分散または負荷／機能分散）などに分類されます。

◎集中型システム

集中型システムとは、**ホストコンピュータ**がほぼすべての処理を実行する形態のことです（**図Ⅳ-4-1**）。**端末**は、通信機能と入出力機能のみ備えています。

▼ 図Ⅳ-4-1　集中型システムの例

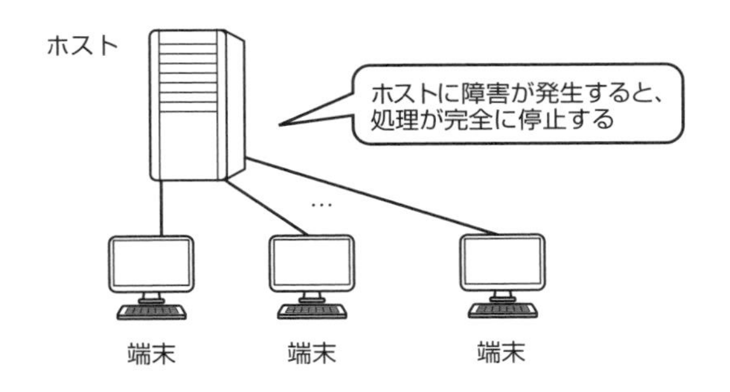

◎分散型システム

分散型システムとは、複数のコンピュータが機能や負荷を分担して処理を実行するシステムのことです（図Ⅳ-4-2）。

▼ 図Ⅳ-4-2　分散型システムの例

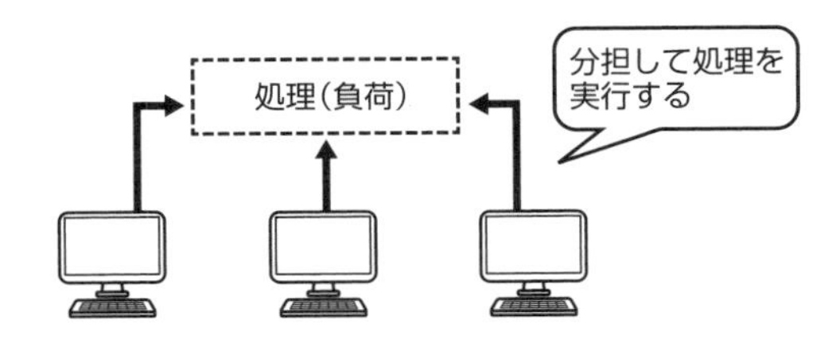

1. クライアントサーバシステム

クライアントから要求された処理を**サーバ**が実行し、その結果をクライアントに送るシステムを**クライアントサーバシステム**といいます。

クライアントとサーバで実行するOSは同じである必要はありません。また、1台のコンピュータがサーバとクライアントを兼用することもあります。

クライアントサーバシステムは、**垂直機能分散システム**の1つです。**プリントサーバ**や**ファイルサーバ**などがよく用いられます。

2. 垂直／水平分散と負荷／機能分散

分散型システムは、機能と構成をどのように分散させるかによって、次に示すように分類されます（表Ⅳ-4-4）。

- **水平分散と垂直分散**：ハードウェアの種類や構成の観点で分散させる方式

- **負荷分散と機能分散**：負荷や機能という観点で分散させる方式

▼ 表Ⅳ-4-4　垂直／水平分散と負荷／機能分散

種類	説明
水平分散	処理能力がほぼ同じである複数のコンピュータを水平に（平等な権限で）構成する。
垂直分散	クライアントサーバシステムのように、処理能力が異なる端末やコンピュータなどの機器を階層的に構成する。
負荷分散	同じ機能を実行する際の処理の負荷を複数のコンピュータで分担して負荷を軽減する。
機能分散	異なる機能を複数のシステムで個別に分担する。

クライアントサーバシステムでは、通常はサーバのほうがクライアントより処理能力が高くなります。また、機能に応じて複数のサーバを用意することがあるため、垂直機能分散システムに該当します。

3. クラウドサービス

ネットワークで接続された複数のサーバが抽象化され、実体を意識することなく利用可能な処理形態を**クラウドコンピューティング**といいます。クラウドコンピューティングを利用して、自宅、勤務先および出張先などからデータの参照や更新をできるようにするサービスのことを、**クラウドサービス**といいます。

4. シンクライアント

ハードディスクを持たず、内部にデータを格納できない形式のノートPCなどを**シンクライアント**といいます。シンクライアントはネットワーク経由でサーバに接続して、サーバ上で稼働する**仮想OS**やアプリケーションの処理結果を受け取って画面に表示します。シンクライアントの利用者がキー操作などを行うと、その内容がネットワーク経由でサーバに届き、仮想OSなどが当該操作に応じた処理をサーバ上で実行します。

社外でノートPCを紛失して、ハードディスク上に記録されたデータを盗まれる事故に備えるためには、社員に配布するPCをシンクライアントとすべきです。シンクライアントを紛失しても、その中にはデータは記録されていないので情報漏えいの危険性が少なくなります。

◎SaaS

Software as a Service。インターネットなどを経由して、アプリケーション機能を提供するサービスです（図Ⅳ-4-3）。このサービスでは、従来のソフトウェア販売形態のように、DVDなどのメディアを頒布し、インストールさせるという形式でパッケージソフトを販売する方式ではなく、ネットワークなどを経由して、利用者のPCにソフトウェアを利用するたびにダウンロードさせることで、各種の機能を提供します。

▼図Ⅳ-4-3 SaaS

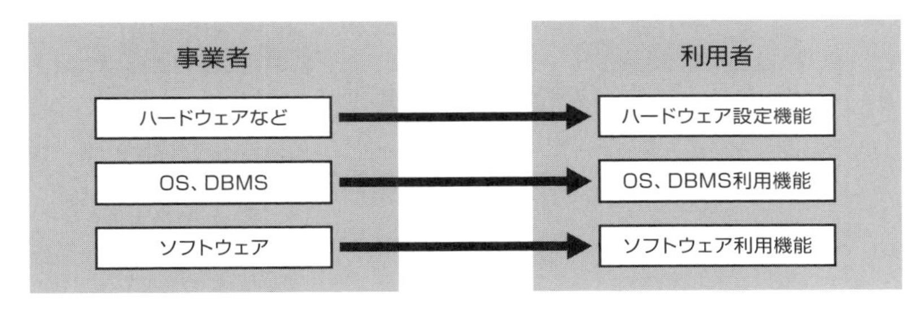

◎PaaS

Platform as a Service。ハードウェアやネットワーク機器、およびOSとDBMS（データベース管理システム）を事業者が用意し、それらを利用するための機能を利用者に提供するサービスです（図Ⅳ-4-4）。利用者は、当該機能を利用してハードウェアやOSなどを操作し、自分で用意したソフトウェアをOS上で稼働させることで、情報システムを運用することができます。PaaSでは、ハードウェアやOSは事業者側で管理するので、利用者はOSのバージョンアップ作業などをしたり、ハードウェアを買い替えたりする必要がなく、情報システムの運用管理に要する工数や費用を少なくすることができます。

▼図Ⅳ-4-4 PaaS

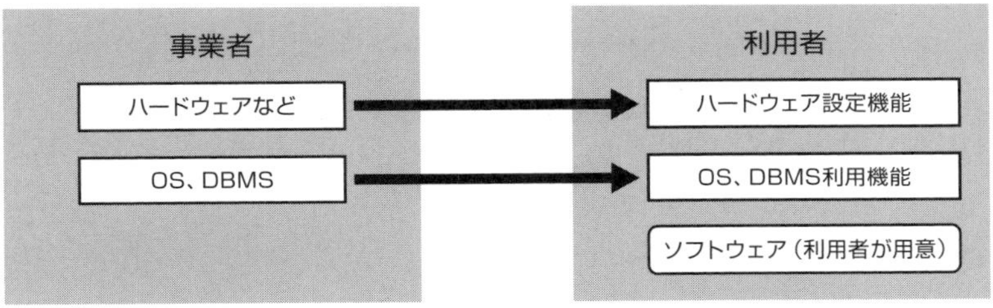

事業者
ハードウェアなど
OS、DBMS
利用者
ハードウェア設定機能
OS、DBMS利用機能
ソフトウェア（利用者が用意）

◎IaaS

Infrastructure as a Service。ハードウェアやネットワーク機器を事業者が用意し、それらを利用するための機能を利用者に提供するサービスです（図Ⅳ-4-5）。利用者は、当該機能を利用してハードウェアの設定を行うとともに、自分で用意したOS、DBMSおよびソフトウェアを利用して情報システムを運用できます。そのため、利用者がセキュリティ設定などをする必要があります。

▼図Ⅳ-4-5　IaaS

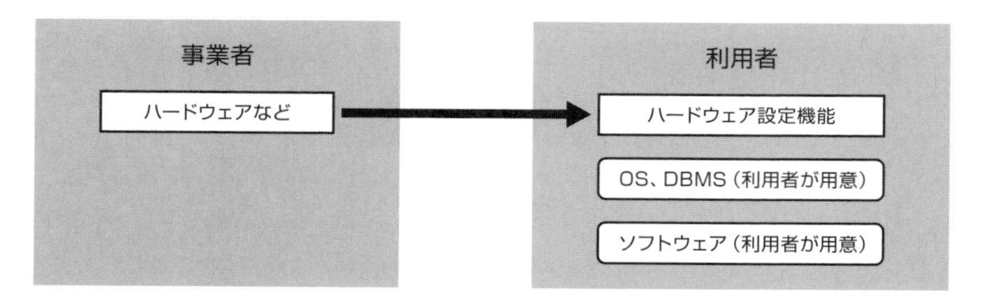

◎DaaS

Desktop as a Service。事業者がアプリケーションソフト、OS、サーバを利用者に提供するサービスです（図Ⅳ-4-6）。利用者は基本的な入出力機能だけを備えた端末（キーボート／マウス／ディスプレイ）を用意し、事業者のサーバ上で稼働しているアプリケーションソフトやOSを、ネットワークを介して端末から利用します。データなどを持ち歩かないので、セキュリティ対策になります。

▼図Ⅳ-4-6　DaaS

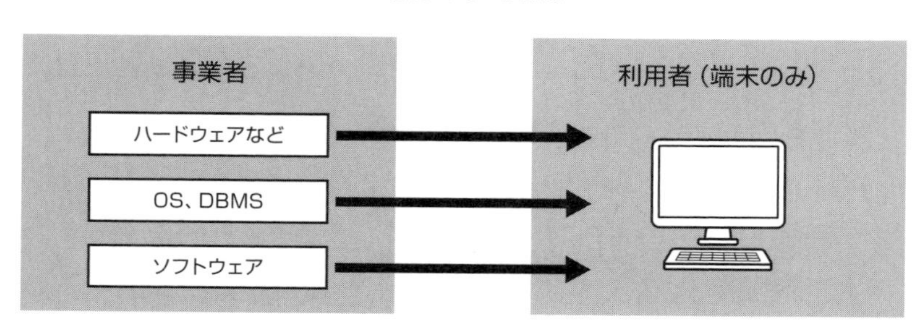

◎オンプレミス

on-premise。利用者が自社の管理する施設内にサーバなどの機器を導入して、情報システムを自ら運用管理する業務形態のことです。従来からある一般的な業務形態で、固有の名称はとくにありませんでした。しかし、ホスティングやSaaSなどの、機器やソフトウェアを外部から借りる形式のサービスが一般化したため、それらと区別するために名称が付けられるようになりました。

信頼性を向上させるためのシステム構成

企業においてコンピュータシステムを業務に利用している場合、システム障害などにより突然システムが停止すると大きな被害を受けることがあります。このような事態を避けるためのシステム構成として、デュアルシステムとデュプレックスシステムがあります。

◎デュアルシステム

デュアルシステムとは、システムの機器やソフトウェアなどを2系統用意して両方を稼働させるシステムのことです（**図Ⅳ-4-7**）。どちらの系統でもお互いの処理結果を比較して、異常がないかどうかを常に監視します。

▼ 図Ⅳ-4-7　デュアルシステムの例

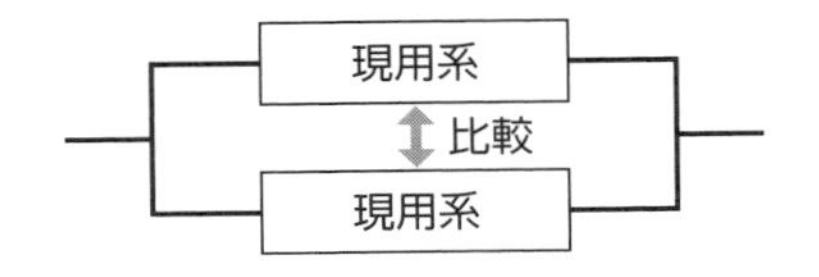

◎デュプレックスシステム

デュプレックスシステムとは、システムの機器やソフトウェアなどを2系統用意して、一方を**現用系**、他方を**待機系**として稼働させるシステムのことです（**図Ⅳ-4-8**）。現用系が故障した場合に待機系に切り替えて処理を続けます。ただし、切り替えを行っているときにはシステムが停止するため、故障時間が比較的長くなります。

▼ 図Ⅳ-4-8　デュプレックスシステムの例

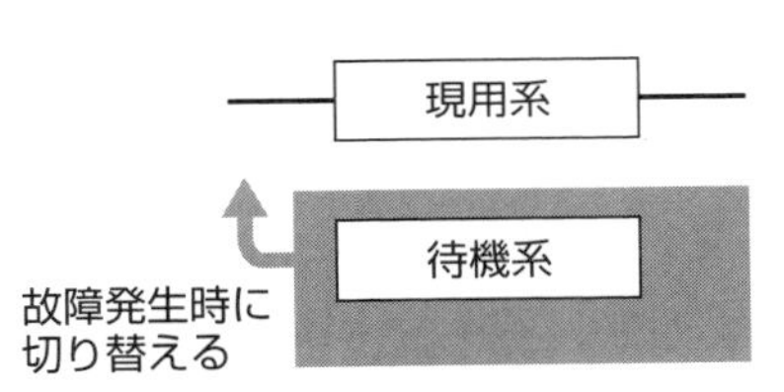

デュプレックスシステムでは、現用系から待機系へ切り替える際に次の方式を利用します（**表Ⅳ-4-5**）。

▼**表Ⅳ-4-5　デュプレックスシステムにおける切り替え方式**

方式	説明
ホットスタンバイ	待機系システムで現用系システムと同一の業務プログラムをあらかじめ起動して処理を即座に実行できる状態にしておく。現用系システムが故障したときは、現用系から待機系へ即座に切り替えて処理を続行する。切り替え時間を最も短くできる。
ウォームスタンバイ	待機系システムの電源を入れ、OSを起動するが、現用系システムと同じ業務プログラムは起動させていない状態にしておく。現用系システムが故障したときは現用系システムと同じ業務プログラムを待機系システムで起動してから、待機系システムに切り替えて処理を続行する。
コールドスタンバイ	待機系システムの電源は切っておく。現用系システムが故障したときは、待機系システムの電源を入れてOSなどを立ち上げ、現用系システムと同じ業務プログラムを起動し、処理を続行する。切り替え時間が最も長くなる。

RASIS

コンピュータシステムの広義の信頼性を評価する指標として、**RASIS**があります。RASISは、Reliability（狭義の信頼性）、Availability（可用性）、Serviceability（保守性）、Integrity（完全性または保全性）、Security（機密性または安全性）の頭文字をとったものです。

◎Reliability（信頼性）

Reliabilityとは、**狭義の信頼性**のことです。システムがどのくらい長い期間故障せずに稼働できるかを表します。

定量的には、**MTBF**（Mean Time Between Failures：**平均故障間隔**）で評価されます。MTBFは、システムが故障しないで連続して動作する時間の平均値です。そのため、MTBFが長いほど信頼性が高いとみなされます。MTBFを長くするためには、定期的な保守などが必要です。

MTBFと故障率には、次の関係が成り立ちます。

$$\text{故障率} = \frac{1}{\text{MTBF}}$$

◎ Availability（可用性）

Availabilityとは**可用性**のことで、システムが必要なときに使用可能な状態であるかどうかを表す指標です。定量的には、**稼働率**で評価されます。

稼働率は、MTBFとMTTR（後述）から次の式で求めます。

$$稼働率 = \frac{MTBF}{MTBF + MTTR}$$

稼働率を向上させるためには、**MTBFを長く、MTTRを短く**する必要があります。

◎ Serviceability（保守性）

Serviceabilityとは**保守性**のことで、システムが故障した場合の保守の行いやすさを表します。定量的には、**MTTR**（Mean Time To Repair：**平均修理時間**）で評価されます。MTTRは、故障が発生した際の復旧時間の平均値です。MTTRを短くするために、遠隔保守などを行うことがあります。

◎ Integrity（完全性または保全性）

Integrityは、システムが完全であるかどうかを表す指標です。**完全性**または**保全性**といわれます。システム内では常にデータの整合性を保たなければなりません。そのため、故障が発生した場合の回復手段が容易かどうかなども評価の対象となります。

◎ Security（機密性または安全性）

Securityは、論理的または物理的なアクセスが適切に保護されているかどうかを表す指標です。**機密性**または**安全性**といわれます。パスワードを適切に管理する、重要な情報がある部屋には常にかぎをかけるといった、さまざまな対策を講じる必要があります。

稼働率の求め方

システムの稼働率をAとする場合、そのシステムの故障率は1－Aで表されます。あるシステムが複数のシステムから構成される場合、システムを直列に構成しているか並列に構成しているかで、システム全体の稼働率の求め方が異なります。

◎直列に構成されているシステムの稼働率

システムが次のように直列に構成されている場合、両方のシステムが動作していなければシステム全体が動作しているとみなされません。したがって、システム全体の稼働率は$A \times A = A^2$と求められます（図Ⅳ-4-9）。

▼図Ⅳ-4-9　直列に構成されたシステムの稼働率

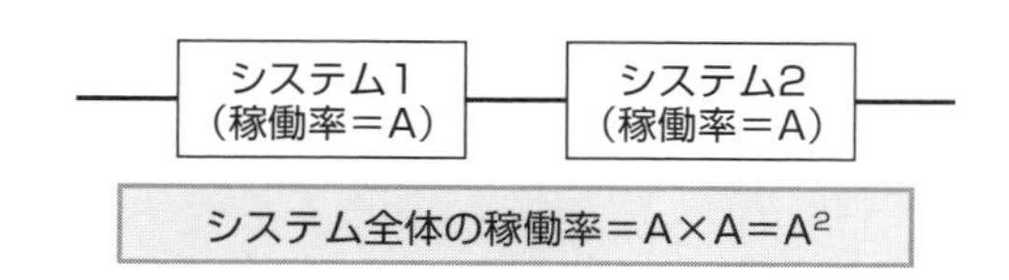

◎並列に構成されているシステムの稼働率

システムが次のように並列に構成されている場合、いずれかのシステムが動作していればシステム全体が動作しているとみなされます。したがって、システム全体の稼働率は両方が故障している確率を1から引いて、$1 - (1 - A)^2 = 2A - A^2$と求められます（図Ⅳ-4-10）。

▼図Ⅳ-4-10　並列に構成されたシステムの稼働率

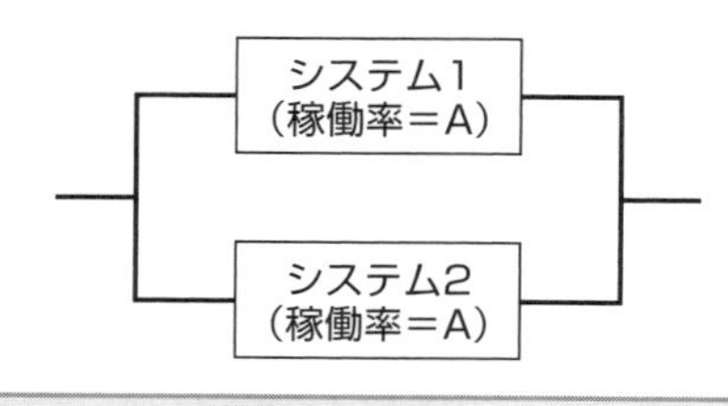

Ⅳ-5 通信・ネットワークに関する知識

現在多くのコンピュータシステムがネットワークを利用しています。インターネットで利用されるTCP/IP、TCP/IPのIPアドレスとサブネットワーク、その他TCP/IP上で利用されるプロトコルについて学習します。

KEYWORD

□OSI基本参照モデル	□TCP/IP	□IPアドレス
□ネットワーク部	□ホスト部	□サブネットワーク
□サブネットマスク	□プレフィクス長	□SMTP
□POP3/IMAP4	□MIME	□FTP
□SNMP	□DNS	□LAN
□トポロジ	□制御方式	□近距離無線通信技術

OSI基本参照モデルとTCP/IP

ネットワーク上では、プロトコルに従ってデータ通信を行います。ここではOSI基本参照モデルとTCP/IPについて説明します。

◎OSI基本参照モデル

OSI（Open Systems Interconnection）**基本参照モデル**は、異なるネットワーク間で通信を行うためのプロトコルの体系を表しています。**ISO**（国際標準化機構）により制定されたモデルです（**図Ⅳ-5-1**）。

▼ **図Ⅳ-5-1　OSI基本参照モデル**

第7層	応用（アプリケーション）層
第6層	プレゼンテーション層
第5層	セッション層
第4層	トランスポート層
第3層	ネットワーク層
第2層	データリンク層
第1層	物理層

- **物理層**（第１層）：電気的な条件や物理的な条件を規定している層で、インタフェースの規定やモデムなどの制御を行う。
- **データリンク層**（第２層）：ノード間でのデータ伝送制御を規定している層で、データのビット単位のエラー訂正などを行う。
- **ネットワーク層**（第３層）：相手との通信においてその通信経路や中継方式を規定している層で、通信経路上のアドレス管理などを行う。
- **トランスポート層**（第４層）：ネットワーク層で決められたルートにおける信頼性を規定している層で、データのパケット単位での伝送誤りの検出や回復制御を行う。
- **セッション層**（第５層）：通信相手とのデータ伝送手順を規定している層で、全二重通信または半二重通信の決定を行う。
- **プレゼンテーション層**（第６層）：データの文字コードや圧縮、暗号化など文字の使用形式を規定している。
- **応用（アプリケーション）層**（第７層）：通信相手とのサービスを規定している層で、通信で使用するアプリケーションを決定する。

◎TCP/IP

インターネットでは、TCP/IPというプロトコルを使って通信を行います。TCP/IPを構成する4つの層は、次のようにOSI基本参照モデルと対応しています（図Ⅳ-5-2）。

▼ 図Ⅳ-5-2　OSI基本参照モデル（左）とTCP/IPのプロトコル（右）

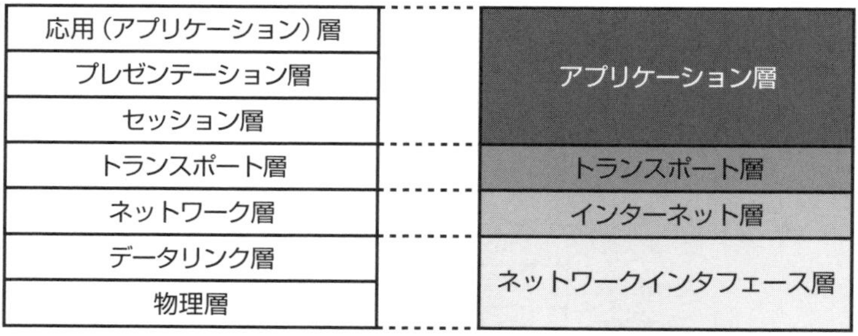

OSI基本参照モデル	TCP/IP
応用（アプリケーション）層	アプリケーション層
プレゼンテーション層	
セッション層	
トランスポート層	トランスポート層
ネットワーク層	インターネット層
データリンク層	ネットワークインタフェース層
物理層	

- **ネットワークインタフェース層**：TCP/IPはこの層の仕様を規定していない。
- **インターネット層**：OSI基本参照モデルのネットワーク層と同様に、ネットワーク間の接続手段を提供する。IP（Internet Protocol）プロトコルはこの層に属している。
- **トランスポート層**：OSI基本参照モデルのトランスポート層と同様に、エンドツーエンドのデータ転送手段を提供する。TCP（Transmission Control Protocol）とUDP（User Datagram Protocol）はこの層に属している。また、ポート番号はこの層で付与される。
- **アプリケーション層**：クライアント側で特定のサービス（HTTPやSMTPなど）を使用するユーザのプロセスやサーバ側にある同じサービスを提供するプロセスはこの層に属している。

IPアドレスとサブネットワーク

インターネットなど、TCP/IPベースのネットワークにアクセスするには、**IPアドレス**が必要になります。

◎IPアドレス

現在広く使用されているIPv4（IP version 4）のIPアドレスは32ビット長です。8ビットずつを0～255の10進数で表してピリオドで区切り「192.168.1.0」のように表記します。

IPアドレスは、**ネットワーク部**と**ホスト部**の2つの部分から構成されます。

- **ネットワーク部**：データリンクごとに割り当てられる。同一のデータリンク内のホストのIPアドレスはネットワーク部が必ず同じになる。
- **ホスト部**：ホストに個別に番号が割り当てられる。

たとえば、**図Ⅳ-5-3**においては、ネットワークAのネットワーク部は192.168.1になります。ネットワークAに属するホストやルータなどのIPアドレスの上位24ビットは必ず192.168.1でなければなりません。ホスト部には重複しない値を個別に割り当てます。

▼図Ⅳ-5-3　ネットワーク部とホスト部の概念

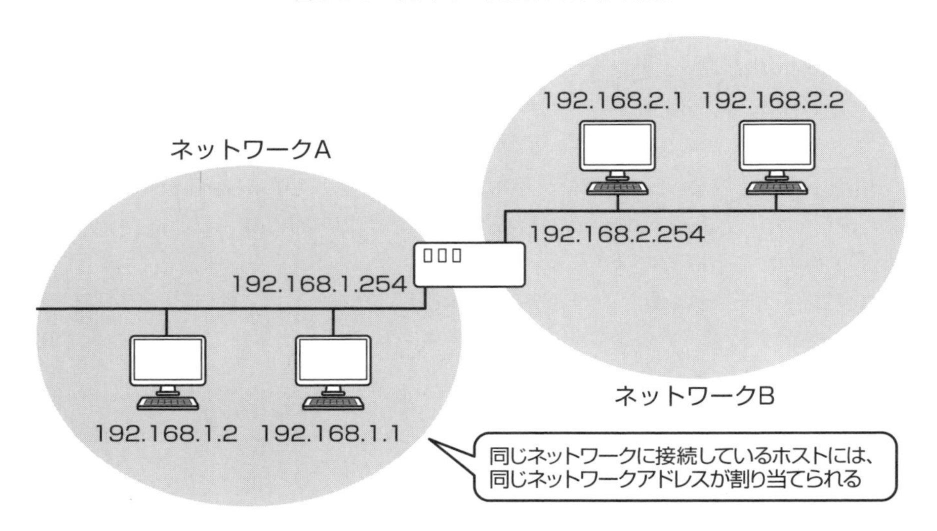

◎サブネットワーク

IPアドレスでは、どこまでがネットワーク部で、どこからがホスト部なのかを**クラス**（P.246）という概念によって決めています。**サブネットワーク**は、従来クラスによって定められているネットワーク部の長さを、ホスト部の範囲まで拡張するしくみです。サブネットワークを利用することにより、ネットワーク部とホスト部の範囲を細かく指定し、IPアドレスを無駄なく利用することができるようになります。

IPアドレスにサブネットワークの概念を適用するには、**サブネットマスク**を使ってネットワーク部の長さを調整します。サブネットマスクとは、ネットワーク部がすべて1、ホスト部がすべて0である数値で、IPアドレスと同様に255.255.255.0のように表記します。サブネットマスクのネットワーク部の長さは、IPアドレスに**プレフィクス長**を併記することにより示します。

たとえば、ネットワーク部とホスト部がそれぞれ16ビットであると決められているクラスBのIPアドレスがあるとしましょう。このIPアドレスのネットワーク部を22ビットにしたい場合には、プレフィクス長を22ビットとして255.255.252.0というサブネットマスクを利用します。クラスBのネットワーク部は16ビットであることから、これにより6ビット拡張したことになります（**図Ⅳ-5-4**）。

▼図Ⅳ-5-4　サブネットマスクとプレフィクス長の概念

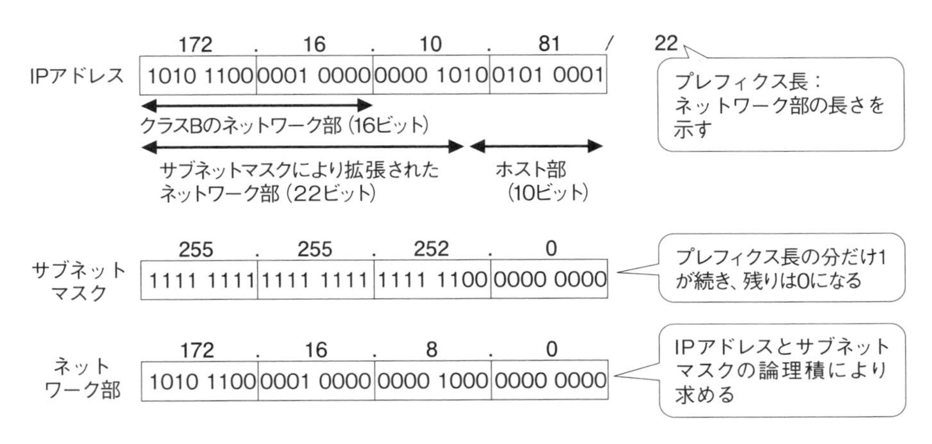

この例の場合、IPアドレスのうち22ビットはネットワーク部になるため、ホスト部として利用できるのは10ビットです。したがって、IPアドレスを割り当てられるホストの数は$2^{10}=1,024$となります。しかし、ホスト部がすべて0のアドレスとすべて1のアドレスは特定の用途に使われるため、割り当て可能なアドレスは$1,024-2=1,022$個になります。

ホスト部がすべて0のアドレスは、ネットワークそのもののアドレスを示すネットワークアドレスとして利用されます。一方、すべて1のアドレスはブロードキャストアドレスです。ブロードキャストアドレスは、同一ネットワーク内のすべての端末にデータを送信するときに利用されます。

TCP/IPで使われる代表的なプロトコル

TCP/IPネットワークでは、メールの送信やファイルの転送といったサービスは、アプリケーション層のプロトコルとして定義されています。ここでは、代表的なプロトコルについて説明します。

◎電子メールのプロトコル

SMTP（Simple Mail Transfer Protocol）は、電子メールシステムにおいてメールサーバ間での電子メールの送受信やクライアントからの電子メールの送信を行うためのプロトコルです。

一方、クライアントがメールサーバ上のメールボックスからメールを取り出して受信する際には、**POP3**（Post Office Protocol 3）や**IMAP4**（Internet Message Access Protocol 4）というプロトコルを利用します（**図Ⅳ-5-5**）。

▼ **図Ⅳ-5-5　SMTPとPOP3**

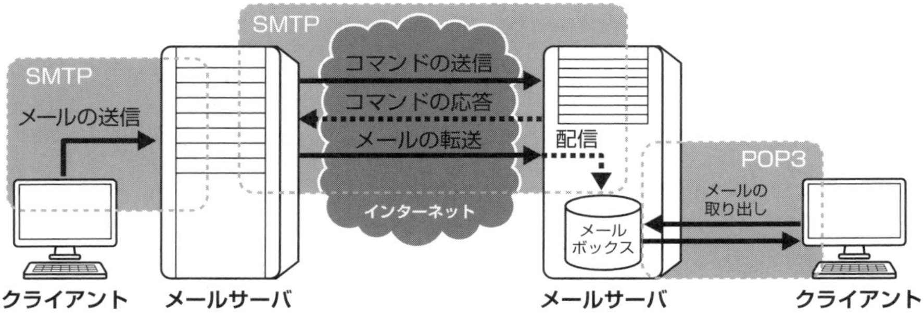

電子メールではテキスト以外にも、静止画像、動画像、音声といったさまざまなデータをやりとりします。電子メールでさまざまな形式の情報を統一して扱うために、**MIME**（Multipurpose Internet Mail Extension）というプロトコルを利用します。

◎FTP

FTP（File Transfer Protocol）は、ファイルをコンピュータ間で送受信するときに使用するプロトコルです。

◎SNMP

SNMP（Simple Network Management Protocol）は、IPネットワーク上でネットワーク機器の監視と制御を行うためのプロトコルです。SNMPでは、ネットワーク機器の管理者側を**マネージャ**、被管理者側を**エージェント**といいます。マネージャは、**表Ⅳ-5-1**の5つのメッセージを使用してエージェントと情報をやりとりします。

▼表IV-5-1　SNMPで使用されるメッセージ

メッセージ	送信の方向	内容
GetRequest	マネージャ → エージェント	情報要求
GetNextRequest	マネージャ → エージェント	次の情報要求
GetResponse	エージェント → マネージャ	GetRequestに対する応答
SetRequest	マネージャ → エージェント	情報の設定
Trap	エージェント → マネージャ	異常や緊急の信号

◎DNS

DNS（Domain Name System）とは、インターネット上にある機器のホスト名とIPアドレスを相互に対応づけるためのシステムです。ドメインは、次のようにツリー構造で表されます（**図IV-5-6**）。DNSサーバはホスト名とIPアドレスを対応づける情報を持ち、ホスト名からIPアドレスを、またはIPアドレスからホスト名を割り出します。該当する情報がなければ、他のDNSサーバに問い合わせることが可能です。

▼図IV-5-6　ホスト名の構造

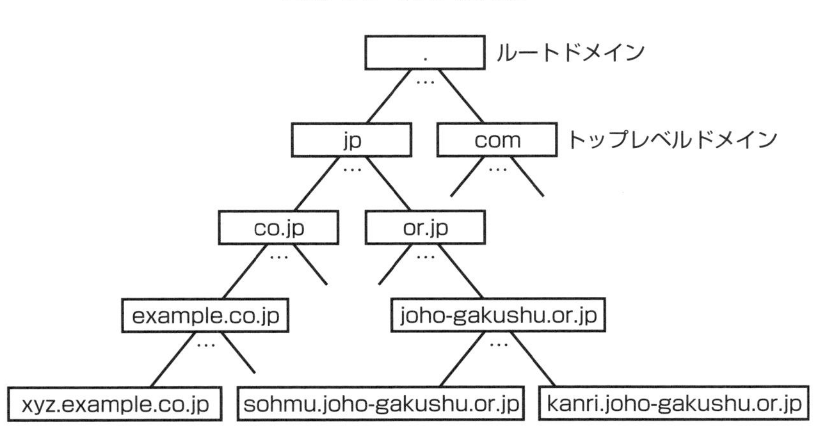

◎DHCP

DHCP（Dynamic Host Configuration Protocol）は、サーバがインターネットに接続するクライアントにIPアドレスなどを動的に割り当てるためのプロトコルです。

LAN

企業などの組織において限定された地域内に構築されたネットワークを、**LAN**（Local Area Network）といいます。

◎LANのトポロジ

LANには、**バス型**、**スター型**、**リング型**というトポロジ（配線形態）があります（**図Ⅳ-5-7**）。

▼ 図Ⅳ-5-7　LANのトポロジ

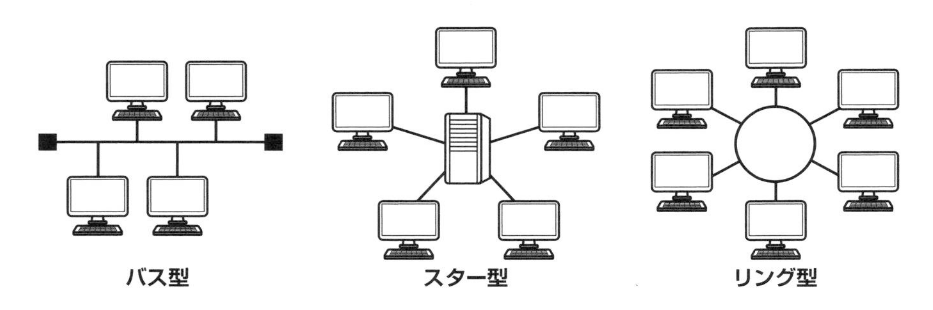

バス型は1本の回線上に端末などを接続する方式、スター型は中心に交換機のような各回線を集中管理する装置を置いて制御する方式、リング型は伝送路をリング（環）状にして端末などを接続する方式です。

◎制御方式

LANは、以下の制御方式があります。

1. CSMA/CD方式

CSMA/CD（Carrier Sense Multiple Access with Collision Detection：**搬送波感知多重アクセス／衝突検知）方式**では、各ノードがデータを送信する際に、伝送路上にデータがないことを確認してからデータを送信します。他のデータが伝送路上を流れている場合には一定時間待ってから再送します。

2. CSMA/CA

CSMA/CA（Carrier Sense Multiple Access with Collision Avoidance：**搬送波感知多重アクセス／衝突回避**）方式は、無線LANの通信規格の通信手順として採

用されているものです。CSMA/CDと同じように、通信開始時に無線LANに現在通信をしているコンピュータがいないかどうかを確認してから送信します。

◎無線LAN

近年は無線LANも広く用いられています。主な無線LANの規格は**表Ⅳ-5-2**のとおりです。

▼表Ⅳ-5-2　主な無線LANの規格（表Ⅲ-7-1を再掲）

無線LANの規格	IEEE 802.11a	IEEE 802.11b	IEEE 802.11g	IEEE 802.11n	IEEE 802.11ac
周波数	5GHz	2.4GHz	2.4GHz	2.4GHz/5GHz	5GHz
最大実効速度	54Mbps	11Mbps	54Mbps	600Mbps	6.9Gbps
変調方式（物理層）	OFDM	CCK、QPSKなど	OFDM、PBCC	OFDM	OFDM
MAC層	CSMA/CA				

◎LAN間接続装置

異なるLAN同士を接続するためには、目的に合わせた機器が必要になります（**図Ⅳ-5-8**）。

1. リピータ（ハブ）

リピータ（ハブ）は、**物理層**でLANを接続するために使用される装置です。リピータにより信号を増幅することができますが、接続数は4段までと決められています。

2. ブリッジ／スイッチングハブ

ブリッジや**スイッチングハブ**は、**データリンク層**でLANを接続するために使用される装置です。これらの装置では、MACアドレスを使ってパケットを振り分けます。

3. ルータ

ルータは、**ネットワーク層**でLANを接続するために使用される装置です。他のルータにデータを送信するルーティングなどを行うことができます。

4. ゲートウェイ

ゲートウェイは、**トランスポート層**以上でLANを接続するために使用される装置です。まったく異なるプロトコルを使用するLAN同士の接続に使用します。

▼図Ⅳ-5-8　LAN間接続装置の例

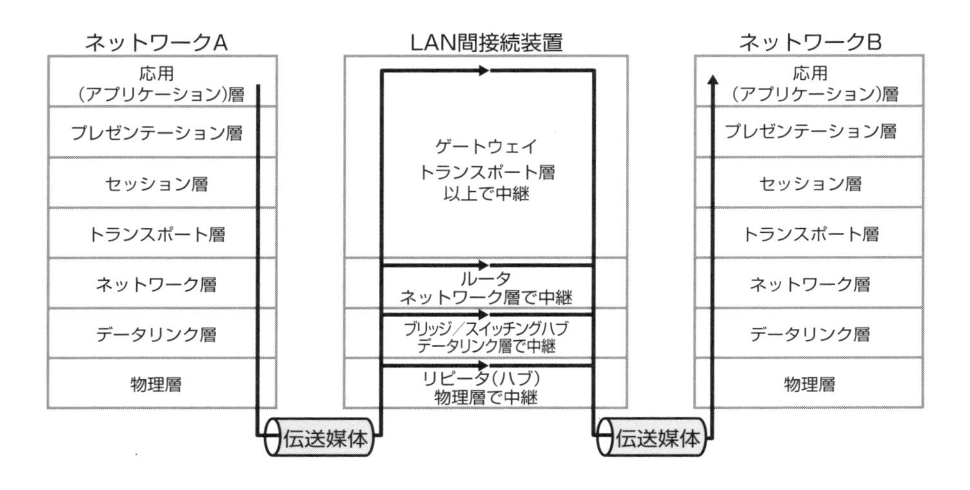

IPアドレスとクラス

32ビットのIPアドレスのうち、どこまでがネットワーク部かを示すためにクラスという概念が使われます。クラスにはクラスAからクラスEまでがあり、通常はIPアドレスの分類に使われます(表Ⅳ-5-3)。

▼表Ⅳ-5-3　クラスの概要

クラス	説明
クラスA	最上位の1ビットが0、それに続く7ビットをネットワーク部とし、残りの24ビットをホスト部とする。クラスAでは2^{24}＝16,777,216－2(ネットワークアドレスとブロードキャストアドレス分)＝16,777,214台のホストにIPアドレスを割り当てることができる。
クラスB	最上位の2ビットが10で、それに続く14ビットをネットワーク部とし、残りの16ビットをホスト部とする。クラスBでは2^{16}＝65,536－2＝65,534台のホストにIPアドレスを割り当てることができる。
クラスC	最上位の3ビットが110で、それに続く21ビットをネットワーク部とし、残りの8ビットをホスト部とする。クラスCでは2^{8}＝256－2＝254台のホストにIPアドレスを割り当てることができる。
クラスD	最上位の4ビットが1110で、それに続く28ビットがネットワーク部となる。クラスDのIPアドレスはIPマルチキャストと呼ばれ、1対多の通信を行うときに利用される。
クラスE	最上位の4ビットが1111になる。将来の実験用に予約されている。

COLUMN

レイヤ3スイッチ

ルータと同様に、ネットワーク層でLANを接続するために使う機器にレイヤ3スイッチがあります。レイヤ3スイッチは、データリンク層のスイッチとルータの両方の機能を備えています。ルータはLANとLANを接続しますが、レイヤ3スイッチはLAN内のサブネットワーク同士を接続します。ただし、技術の進歩により、最近ではルータとレイヤ3スイッチの違いがほぼなくなりつつあります。

近距離無線通信技術

デバイス間の通信を行うといった目的で使われる近距離無線通信の技術には、次のようなものがあります。

◎Bluetooth

Bluetoothは、2.45GHz帯を使用して10cmから10m程度の範囲内で双方向1Mビット／秒の通信速度を実現している無線通信技術のことです。

◎NFC

Near Field Communication。ソニーとNXPセミコンダクターズが共同開発した、無線通信の国際規格です。正式名称をISO/IEC 18092といいます。ソニーが開発したFelicaなどの非接触式無線通信規格と下位互換性を持ち、十数cm程度の近距離において、13.56MHzの周波数の電波を使用して非接触式の通信を実現しています。JR東日本のSuicaはNFCの一種です。

◎IrDA

赤外線を利用した近距離データ通信として1993年に制定された規格、および規格を制定した団体の名称です。

IV-6 データベースに関する知識

主な基幹システムでは関係データベースやその操作言語であるSQLが長年使用されています。また、最近ではSNSなどのデータベースでは関係データベースやSQLを使用しないNoSQLという考え方も出現しています。

KEYWORD

□データベース	□データベース管理システム（DBMS）		
□関係型データベース	□関係型データベース管理システム（RDBMS）		
□SQL	□E-R図	□エンティティ	
□リレーションシップ	□主キー	□正規化	□演算
□選択	□射影	□和	□差
□結合	□直積	□NoSQL	□KVS

データベース

データベースとは、データの集合のことです。たとえば、アドレス帳のように氏名、住所、電話番号などを1件のデータとして複数件のデータを登録し、検索や更新などの操作を実行できるようにします。

データベースは、**データベース管理システム（DBMS）**というソフトウェアを利用することにより複数のユーザからのアクセスを可能にします。現在では、Oracle、SQL Server、MySQLなどの**関係（リレーショナル）型データベース**と**関係型データベース管理システム（RDBMS）**が広く利用されています。

関係型データベースでは、行と列からなるテーブル形式でデータを表現します。関係型データベースのデータを操作する際には、**SQL**（Structured Query Language）などを利用します。

◎E-R図

情報システムに関する各種のデータや現実世界の事物などのことを**エンティティ**（実体）といいます。エンティティ間の関係性（関連）のことを、**リレーションシップ**（関連）といいます。情報システムを構成するエンティティと、エンティティ間のリレーションシップを表現するための図が**E-R図**です（**図IV-6-1**）。

▼図Ⅳ-6-1　E-R図の例

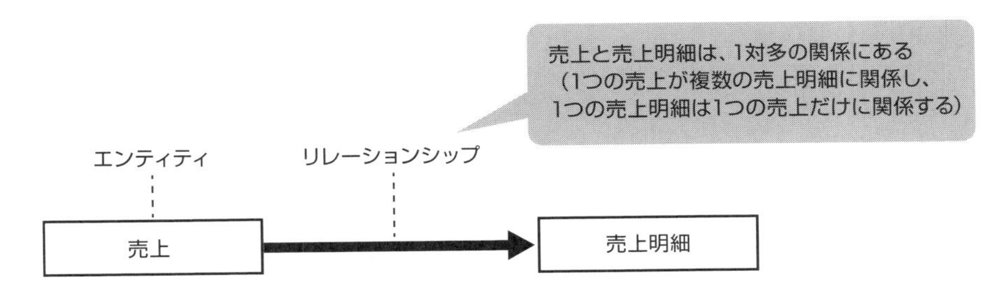

E-R図は、関係データベースを利用するシステムを設計する際に、関係データベースの表をエンティティ、表と表の間の関係をリレーションシップとして表現するためによく用いられます。

◎主キー

関係データベースの表の行を検索するときなどに、行を一意に区別するための値が必要となります。この値を持つ列のことを**主キー**といいます。関係データベースでは、表の1つの列または複数の列の組が主キーとして用いられます。関係データベースの表の作成者は、表の主キーとなる列を指定する必要があります。主キーの値を指定すると、表のただ1つの行だけが抽出されます。また、主キーの列の値が重複する行が、表の中に複数存在してはならないという規則があります。

◎関係データベースの正規化

関係データベースの正規化とは、表の関連性を失うことなく、表の項目をグループ化して複数の表に分割していく作業のことです。データベースを1つの大きな表として持っていると、データの修正、追加、削除の際に、関連のない項目までが操作されることになります（図Ⅳ-6-2）。正規化を行って表を分割すれば、冗長構成を排除することができます（図Ⅳ-6-3）。

▼ 図Ⅳ-6-2　正規化が十分ではない表の例

正規化が十分でない表

売上番号	売上日	顧客番号	顧客名	住所	……
123456	4/1	100	○田○男	○○市○○町…	……
123457	4/1	102	△川△夫	△△区△△……	……
123458	4/3	100	○田○男	○○市○○町…	……
123459	4/6	100	○田○男	○○市○○町…	……

↑同じ顧客の売上が複数回記録されると、顧客名や住所が重複する（これがデータの重複）。
もしもこの顧客の住所が引越しなどで変わると……

売上番号	売上日	顧客番号	顧客名	住所	……
123456	4/1	100	○田○男	○○市○○町…	……
123457	4/1	102	△川△夫	△△区△△……	……
123458	4/3	100	○田○男	○○市○○町…	……
123459	4/6	100	○田○男	○○市○○町…	……

（網掛け＝変更が必要な部分）

↑複数の行のデータの変更が必要になり、更新処理が長くなってしまう。
また、万が一、いずれかの行の住所の更新が行われないままになると、同じ顧客でも行によって住所が異なってしまうので、矛盾が生じる

正規化の問題を解く際には、主キーに注目することが多いです。主キーは関係データベースの表の行を一意に識別するための列なので、行ごとに異なる値にする必要があります。上の例では売上番号が主キーになります。

▼ 図IV-6-3　正規化が十分な表の例

正規化が十分な表

売上番号	売上日	顧客番号
123456	4/1	100
123457	4/1	102
123458	4/3	100
123459	4/6	100

顧客番号	顧客名	住所	……
100	○田○男	○○市○○町…	……
102	△川△夫	△△区△△……	……

（下線は主キーを表す）

↑顧客名などは、売上を記録する表とは別の表に記録されている。
同じ顧客の売上が複数回記録されても、顧客名や住所は重複しない。
この顧客の住所が引越しなどで変わっても……

売上番号	売上日	顧客番号
123456	4/1	100
123457	4/1	102
123458	4/3	100
123459	4/6	100

顧客番号	顧客名	住所	……
100	○田○男	○○市○○町…	……
102	△川△夫	△△区△△……	……

↑更新が必要になるのは、顧客名などを記録している表の1つの行だけである。

◎関係データベースの演算

関係データベースにおいて、表を操作、参照して新たな表を作成することを**演算**といいます。演算には、次のような種類があります（表IV-6-1）。

▼ 表IV-6-1　関係データベースの演算

演算	概要
選択	表の中から条件に合致した行のみを取り出す（図IV-6-4）
射影	表の中から特定の列のみを取り出す（図IV-6-5）
和	2つの表の一方または両方に存在する行をすべて含む新しい表を作る（図IV-6-6）
差	ある表から、別の表に同じ値の行が存在する行を取り除いた結果を求める（図IV-6-7）
結合	各表に共通する列の値を用いて複数の表を結び付けて1つの表を生成する（図IV-6-8）
直積	ある表のすべての行と別の表のすべての行とを結び付けて1つの表を作成する（図IV-6-9）

▼ 図IV-6-4　選択

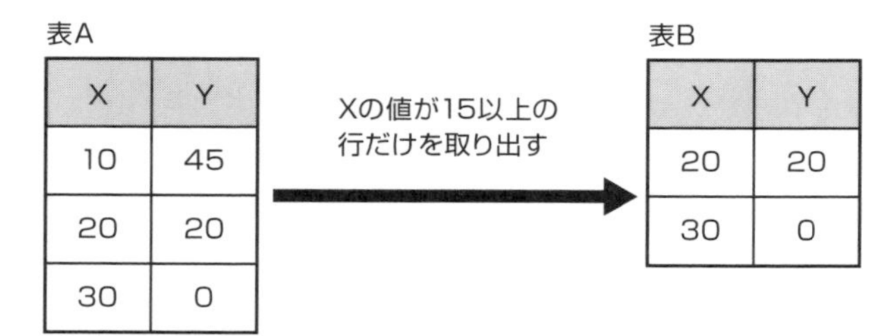

▼ 図IV-6-5　射影

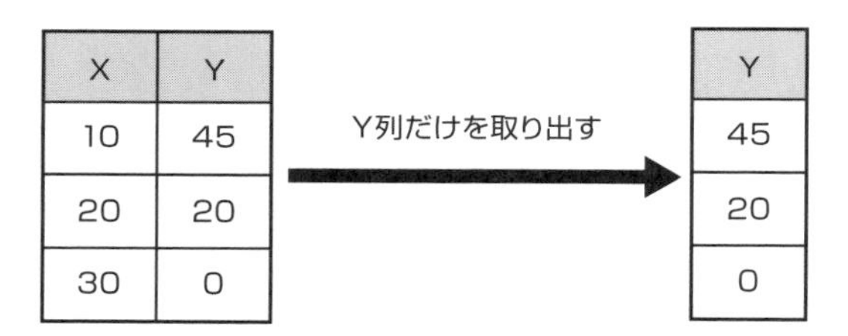

▼ 図IV-6-6　和

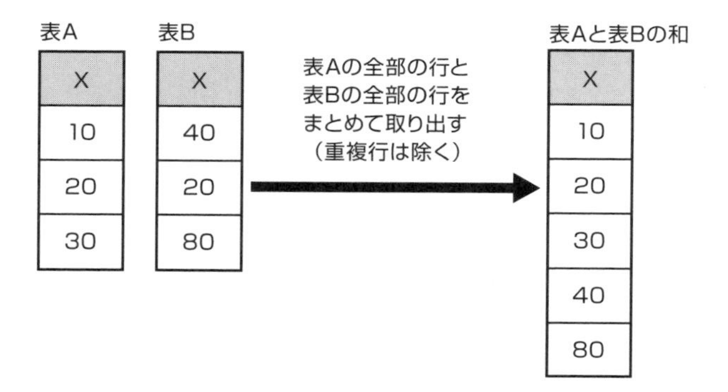

▼ **図Ⅳ-6-7　差**

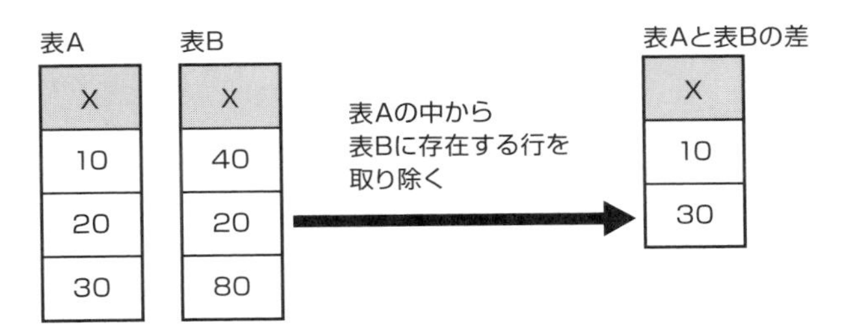

表A

X
10
20
30

表B

X
40
20
80

表Aの中から
表Bに存在する行を
取り除く

表Aと表Bの差

X
10
30

▼ **図Ⅳ-6-8　結合**

表A

X	Y
10	45
20	20
30	0

表B

X	Z
10	CAT
20	DOG
40	CAT

Xの値が同じ行同士を
結び付ける

表Aと表Bの総合結果

X	Y	X	Z
10	45	10	CAT
20	20	20	DOG

▼ **図Ⅳ-6-9　直積**

表A

X	Y
10	45
20	20
30	0

表B

X	Z
10	CAT
20	DOG
40	CAT

表Aの各行について、
表Bの全部の行と結び
付ける

表Aと表Bの直積

X	Y	X	Z
10	45	10	CAT
10	45	20	DOG
10	45	40	CAT
20	20	10	CAT
20	20	20	DOG
20	20	40	CAT
30	0	10	CAT
30	0	20	DOG
30	0	40	CAT

◎NoSQL

NoSQL（Not only SQL）は、関係データベースを使用しないでデータを管理する方法の総称です。複数のテーブルを用いずにデータ管理する**KVS**（Key Value Store）などが代表的です。関係データベースと異なり、データの結合や集計などはできませんが、ビッグデータ（P.255）のような大量の情報を扱うのに向いています。

Ⅳ-7 ビッグデータおよびその他技術に関する知識

近年、コンピュータの高性能化やストレージの大容量化によって多くのデータを無造作に大量に蓄積したビッグデータを経営など業務に使用することが増えてきました。そのデータの分析方法などについて学びます。

KEYWORD

□ビッグデータ	□AI	□人工知能	□機械学習
□ディープラーニング	□深層学習	□ニューラルネットワーク	□RPA
□デジタルツイン	□AR	□VR	□MR

ビッグデータ

ビッグデータとは、通販サイトが扱う年間の売上データや、通信事業者の月当たりの携帯電話通信の記録など、一般的なデータベース管理システムでは扱いが難しいほど膨大な量のデータのことです。ビッグデータの分析には、高性能のコンピュータを複数台同時に稼働させ、多数の顧客の嗜好や売上傾向を把握して効果的な販売計画を立てたりすることが可能です。

ビッグデータには次の3つの特性があるといわれています。それぞれの頭文字をとって「3つのV」と呼ばれます。さらに別の要素を加え、5つのV、7つのVなどといわれることもあります。

- **多様性（Variety）**
  構造化されたデータだけでなく、音声・動画・センサーからの情報といった非構造化データ、半構造化データなど多様なデータを扱います。
- **頻度（Velocity）**
  変化や更新が非常に速いデータを取り扱うことが求められます。
- **量（Volume）**
  膨大な量のデータから、新たな価値を生み出します。

総務省の情報通信白書 平成29年版では、ビッグデータについて以下のように記述しています。

> デジタル化の更なる進展やネットワークの高度化、またスマートフォンやセンサー等IoT関連機器の小型化・低コスト化によるIoTの進展により、スマートフォン等を通じた位置情報や行動履歴、インターネットやテレビでの視聴・消費行動等に関する情報、また小型化したセンサー等から得られる膨大なデータ、すなわちビッグデータを効率的に収集・共有できる環境が実現されつつある。
>
> 出典：情報通信白書 平成29年版
> https://www.soumu.go.jp/johotsusintokei/whitepaper/h29.html

AI

AI（Artificial Intelligence：人工知能）は、人間の知能を構成する機能（学習、推論など）をコンピュータ上で実現させる考え方、およびそのために利用するシステムなどを指します。

◎機械学習とディープラーニング

機械学習はAIの技術によって、人間の作業データや画像データ、テキストデータなどの特徴を統計的にまとめることです。**ディープラーニング**（深層学習）とは機械学習の手法の1つで、人間の神経回路を模倣した**ニューラルネットワーク**を用いて、複数の信号を使って多角的に学習することをいいます。機械学習では、データ分析の際の着目点を人間が指定しますが、ディープラーニングでは着目点をコンピュータ自らが見つけ出します。

◎ニューラルネットワーク

コンピュータを使って人間の脳の神経回路を模したモデルのことです。入力された情報を、つながりを持ったいくつかの層を用いて重みづけしながら処理し、出力します。

その他の技術

◎RPA

RPA（Robotic Process Automation）とは、データ入力や議事録作成など、業務の定型作業をPC内のソフトウェアが代行して行うことです。生産性が向上し、人手不足の解消やコスト削減が期待できます。

◎デジタルツイン

デジタルツインは、デジタル空間に各種情報を集めて現実空間と同様なものを再現することでシミュレーションを行うことをいいます。代表的なものでは、自動車のバックモニタで前後左右をシミュレーションして上方から見ているかのようにするものや、サッカーのアシスタントレフリーシステムでゴールラインとボールとの様子を再現する場合に使用されています。

◎AR:拡張現実

AR（Augmented Reality）とは、コンピュータが作り出した仮想的な映像などの情報を、現実のカメラ映像に重ねて表示したりすることで、現実そのものを拡張する技術のことです。建物の建築予定地を撮影したカメラ映像に、建物の完成予定図から作成したCGの建物を重ね合わせる、などがARの例です。

◎VR:仮想現実

VR（Virtual Reality）とは、ユーザの動作に連動した映像や音などをコンピュータで作成し、別の空間に入り込んだように感じさせることを指します。

◎MR:複合現実

MR（Mixed Reality）はARの技術を発展させ、現実の世界を使って、そこに投影されたCGに対して直接作業などが可能な技術のことです。

演習問題

1 **以下の文章は、コンピュータに関するさまざまな知識を述べたものです。正しいものは○、誤っているものは×としなさい。**

1. 一般的に、スマートデバイスとは、スマートフォンやタブレットPCなどの、携帯性が高く、機能や用途が固定されておらず、ネットワークに接続でき、いつでもどこでも利用できるコンピュータ製品の総称である。
2. GPLとは、フリーソフトウェアの普及を目的とするフリーソフトウェア財団の理念に基づき明文化された、ソフトウェアライセンスの総称である。ソフトウェアの複製や配布、ソースコードの公開を原則としつつ、改変を認めているが、再配布や改変の自由を妨げる行為は禁じられている。
3. システムの稼働率は、システムが稼働している割合をMTBF（平均故障間隔）とMTTR（平均修理時間）を使って求めることができ、稼働率を向上させるためには、MTBFを長く、MTTRを短くする必要がある。
4. レジスタは、キャッシュメモリに次いで高速に動作する半導体メモリであり、CPU内の一時的な記憶装置として用いられ、主にSRAMが利用される。
5. PDF形式のファイルは、文字情報だけではなく、フォントや文字のサイズ、文字飾り、埋め込まれた画像などの情報が保存でき、コンピュータの機種や環境、OSなどに依存せずに、オリジナルとほぼ同じ状態で文章や画像などの閲覧が可能である。
6. IMAP4とは、メールサーバから電子メールを受信するためのプロトコルの1つであり、メールサーバ上でメッセージを保管・管理し、受信したいメールだけを選択してダウンロードすることができる。
7. クラウドサービスの種類には、IaaS、PaaS、SaaSがあるが、データをインターネット上に保存することができ、さらに、複数のユーザが同一データを共有し、それを編集・管理することもできるものは、PaaSである。
8. ASCIIコードとは、米国規格協会（ANSI）が定めた情報交換用の文字コードで、7bitで表現され、128種類のローマ字、数字、記号、制御コードで構成されている。

9. クロックとは、コンピュータ内の動作タイミングをとるためにパルス（クロック信号）を発生させる回路のことで、クロック周波数の単位はHzである。

10. リレーショナル型データベースとは、行と列から構成される２次元の表形式でデータを表し、データ同士は複数の表と表との関係によって関連づけられる。データを操作する際は、構造化問い合わせ言語であるSQLを利用する。

2 **以下の文章を読み、（ ）内のそれぞれに入る最も適切な語句の組み合わせを、選択肢（ア～エ）から１つ選びなさい。**

1.

（ａ）：近距離無線通信技術の１つであり、スマートフォンや携帯電話、ノートパソコン、周辺機器などを、ケーブルを使わずに接続して、音声データや文字データなどをやりとりする際に利用されている。用途や機器によって、実装すべき機能やプロトコルが個別に策定されている。

（ｂ）：近距離無線通信技術の１つであり、国際標準規格として認証されているものである。通信距離は10cm程度に限定されていて、対応機器をかざすだけで通信が可能となるが、低速であるため、大容量のデータのやり取りには適していない。

（ｃ）：赤外線データ通信の規格にかかわる民間の標準化団体の名称と同じ無線（赤外線）のインタフェース規格であり、ノートパソコンやプリンタ、デジタルカメラなどの外部通信機能として利用されている。

ア：(a) Bluetooth　(b) NFC　(c) IrDA

イ：(a) CDMA　(b) FTTB　(c) IrDA

ウ：(a) Bluetooth　(b) FTTB　(c) BLE

エ：(a) CDMA　(b) NFC　(c) BLE

2.

（ａ）：カメラやマイク、センサーなどを利用し、現実の環境での視覚や聴覚、触覚などの知覚に与えられる情報を重ね合わせて、コンピュータによる処理で追加あるいは削減、変化させるなどの技術の総称である。たとえば、位置情報を利用した、スマートフォンの画面内に現実の風景を取り入れて行うゲームなどが挙げられる。

（ｂ）：コンピュータや周辺機器、専用装置などを利用して、人間の感覚器官に働きかけ、現実ではないが実質的に現実のように体感できる環境を、人工的に作り出す技術の総称である。たとえば、CGや音響技術などを利用して、空間や物体、時間などに関する現実感を作り出すことなどが挙げられる。

（ｃ）：一般消費者向け機器では、カメラやスマートウォッチなどの情報・映像型機器や、活動量計等のモニタリング機能を有するスポーツ・フィットネス型機器などが挙げられる。業務用では、医療、警備、防衛等の分野で人間の高度な作業を支援する端末や、従業員や作業員の作業や環境を管理・監視する端末がすでに実用化されている。

ア：(a) AR　(b) VR　(c) ウェアラブル端末

イ：(a) MR　(b) SR　(c) ウェアラブル端末

ウ：(a) VR　(b) AR　(c) アクセシビリティ端末

エ：(a) SR　(b) MR　(c) アクセシビリティ端末

3.

（ａ）：オフィスソフトや会計アプリケーション、ファイルサーバなど、一般的に利用されているアプリケーションソフトを、Webサービスとして提供している形態である。

（ｂ）：仮想のサーバやメモリなどのハードウェア、ネットワークなどのシステム基盤のみを提供している形態で、自由度の高いプラットフォームの構築が可能である。

（ｃ）：OSやデータベース管理などのミドルウェアを提供している形態であり、アプリケーションソフトは、別途導入が必要となる。

ア：(a) SaaS　(b) IaaS　(c) PaaS

イ：(a) SaaS　(b) PaaS　(c) IaaS

ウ：(a) IaaS　(b) SaaS　(c) PaaS

エ：(a) IaaS　　(b) PaaS　　(c) SaaS

4.

(a)：膨大な業務用データの中から統計や解析の手法を使い、潜在的なパターンや要素の相関関係などを分析して、業務に役立てる情報を得ることである。

(b)：業務データを長期的に蓄積して時系列に管理したものであり、経営的意思決定のための分析などで利用される。

(c)：システム全体で使うデータの種類、名称、意味、所在、データ型などをまとめたデータの集合体であり、データベースの整合性や一貫性を保つ重要な役割を担う。

ア：(a) データマイニング
　　(b) データウェアハウス
　　(c) データディクショナリ

イ：(a) データマイニング
　　(b) テキストマイニング
　　(c) データマート

ウ：(a) データエクスチェンジ
　　(b) データウェアハウス
　　(c) データマート

エ：(a) データエクスチェンジ
　　(b) テキストマイニング
　　(c) データディクショナリ

5.

(a) インターネット上にある機器のホスト名とIPアドレスを相互に対応づけるためのシステム。

(b) サーバがインターネットに接続するクライアントにIPアドレスを動的に割り当てるためのプロトコル。

（c）現在利用されているインターネットプロトコルを128bitに拡張した次世代インターネットプロトコル。

ア：(a) DHCP　(b) IPv6　(c) DNS

イ：(a) DNS　(b) DHCP　(c) IPv6

ウ：(a) DHCP　(b) DNS　(c) IPv6

エ：(a) IPv6　(b) DNS　(c) DHCP

3 次の問いに対応するものを、選択肢（ア～エ）から１つ選びなさい。

1. アクセスカウンタなどの動的なWebページの作成に用いられている、Webサーバが Webブラウザからの要求に応じてプログラムを起動するための仕組みは、次のうちどれか。

ア：SSI　イ：COBOL　ウ：Exif　エ：CGI

2. ビッグデータに関する記述のうち、誤っているものはどれか。

ア：ビッグデータについての確立した定義はないが、総務省「情報通信白書 平成29年版」においては、「デジタル化の更なる進展やネットワークの高度化、また、スマートフォンやセンサー等IoT関連機器の小型化・低コスト化によるIoTの進展により、スマートフォン等を通じた位置情報や行動履歴、インターネットやテレビでの視聴・消費行動等に関する情報、また小型化したセンサー等から得られる膨大なデータ」としている。

イ：ビッグデータを特徴付けるものとして、「3つのV（volume：量、variety：多様性、velocity：速度）」という概念が広く知られているが、4つ以上のVが列挙されているケースも見られる。

ウ：ICTが普及したことで、多種多様・膨大なデジタルデータ（ビッグデータ）をすばやく生みだし、利用できるようになり、AIを使ってこのビッグデータを分析することによって「未知の発見」を可能としている。

エ：ビッグデータとして扱うデータには、構造化データと半構造化データは含まれず、非構造化データのみが含まれている。

3. 次の図は、電子メールシステムにおけるメールの送受信のイメージを表したものである。図中のプロトコルaとプロトコルbに関する記述のうち、正しいものはどれか。

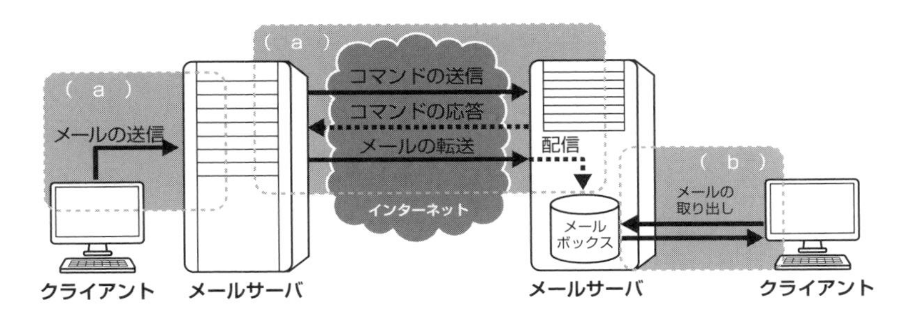

ア：プロトコルaはFTPであり、プロトコルbはSMTPである。

イ：プロトコルaはSMTPであり、プロトコルbはPOP3である。

ウ：プロトコルaはPOP3であり、プロトコルbはUDPである。

エ：プロトコルaはUDPであり、プロトコルbはFTPである。

4. ハードディスクよりもデータの読み書きが高速で行える、大容量のフラッシュメモリを利用した記憶装置は、次のうちどれか。

ア：SSD　　イ：DLT　　ウ：レジスタ　　エ：SuperDisk

5. 以下のテーブル1とテーブル2にある操作を行ったところ、テーブル3が表示された。行った操作をすべて挙げたものは、次のうちどれか。

▼テーブル1

店舗コード	地区	店舗名	会員数
10001	関東	新宿店	355
10002	東海	栄店	211
10003	関西	梅田店	240

▼テーブル2

店舗コード	従業員数
10001	44
10002	25
10003	30

▼テーブル3

店舗名	会員数	従業員数
新宿店	355	44
栄店	211	25
梅田店	240	30

ア：結合、選択、射影

イ：結合、選択

ウ：選択、射影

エ：結合、射影

解答・解説

1

1. ○　2. ○　3. ○　4. ×　5. ○　6. ○
7. ×　8. ○　9. ○　10. ○

解説

4. レジスタは、CPUに内蔵された、小容量で高速に動作する記憶素子です。キャッシュメモリは、レジスタに次いで高速に動作する半導体メモリで、CPU内の一時的な記憶装置として用いられ、主にSRAMが利用されます。

7. 問題文はSaaSについての解説です。PaaSは、クラウド上に用意された仮想のコンピュータに加えて、開発環境やデータ処理のためのミドルウェアやユーザインタフェースモジュールなどの、コンピュータを使いこなすためのツールもセットにして提供するサービスの形態です。

10. リレーショナル型データベースは、RDBや関係型データベースとも呼ばれます。

2

1. ア　2. ア　3. ア　4. ア　5. イ

解説

2. ARは「Augmented Reality（拡張現実）」、VRは「Virtual Reality（仮想現実）」、MRは「Mixed Reality（複合現実）」、SRは「Substitutional Reality（代替現実）」の略語です。

3

1. エ　2. エ　3. イ　4. ア　5. エ

解説

1. アのSSI（Server Side Includes）は、HTML文書であらかじめ組み込まれたコマンドを利用する仕組みのことです。イのCOBOLは、事務計算用のプログラミング言語です。ウのExifは、画像データにさまざまな情報を入れて保存しておく書式のことです。

2. ビッグデータとして扱うデータには、構造化データだけではなく、半構造化データや非構造化データも含まれています。構造化データとは、売上データや在庫管理データなど、汎用データベースに収められるように整理されたデータを指します。半構造化データとは、電子メールのデータやXMLデータなどのデータを指すものです。非構造化データとは、SNSやブログでの文章・音声・動画、GPS情報、電子書籍などのさまざまな形式のデータを指すものです。

3. クライアントからの電子メールの送信やメールサーバ間の送受信にはSMTP(Simple Mail Transfer Protocol)が使用されます。また、クライアントからのメールの取り出しにはPOP3（Post Office Protocol）が使用されます。なお、FTP（File Transfer Protocol）はファイル転送プロトコル、UDP（User Datagram Protocol）はアプリケーション間の通信を複雑な仕組みを用いないで実行するプロトコルです。

4. 近年、ノートパソコンなどを中心にハードディスクの代わりに用いられるようになった大容量のフラッシュメモリをSSD（Solid State Drive）といいます。イのDLT（Distributed Ledger Technology）は分散台帳技術のことです。ウのレジスタはCPU内の小容量の記憶装置です。エのSuperDiskとは、磁気を使った記憶装置です。

5. テーブル3は、テーブル1と2で共通する「店舗コード」フィールドで結合し、「店舗名」「会員数」「従業員数」フィールドのみを抽出しているので、射影も行っています。

CHAPTER

総合演習問題

Chapter Ⅰ～Ⅳで学んだ内容を再確認するために、演習問題を解いてみましょう。

V-1 情報セキュリティ総論

「情報セキュリティ総論」に関連する問題を解いてみましょう。

演習問題

1 以下の文章は、情報セキュリティに関するさまざまな知識を述べたものです。正しいものは○、誤っているものは×としなさい。

1. 情報セキュリティにおける脆弱性とは、情報資産を保持する組織や情報システムなどに損害を与える可能性がある出来事のことである。
2. 情報セキュリティマネジメントシステムにおいて、従業者への教育や秘密保持契約の締結は、情報漏えいを未然に防ぐ抑止策として有効である。
3. リスク対応の1つであるリスクファイナンスとは、リスクが発生してしまった場合にその損失金額を小さくするための経営的な対策のことであり、代表的な手法としてリスク分離が挙げられる。
4. 「プライバシーマーク制度」は、審査基準となる「JIS Q 15001 個人情報保護マネジメントシステム－要求事項」に適合して、個人情報について適切な保護措置を講じる体制を整備している事業者等を評価し、その旨を示すプライバシーマークを付与し、事業活動に関してプライバシーマークの使用を認める制度である。
5. 経済産業省策定の「情報セキュリティ監査基準」は、情報セキュリティ監査業務の品質を確保し、有効かつ効率的に監査を実施することを目的とした監査人の行為規範であり、一般基準、実施基準、報告基準からなるものである。

2 以下の文章を読み、( ) 内のそれぞれに入る最も適切な語句の組み合わせを、選択肢（ア～エ）から1つ選びなさい。

1. 情報セキュリティ監査の実施にあたっては、監査の目的があらかじめ設定されていなければならず、監査は、その目的に応じて「(a) 型の監査」と「(b) 型の監査」に大別することができる。(a) 型の監査とは、監査対象が、監査手続を実施した限りにおいて適切である旨、または不適切である旨を監査意見として表明する形態の監査をいう。一方、(b) 型の監査とは、改善を目的として、監査対象の情報セキュリティ対策上の欠陥および懸念事項等の問題点を検出し、必要に応じて当該検出事項に対応した改善提言を監査意見として表明する形態の監査をいう。 なお、この (a) と (b) の2つを監査の目的とすることは (c) である。

ア：(a) 助言　(b) 保証　(c) 不可能

イ：(a) 助言　(b) 保証　(c) 可能

ウ：(a) 保証　(b) 助言　(c) 可能

エ：(a) 保証　(b) 助言　(c) 不可能

2. 情報セキュリティマネジメントシステム (ISMS) を継続的に推進していく手法であるPDCAサイクルの概念を、以下のイメージ図に示す。

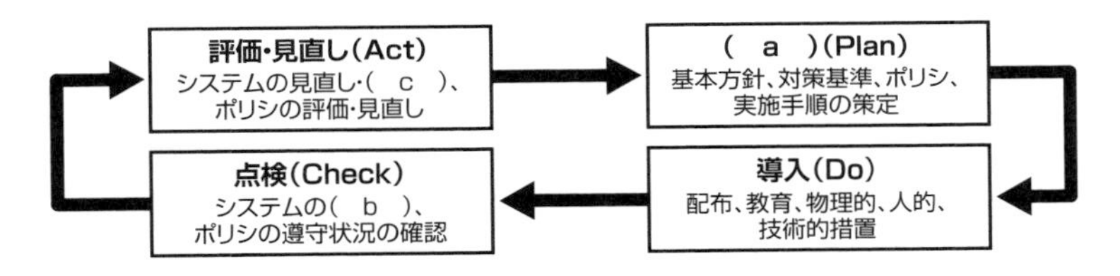

ア：(a) 導入・運用　(b) 監視　(c) 改善

イ：(a) 導入・運用　(b) 改善　(c) 監視

ウ：(a) 策定　(b) 監視　(c) 改善

エ：(a) 策定　(b) 改善　(c) 監視

3. JIS Q 27000：2019における情報セキュリティの要素とその定義を、以下の表に示す。

要素	定義
(a)	認可されていない個人、エンティティまたはプロセスに対して、情報を使用させず、また、開示しない特性
(b)	エンティティは、それが主張するとおりのものであるという特性
(c)	意図する行動と結果とが一貫しているという特性

ア：(a) 完全性　(b) 信頼性　(c) 真正性

イ：(a) 完全性　(b) 真正性　(c) 信頼性

ウ：(a) 機密性　(b) 信頼性　(c) 真正性

エ：(a) 機密性　(b) 真正性　(c) 信頼性

4. 「不正競争防止法」において、技術やノウハウなどの情報が「営業秘密」として保護されるためには、秘密管理性・（ａ）・（ｂ）の３要件をすべて満たす必要がある。ここでの「秘密管理性」には、情報にアクセスできる者が制限されていることや、情報にアクセスした者がそれが秘密であると認識できること［（ｃ）］が必要となる。また、「(a)」は、事業活動に使用されていたり、使用されることによって、経費の節減や経営効率の改善に役立つ情報であることが該当する。「(b)」は、保有者の管理下以外では、一般に入手できない情報が該当する。

ア：(a) 妥当性　(b) 一意性　(c) 客観的認識可能性

イ：(a) 妥当性　(b) 非公知性　(c) 主観的認識容易性

ウ：(a) 有用性　(b) 一意性　(c) 主観的認識容易性

エ：(a) 有用性　(b) 非公知性　(c) 客観的認識可能性

以下の文章の（ ）に当てはまる最も適切なものを、選択肢（ア～エ）から１つ選びなさい。

1. リスク対応において、（　）場合は、「リスク保有」を選択する。

ア：リスクの発生可能性が高く、リスク発生の際の損害が大きい

イ：リスクの発生可能性が低く、リスク発生の際の損害が小さい

ウ：リスクの発生可能性が高く、リスク発生の際の損害が小さい

エ：リスクの発生可能性が低く、リスク発生の際の損害が大きい

2. 「個人情報保護法」における「要配慮個人情報」とは、本人に対する不当な差別、偏見その他の不利益が生じないようにその取り扱いに特に配慮を要するものとし

て政令で定める記述等が含まれる個人情報のことである。たとえば、本人の人種、信条、社会的身分等の情報が該当するが、（　）は該当しない。

ア：有罪の判決を受けこれが確定した事実

イ：本人を被告人として刑事事件に関する手続が行われたという事実

ウ：健康診断等を受診したという事実

エ：「労働安全衛生法」に基づいて行われたストレスチェックの結果

3. 「刑法」における、不正指令電磁的記録作成の罪には、（　）行為が該当する。

ア：銀行のホストコンピュータに侵入して預金残高を不正に書き換える

イ：事務処理を誤らせる目的で、それに使う電磁的記録を不正に書き換える

ウ：正当な目的がないのに、その使用者の意図とは無関係に勝手に実行されるようにする目的で、コンピュータウイルスやコンピュータウイルスのプログラム（ソースコード）を作成する

エ：正当な目的がないのに、住民票などの虚偽の公文書データを作成する

4　次の問いに対応するものを、選択肢（ア～エ）から１つ選びなさい。

1. 知的財産権の種類とその保護対象に関する記述のうち、誤っているものはどれか。

ア：「意匠権」によって、物品のデザインは保護の対象となるが、物品の外観に現れないような構造的機能は、保護の対象とならない。

イ：「商標権」によって、商品のマークや名前、サービスのマークや名前は保護の対象となるが、国旗と同一または類似のものは、商標登録は認められない。

ウ：「実用新案権」によって、物品の形状に関する考案、物品の構造に関する考案は保護の対象となるが、方法に係るものは、保護の対象とならない。

エ：「特許権」によって、物の発明、方法の発明、物を生産する方法の発明は保護の対象となるが、コンピュータプログラムや暗号化アルゴリズムは、保護の対象とならない。

2. 経済産業省の「情報セキュリティ管理基準」に関する記述のうち、誤っているものはどれか。

ア：情報セキュリティ管理基準は、組織体における情報セキュリティマネジメントの円滑で効果的な確立を目指して、マネジメントサイクル構築の出発点から具体的な管理策に至るまで、包括的な適用範囲を有する基準となっている。

イ：情報セキュリティ管理基準は、JIS Q 27001：2014、JIS Q 27002：2014と整合を取り、ISMS適合性評価制度において用いられる適合性評価の尺度にも整合するように配慮されている。

ウ：情報セキュリティ管理基準は、経済産業省策定の「情報セキュリティ監査基準」に従って監査を行う場合、原則として、監査人が監査上の判断の尺度として用いるべき基準である。

エ：情報セキュリティ管理基準は、マネジメント基準と事業者基準から構成され、マネジメント基準は、「原則としてすべて実施しなければならないものである」と示されている。

3. システム戦略に関する記述のうち、「BPR」の説明はどれか。

ア：企業内のコンピュータシステムの情報をWebブラウザから閲覧可能にしたもので、インターネット上のポータルサイトを企業内で利用できるようにしたシステムである。企業情報ポータル、社内ポータルともいう。

イ：企業経営の基本となるヒト・モノ・カネ・情報などの資産要素を適切に分配し、有効活用する計画または考え方を意味するものである。

ウ：IT技術を活用して営業部門の効率化を図るシステムのことである。

エ：売上や収益率などに関する企業の目標を達成するために、既存の企業活動や組織構造、ビジネスルールなどを全面的に見直し、再設計することである。

解答・解説

1　1. ×　2. ○　3. ×　4. ○　5. ○

解説

1. 問題文は、情報セキュリティにおける脅威に関する説明です。情報セキュリティにおける脆弱性は、脅威が起こる可能性がある情報資産や情報資産を含むシステムの弱点のことです。

3. リスク分離は、リスクを持つ情報資産を分離することで全体のリスクの軽減を図る手法で、リスクコントロールの手法の1つです。リスクファイナンスは、保険などで第三者に金銭的なリスクを移転する（負担させる）リスク移転と、資金の積み立てなどを行い損失を自己負担するリスク保有に分かれます。

4. プライバシーマーク制度の審査基準は、JIS Q 15001：2017です。

2　1. ウ　2. ウ　3. エ　4. エ

解説

1. 助言型監査は、システムに内在する問題点を把握し、その改善策（助言）を監査の依頼者に提示することを目的とします。保証型監査は、システムの機密性などの特性を維持するための対策が適切に実行されており、システム監査人が調査した限りシステムに問題がないことを保証します。

2. ISMSは「マネジメントシステム全体の中で、事業リスクに対するアプローチに基づいて情報セキュリティの確立、導入、運用、監視、見直し、維持、改善を担う部分」と定義されています（ISMS認証基準より）。

3. 完全性は、JIS Q 27000：2019では、完全性を「正確さ及び完全さを保護する特性」のように定義しています。

4. 技術やノウハウ等の情報が「営業秘密」として「不正競争防止法」で保護されるためには、秘密管理性・有用性・非公知性の3つの要件をすべて満たす必要があります。「秘密管理性」には、情報にアクセスできる者が制限されていることや、情報にアクセスした者がそれが秘密であると認識できること（非公知性）が必要です。有用性が認められるためには、その情報が客観的にみて、事業活動にとって有用であることが必要です。

3 1. イ　2. ウ　3. ウ

解説

1. IPA（独立行政法人情報処理推進機構）の「情報セキュリティとPDCAサイクル ーリスクへの対応」内には、リスクの発生可能性とリスク発生の際の損害の大きさに応じた対応が図示されています。
（参考：https://www.ipa.go.jp/security/manager/protect/pdca/risk.html）
2. 健康診断等の結果は要配慮個人情報に該当しますが、健康診断等を受診したという事実自体は該当しません。
3. アは、電子計算機使用詐欺の罪に該当します。イは、電子計算機損壊等業務妨害の罪に該当します。エは、電磁的記録不正作出の罪に該当します。

4 1. エ　2. エ　3. エ

解説

1. 特許権により、物の発明、方法の発明、物を生産する方法の発明は保護の対象となりますが、暗号化アルゴリズム、人為的な取り決めは保護の対象となりません。一方で、特許法によれば、コンピュータプログラムは保護の対象となります。
2. 情報セキュリティ管理基準は、マネジメント基準と「管理策基準」から構成されます。管理策基準については、「管理策基準に記載される管理策は、情報セキュリティリスクアセスメントの結果に基づき、適切に選択すべき事項である。管理策については、管理策を実装するために組織・環境・技術等に応じて必要とする事項を選択するものである。」と示されています。
3. アはEIP（Enterprise Information Portal）の説明です。イはERP（Enterprise Resource Planning）の説明です。ウはSFA（Sales Force Automation）の説明です。

V-2 脅威と情報セキュリティ対策①

「脅威と情報セキュリティ対策①」に関連する問題を解いてみましょう。

演習問題

1 以下の文章は、情報セキュリティに関するさまざまな知識を述べたものです。正しいものは○、誤っているものは×としなさい。

1. バイオメトリクスによる認証方式の1つである指紋認証は、製品によっては、読み取り装置に直接触れて認証を行うため、その場合は衛生面での課題があり、湿度や外的な要因などによって正しく認証されない場合がある。
2. 従業員に対し、情報セキュリティに関する教育や訓練の一部を免除する場合は、それがどの技能や経験、資格に当てはまるかを明確にして、それぞれの担当者について調査し、一覧とする。また、資格については有効期限などを明確にし、更新することも重要である。
3. MDMとは、企業で利用されるスマートフォンやタブレットなどのモバイル機器に関して、システム設定などを統合的に効率よく管理する手法のことである。また、そのために利用するソフトウェアや情報システムなどを指すこともある。
4. 電力障害への対策として設置するCVCFは、電力供給が停止したり、一時的に電圧が低下した場合、内部のバッテリーなどを利用して電力を供給し、安定した電圧や周波数を得ることができるようになっている。
5. 入退室の正当な権利を持つ人の後ろについて不正に入室してしまう脅威のことを、ピギーバックという。

2 以下の文章を読み、( ) 内のそれぞれに入る最も適切な語句の組み合わせを、選択肢（ア～エ）から1つ選びなさい。

1. ノートパソコンなどのモバイル機器を外部に持ち出す場合には、紛失や盗難の可能性があるため、ハードディスクに暗号化を施したりすることで（ a ）を高めることができる。また、パスワードの入力などをのぞき見されないように（ b ）を用いるといった対策も必要である。

ア：(a) 耐タンパ性　(b) 偏光フィルタ

イ：(a) 耐タンパ性　(b) Webフィルタリング

ウ：(a) 互換性　(b) 偏光フィルタ

エ：(a) 互換性　(b) Webフィルタリング

3 以下の文章の（ ）に当てはまる最も適切なものを、選択肢（ア～エ）から1つ選びなさい。

1. 4文字のパスワードを、0～9の数字だけで作成した場合に対し、0～9の数字とa～jの英小文字10文字で作成した場合は、組み合わせの数は（ア：2　イ：4　ウ：8　エ：16）倍になる。

2. フェールセーフとは、（ ）ことである。

ア：機器が故障しても一部の機能を減らして運転を続ける

イ：操作ミスなどによる障害を防止しようとする

ウ：故障時にはシステムを停止させるなどの安全な状態にさせる

エ：なるべく故障や障害が生じないようにする

3. （ア：PBX　イ：UPS　ウ：DTE　エ：ACD）は、無停電電源装置とも呼ばれ、これを設置することによって、外部からの電力供給が途絶えても、一定時間電力を供給し続けることができるようになる。

4. ネットワーク障害における輻輳の対策として、（ ）する。

ア：回線の二重化などにより可用性を向上させるように

イ：通信ノイズが発生しないように、直交振幅変調方式を採用

ウ：コンデンサを装着して、電圧を安定させるように

エ：通信の高速化を図れるように、回線を単線化

5. 自社の事務業務を行う労働者が、正社員以外に、契約社員、パートタイマー、嘱託社員、派遣社員がいる場合、自社と雇用関係のある者は（　）である。

ア：契約社員、パートタイマー

イ：契約社員、パートタイマー、嘱託社員

ウ：嘱託社員、派遣社員

エ：契約社員、派遣社員

6. 重要資料保管室の出入口は、（　）ことが望ましい。

ア：部署ごとに配付されている共有のカードキーを用いて、施錠・解錠をする

イ：従業員一人ひとりに発行されているIDカードと本人のみが知るパスワードなど、複数の認証方式を併用した入退管理を行う

ウ：シリンダーキーによって施錠し、シリンダーキーは社員のみが自由に持ち出せるようにする

エ：ディンプルキーによって施錠し、ディンプルキーは関係者一人ひとりに貸与する

4 次の問いに対応するものを、選択肢（ア～エ）から１つ選びなさい。

1. 部外者への対策に関する記述のうち、適切なものはどれか。

ア：グループ会社の社員と自社内で協業する際、共有のフォルダやファイルを利用することがある。この場合、アクセス権限の管理を一元化するため、自社の社員を含め、協業する作業者に一律で同じアクセス権限を設定する。

イ：清掃業者などの日常的にオフィス内に立ち入る業者に対しては、出入り可能なエリアを限定し、あらかじめ情報セキュリティの遵守や秘密保持に関する規定を盛り込んだ契約を交わす。また、マスターキーを業者に貸与する場合

は、その管理が適切かどうかを、定期的に確認する。

ウ：来客者への対策として、来訪時に記入する管理簿には、来客者本人の氏名・住所・自宅電話番号だけではなく、マイナンバーや免許証番号などの身分を証明できる内容も記入させ、厳格な入退管理を行う。

エ：管理簿の必要事項への記入が済んだ来客者に対しては、ゲストバッジやゲストカードを貸与し、見やすい位置につけさせる。これらをつけている来客者は、身分が証明されていることになるため、オフィス内での自由な移動を認める。

2. 派遣社員の受入に関する記述のうち、最も適切なものはどれか。なお、ここでの「自社」とは、派遣社員の受入先（派遣先）を指すものとする。

ア：派遣社員は自社と雇用関係にないが、自社の就業規則は適用されるため、セキュリティ違反により自社に損害を与えた場合は、当該派遣社員に対してその補償をさせることができる。

イ：派遣社員は自社と雇用関係にないため、自社と派遣元とで非開示契約を締結し、さらに派遣社員の従事する場所を制限して、重要な情報を参照できないようにする。

ウ：派遣社員と自社は雇用契約を直接締結するが、自社の就業規則は適用されないため、罰則規定や情報漏えいが発生した際の賠償額の詳細などに関する取決めを派遣元と締結する。

エ：派遣社員と自社は雇用契約を直接締結するため、自社と派遣社員とで非開示契約を締結するが、指揮命令は派遣元が行うことにより、勤怠管理については派遣元で行う。

3. フォールトトレラントに関する記述のうち、正しいものはどれか。

ア：利用者が誤った操作や取り扱いができないような構造や仕組みのこと

イ：さまざまな災害に備えて障害に耐える対策や設計のこと

ウ：品質を高めたり十分なテストを行ったりして、故障や障害が生じないようにして信頼性を高めること

エ：その部分が停止するとシステムの全体が停止するようなシステムの弱点のこと

解答・解説

1

1. ○　2. ○　3. ○　4. ○　5. ○

解説

4. CVCFは、Constant-Voltage Constant-Frequencyの頭文字をとった名称です。一時的な電圧低下の対策としてUPSと併用すると、可用性の向上を期待できます。

5. ピギーバックへの対策として、入室した際の認証記録がない者の退室を許可しない仕組みが必要で、セキュリティゲート（サークルゲートやスイングゲートなど）の設置などを行います。

2

1. ア

解説

1. ハードディスクに暗号化を施したりすることで、物理的もしくは論理的に内部情報を読み取られる可能性を減らすことを、耐タンパ性を高めるといいます。

3

1. エ　2. ウ　3. イ　4. ア　5. イ　6. イ

解説

1. 4文字のパスワードを0～9の数字だけで作成した場合は、10^4＝10,000通りです。0～9の数字とa～jの英小文字10文字で作成した場合は、20^4＝160,000通りです。

2. 機器が故障しても一部の機能を減らして運転を続ける考え方をフェールソフト、故障時にはシステムを停止させるなどの安全な状態にさせる考え方をフェールセーフといいます。

3. UPS（Uninterruptible Power Supply：無停電電源装置）は、商用電源の一時的な停電や瞬断によって電流の供給が絶たれた場合に、コンピュータなどに一定時間安全に電流を供給するための装置です。コンセントから供給される電流が途絶えた場合にはバッテリー内の電気を利用して即座に電流を供給するので、瞬断にも対応できます。

4. ネットワーク障害における輻輳の対策として、回線の二重化などにより可用性を向上させるようにします。

5. 自社と雇用関係にあるのは、期間の定めのある契約社員、時間パートタイマー、嘱託社員で、派遣社員は派遣会社と雇用契約があります。

4 **1. イ　2. イ　3. イ**

解説

1. 情報の機密性や完全性を保つため、自社の社員とグループ会社の社員には、異なるアクセス権限を設定する必要があります。
来客者本人の住所・自宅電話番号などは個人情報に該当するため、これらを必要以上に取得するべきではありません。また、マイナンバーは、法律で定められた範囲以外の目的で利用することは禁止されています。
ゲストバッジをつけている来客者であっても、出入り可能なエリアを限定し、オフィス内での移動を制限します。

2. 自社と派遣社員との間には雇用関係が存在せず、就業規則も自社のものを適用できないため、セキュリティ違反などに対応するために別途非開示契約を派遣先企業と結ぶことが望ましいです。

3. フォールトトレラントとは、システムの一部が故障しても、危険が生じないような構造や仕組みを導入する設計のことです。

V-3 脅威と情報セキュリティ対策②

「脅威と情報セキュリティ対策②」に関連する問題を解いてみましょう。

演習問題

1 以下の文章は、情報セキュリティに関するさまざまな知識を述べたものです。正しいものは○、誤っているものは×としなさい。

1. パスワードの文字列として考えられるすべての組み合わせを順に試していき、パスワードを推測する手法のことを、リバースブルートフォース攻撃という。
2. DMZの設置目的は、Webサーバやメールサーバなど、ある程度セキュリティを保ちながら外部に公開したいサーバを、社内のネットワークから隔離することである。
3. HTTPSは、Webサーバとブラウザ間でやりとりをするためのHTTPにSSHの暗号化機能を付加したものである。
4. ボットとは、インターネットを通じてコンピュータを外部から操るソフトウェアで、ボットに感染したコンピュータは外部からの指示に従って不正な処理を実行する。
5. VDIは仮想デスクトップインフラとも呼ばれ、これを利用することにより、端末上にデータが残らないため、テレワークでの作業においても、端末の盗難や紛失などによるデータ流出の危険性を低減できるようになる。

2 以下の文章を読み、( ) 内のそれぞれに入る最も適切な語句の組み合わせを、選択肢（ア～エ）から1つ選びなさい。

1. 電子メールの送受信で使われるプロトコルをまとめると、次のようになる。

 ・送信側のクライアントから送信側メールサーバまで…（ a ）

 ・送信側メールサーバから受信側メールサーバ…（ b ）

 ・受信側のクライアントから受信側メールサーバまで…（ c ）

ア：(a) SMTP　(b) SMTP　(c) POP

イ：(a) SMTP　(b) POP　(c) POP

ウ：(a) IMAP　(b) SMTP　(c) SMTP

エ：(a) IMAP　(b) POP　(c) SMTP

2. VPNとは、公衆ネットワーク上にプライベートなネットワークを構築し、専用回線のようにエンドツーエンドでの通信を可能にする技術である。VPNは、利用する公衆ネットワークの違いによって、インターネットを利用するインターネットVPNと、通信事業者が提供する専用のサービス網を利用する（ a ）の2つに大別される。一般的に、インターネットVPNのほうが (a) よりも（ b ）傾向にあるが、（ c ）が可能となる。

ア：(a) VAN
　(b) セキュリティの確保は難しくなる
　(c) 通信の高速化

イ：(a) VAN
　(b) 導入コストが高額となる
　(c) 高度なセキュリティの実現

ウ：(a) IP-VPN
　(b) セキュリティの確保は難しくなる
　(c) 低コストでの利用

エ：(a) IP-VPN
　(b) 導入コストが高額となる
　(c) 通信の高速化

3. スパムメールの対策の1つとして、プロバイダが提供しているスパムメール対策のサービスを利用したり、メールサーバやメールソフトの機能によって、スパムメールを拒否するように設定することが挙げられる。その際、適切な設定を行わないと、正常なメールを誤ってスパムメールと判断してしまう（ a ）、スパムメールを正規のメールと誤って判断してしまう（ b ）が発生してしまう場合があり、設定には注意が必要である。また、受信を拒否したスパムメールのリストを（ c ）といい、新たなメールアドレスからのスパムメールは予防できないが、利便性は保たれる。

ア：(a) フォールスポジティブ
　(b) フォールスネガティブ
　(c) ホワイトリスト

イ：(a) フォールスポジティブ
　(b) フォールスネガティブ
　(c) ブラックリスト

ウ：(a) フォールスネガティブ
　(b) フォールスポジティブ
　(c) ブラックリスト

エ：(a) フォールスネガティブ
　(b) フォールスポジティブ
　(c) ホワイトリスト

3 以下の文章の（ ）に当てはまる最も適切なものを、選択肢（ア～エ）から1つ選びなさい。

1. （ア：デーモン　イ：ポートレット　ウ：ベーパウェア　エ：ランサムウェア）とは、感染したコンピュータを正常に利用できないようにする目的で、そのコンピュータのデータを人質にして、データの回復のための身代金を要求する不正プログラムである。
2. （ア：RAT　イ：Watering Hole Attack　ウ：APT攻撃　エ：ゼロデイ攻撃）とは、セキュリティ上の脆弱性が発見されたときに、開発者側からパッチなどの脆弱性への対策が提供されるより前に、その脆弱性をついて攻撃を仕掛けるものである。
3. デジタル署名における送信者側の処理の流れとして、生成したダイジェストを（ ）で暗号化して、暗号化したメッセージを相手に送信する。

ア：送信者の秘密鍵で暗号化し、送信するメッセージと暗号化したダイジェストを受信者の公開鍵

イ：送信者の公開鍵で暗号化し、送信するメッセージと暗号化したダイジェストを送信者の秘密鍵

ウ：受信者の秘密鍵で暗号化し、送信するメッセージと暗号化したダイジェストを送信者の秘密鍵

エ：受信者の公開鍵で暗号化し、送信するメッセージと暗号化したダイジェストを受信者の秘密鍵

4. 公開鍵暗号方式を利用する際、n人の間で使用するネットワークでは、（　）が必要となる。

ア：2n個の鍵

イ：n(n-1)÷2個の鍵

ウ：n^2+1個の鍵

エ：n^2-1個の鍵

4 次の問いに対応するものを、選択肢（ア～エ）から1つ選びなさい。

1. BYODを採用した場合、リスクとして想定されることは、次のうちどれか。

ア：1人で複数台の端末を利用することになるため、端末の管理が煩雑になり、紛失や置き忘れ、盗難などのリスクが高まる。

イ：端末の購入費やアプリケーションの導入費用だけではなく、通信料金が別途発生するため、運用コストが増加する。

ウ：個々の端末に対し、導入するアプリケーションの種類や設定に関して、企業側において完全に管理することは難しいため、不正プログラムの感染や情報漏えいが発生しやすくなる。

エ：不慣れな端末を使うことによる誤操作で、情報の誤った上書きや、情報の消失などが発生しやすくなる。

2. フィッシングによる被害の防止策として不適切なものは、次のうちどれか。

ア：金融機関のID・パスワードなどを入力するWebページにアクセスする場合は、金融機関から通知を受けているURLをWebブラウザに直接入力するか、メール本文中のリンクをクリックする。

イ：金融機関などの名前で送信されてきた電子メールの中で、通常と異なる手順を要求された場合には、内容を鵜呑みにせず、金融機関に確認する。

ウ：インターネットバンキングへのログインやクレジットカード番号などの重要な情報の入力画面では、Webブラウザに鍵マークが表示されているかなどにより、暗号化技術が使用されているか確認をする。

エ：金融機関のWebページにアクセスした場合、サーバ証明書の内容を確認し、その金融機関の正規のWebページであるかどうかの確認をする。

3. ペネトレーションテストの説明として適切なものは、次のうちどれか。

ア：コンピュータプログラムのバグを発見・特定し、仕様通りの動作をするように修正すること。

イ：開発中のβ版製品のテストのうち、インターネットなどを通じて一般参加希望者を募って試用してもらうこと。

ウ：プログラムの一部を変更や修正をした際に、ほかの箇所に予想外の影響や不具合が出ていないか確認すること。

エ：ネットワークシステムなどを実際に攻撃して侵入を試みることにより、コンピュータやネットワークの脆弱性を発見すること。

解答・解説

1 1. × 2. ○ 3. × 4. ○ 5. ○

解説

1. 問題文はブルートフォース攻撃の解説です。リバースブルートフォース攻撃は、パスワードを固定し、ユーザIDを順に試していくことでログインを試みる手法です。

3. HTTPSは、Webサーバとブラウザ間でやりとりをするためのHTTPにSSL(TLS)の暗号化機能を付加したものです。

2 1. ア 2. ウ 3. イ

解説

1. 受信側のクライアントから受信側メールサーバまでの通信には、POPのほかにIMAPが使われることもあります。

2. VPNにはインターネットVPNとIP-VPNがあり、IP-VPNは通信事業者網を使用します。インターネットVPNと比較してセキュリティは高い反面、コストがかかります。

3. フォールスポジティブは誤検知、フォールスネガティブは検知漏れともいいます。

3 1. エ 2. エ 3. ア 4. ア

解説

1. デーモンは、LinuxなどのOSでメインメモリ上に常駐して動作するプログラムです。ポートレットは、ポータルサイトに情報などを追加するための小さなプログラムです。ベーパウェアは、構想段階・開発段階でまだ完成するかどうかわからないソフトウエアやハードウェアを指します。

2. アノマリ型（異常検出）のIDSであれば、ゼロデイ攻撃などといった未知の攻撃にも対応できる可能性があります。

3. デジタル署名は、送信者側でメッセージ（平文）から作成したダイジェスト（ハッシュ値）を送信者の秘密鍵で暗号化し、送信するメッセージと暗号化したダイジェストを受信者の公開鍵で暗号化して送信します。

4. イのn(n-1)÷2個の鍵が必要なのは共通鍵暗号方式です。

4 **1. ウ　　2. ア　　3. エ**

解説

1. BYODとは、従業員が個人で所有しているスマートフォンなどの、私物の端末を業務に活用する形態のことをいいます。

2. 総務省は、「国民のための情報セキュリティサイト」においてフィッシングによる被害の防止策として、「金融機関のID・パスワードなどを入力するWebページにアクセスする場合は、金融機関から通知を受けているURLをWebブラウザに直接入力するか、普段利用しているWebブラウザのブックマークに金融機関の正しいURLを記録しておき、毎回そこからアクセスする」と示しています。メール本文中のリンクをクリックするのは不適切な対応です。

   (参考:https://www.soumu.go.jp/main_sosiki/joho_tsusin/security/)。

3. ペネトレーションテストは、DMZに設置されている公開Webサーバなどへの侵入を外部から実際に試みることで、その脆弱性を診断するなどのテストを行います。

V-4 コンピュータの一般知識

「コンピュータの一般知識」に関連する問題を解いてみましょう。

演習問題

1 以下の文章は、コンピュータに関するさまざまな知識を述べたものです。正しいものは○、誤っているものは×としなさい。

1. シンクライアントとは、ハードディスクを持たず、内部にデータを格納できないノートパソコンなどのことであり、ネットワーク経由でサーバに接続して、サーバ上で稼働する仮想OSやアプリケーションの処理結果を受け取って画面に表示する。
2. POSシステムとは、販売時点情報管理とも呼ばれ、商品販売時にバーコードなどから商品情報を読み取り、商品の販売情報を記録するシステムである。店頭での販売動向をコンピュータでチェックし、在庫管理、商品搬入などを統合的に管理することができる。
3. SNMPは、ファイルをコンピュータ間で送受信するときに使用するプロトコルである。
4. RFIDとは、物体の識別に必要な情報などが記録されている小型の無線ICチップによって、電波や電磁波で管理システムと情報を送受信する仕組みである。離れた位置から処理できるほか、複数のタグを同時に認識できる。
5. テレワークとは、情報通信技術を活用した、場所や時間にとらわれない多様な就労・作業形態のことであり、在宅勤務、モバイルワーク、サテライトオフィスやスポットオフィスを利用した勤務などの形態がある。

2 **以下の文章を読み、( ) 内のそれぞれに入る最も適切な語句の組み合わせを、選択肢（ア～エ）から1つ選びなさい。**

1.

(a) 日本で最も普及しているバーコードで、事業者コード、商品アイテムコード、チェックデジットで構成されている。

(b) 縦と横の二方向に情報を記録させたマトリクス型二次元コード。その用途として、URLの情報をこのコードで表したものをスマートフォンや携帯電話に搭載されている対応カメラで接写して情報を読み取り、該当するWebサイトへ直接アクセスさせることなどが挙げられる。

(c) 書籍出版物の書誌を特定することができるコードで、国記号、出版社記号、書名記号、チェックデジットで構成されている。

ア：(a) JANコード　(b) QRコード　(c) ISBNコード

イ：(a) JANコード　(b) ISBNコード　(c) QRコード

ウ：(a) ISBNコード　(b) QRコード　(c) JANコード

エ：(a) QRコード　(b) JANコード　(c) ISBNコード

3 **以下の文章の（ ）に当てはまる最も適切なものを、選択肢（ア～エ）から1つ選びなさい。**

1. 以下の文章は、無線通信技術に関する記述である。( )内に入る最も適切な語句は、次のうちどれか。なお、それぞれの（ ）には、同じ語句が入るものとする。

（　）とは、近距離無線通信技術の1つであり、国際標準規格として認証されているものである。通信距離は10cm程度に限定されていて、（　）が搭載されている機器同士をかざすように近づけるだけで、通信が可能となる。（　）は、カード型電子マネーなどの非接触式ICカードや、スマートフォン、デジタルカメラ、プリンタなどの電子機器に搭載され、さまざまな用途がある。たとえば、電子マネー決済に（　）の技術が利用されていたり、（　）が搭載されている機器同士でデータをやり取りするなど、多くの場面で利用されている。

ア：PAN　イ：SFA　ウ：LTO　エ：NFC

4 次の問いに対応するものを、選択肢（ア～エ）から１つ選びなさい。

1. サーバがネットワークに接続するクライアントに、IPアドレスを動的に割り当てる際に使用するプロトコルは、次のうちどれか。

ア：MGCP　　イ：DHCP　　ウ：NDP　　エ：OSPF

2. システムの機器やソフトウェアなどを２系統用意して、両方を稼働させるシステムは、次のうちどれか。

ア：ファットクライアントシステム
イ：デュアルシステム
ウ：シンクライアントシステム
エ：デュプレックスシステム

3. コンピュータの操作画面上で切り取りやコピーしたデータなどを、一時的に保存しておくための仮想的な領域は、次のうちどれか。

ア：ヒープ領域　　イ：ロールバックセグメント
ウ：アロケーション　　エ：クリップボード

4. 16進数の「C」を10進数で表したものは、次のうちどれか。

ア：11　　イ：12　　ウ：17　　エ：18

5. 膨大な業務用データの中から統計や解析の手法を使い、潜在的なパターンや要素の相関関係などを分析して、業務に役立つ情報を得ること、またはそのツールは、次のうちどれか。

ア：メタデータ　　イ：データマイニング
ウ：データディクショナリ　　エ：データウェアハウス

6. https://www.joho-gakushu.or.jp/というURLの場合、TLD（トップレベルドメイン）は、次のうちどれか。

ア：https　　イ：www　　ウ：or.jp　　エ：jp

7. 稼働率に関する記述のうち、誤っているものはどれか。

ア：システムの稼働率は、MTBF（平均故障間隔）とMTTR（平均修理時間）を使って求めることができる。

イ：稼働率を向上させるためには、MTBFを長く、MTTRを短くする必要がある。

ウ：コンピュータシステムの広義の信頼性を評価する指標であるRASISのうち、稼働率で評価される指標は保守性である。

エ：システム全体が直列で構成されているか並列で構成されているかで、稼働率の求め方が異なる。

8. ARの説明に該当するものは、次のうちどれか。

ア：あるデータについてのメタデータ（その情報の属性などを表すデータ）の一種で、そのデータに関連する地図上の位置（緯度・経度）を示す数値データのことである。

イ：アクセスカウンタなどの動的なWebページの作成に用いられている、WebサーバがWebブラウザからの要求に応じてプログラムを起動するための仕組みである。

ウ：カメラやマイク、センサーなどを利用し、現実の環境での視覚や聴覚、触覚などの知覚に与えられる情報を重ね合わせて、コンピュータによる処理で追加あるいは削減、変化させるなどの技術の総称である。

エ：ディスプレイなどのインタフェース規格であり、VGA端子とも呼ばれ、コンピュータと液晶ディスプレイだけではなく、プロジェクタとの接続にも利用されている。

解答・解説

1

1. ○　2. ○　3. ×　4. ○　5. ○

解説

3. ファイルをコンピュータ間で送受信するときに使用するプロトコルはFTPです。SNMPは、IPネットワーク上でネットワーク機器の監視と制御を行うためのプロトコルです。

2

1. ア

解説

1. aはJANコードの説明です。bはQRコードの説明です。cはISBNコードの説明です。

3

1. エ

解説

1. NFCは、NFCは「Near Field Communication」の頭文字を取ったもので、近距離無線通信技術の1つです。

4

1. イ　2. イ　3. エ　4. イ　5. イ　6. エ
7. ウ　8. ウ

解説

1. DHCPは、IPアドレスなどの自動割り当てを可能とするプロトコルです。DHCPにより、IPアドレス、サブネットマスクおよびデフォルトゲートウェイの情報を、DHCPサーバから自動的に取得できます。PCがインターネットに接続する必要がなくなったときは、そのPCに割り当てていたIPアドレスを回収します。

4. 16進数の「C」は、10進数で表すと12です。10進数と16進数の対応表は次のとおりです。

10進数	1	2	3	4	5	6	7	8	9	10	11	12	13	14	15	16
16進数	1	2	3	4	5	6	7	8	9	A	B	C	D	E	F	10

5. データマイニングとは、通常業務において発生した大量のデータを蓄積し、それらを統計解析・ニューラルネットワークなどの統計的・数学的手法を用いて分析して、データの中に隠れた法則や因果関係などを算出する方法のことです。

6. https://www.joho-gakushu.or.jp/というURLにおいては、TLD（トップレベルドメイン）は「jp」、SLD（セカンドレベルドメイン）は「or」です。

7. RASISは、コンピュータシステムの広義の信頼性を評価する指標です。このうち、稼働率で評価される指標は可用性（Availability）です。なお、保守性（Serviceability）はMTTR（平均修理時間）で評価されます。稼働率は、MTBF（平均故障間隔）とMTTRから次の式で求められます。

$$稼働率 = \frac{MTBF}{MTBF + MTTR}$$

8. アはジオタグの説明です。イはCGIの説明です。エはD-subの説明です

◉索引 INDEX

数字

A

B

C

D

E

F

き

く

け

こ

さ

し

す

せ

そ

た

ち

て

と

■著者紹介
五十嵐 聡（イガラシ サトシ）
1964年横浜市生まれ。70社を超えるIT系メーカやソフトウェア企業などですべての区分をこなせる情報処理技術者試験対策の講師として25,000名以上の指導実績がある。
各研修先では、その指導力とキャラクタから常に高合格率を誇っている。
著書に『徹底攻略 情報セキュリティマネジメント過去問題集』（インプレス）、『ITパスポートパーフェクトラーニング過去問題集』（技術評論社）など多数。

●カバーデザイン　菊池 祐（株式会社ライラック）
●本文デザイン／DTP　スタジオ・キャロット
●本文図版　イラスト工房
●編集　鷹見 成一郎

■本書サポートページ
https://gihyo.jp/book/2021/978-4-297-12056-6
本書記載の情報の修正・訂正・補足については当該Webページで行います。

■お問合せについて
本書の内容に関するご質問は、FAX、書面、またはサポートページの「お問い合わせ」よりお送りください。お電話によるご質問、および本書に記載されている内容以外のご質問には、一切お答えできません。あらかじめご了承ください。

■問い合わせ先
宛先：〒162-0846
東京都新宿区市谷左内町21-13
株式会社技術評論社　雑誌編集部
「最短突破 情報セキュリティ管理士
認定試験 公式テキスト」係
問い合わせ先FAX番号：03-3513-6173

なお、ご質問の際に記載いただいた個人情報は質問の返答以外の目的には使用いたしません。また、質問の返答後は速やかに削除させていただきます。

最短突破　情報セキュリティ管理士 認定試験 公式テキスト

2021年6月22日　初版　第1刷発行

著　者　五十嵐 聡
発行者　片岡 巌
発行所　株式会社技術評論社
東京都新宿区市谷左内町21-13
電話　03-3513-6150　販売促進部
03-3513-6177　雑誌編集部
印刷／製本　昭和情報プロセス株式会社

定価はカバーに表示してあります

ISBN978-4-297-12056-6　C3055
Printed in Japan